汽车装饰与养护

QICHE ZHUANGSHI YU YANGHU

安永东 主 编
齐 鹏 副主编

化学工业出版社
·北京·

图书在版编目（CIP）数据

汽车装饰与养护/安永东主编. —北京：化学工业出版社，2017.11
ISBN 978-7-122-30727-9

Ⅰ.①汽…　Ⅱ.①安…　Ⅲ.①汽车-车辆保养
Ⅳ.①U472

中国版本图书馆 CIP 数据核字（2017）第 247109 号

责任编辑：周　红　　　　文字编辑：张燕文
责任校对：王　静　　　　装帧设计：王晓宇

出版发行：化学工业出版社（北京市东城区青年湖南街 13 号　邮政编码 100011）
印　　装：大厂聚鑫印刷有限责任公司
850mm×1168mm　1/32　印张 9　字数 253 千字
2018 年 1 月北京第 1 版第 1 次印刷

购书咨询：010-64518888（传真：010-64519686）　售后服务：010-64518899
网　　址：http://www.cip.com.cn
凡购买本书，如有缺损质量问题，本社销售中心负责调换。

定　　价：39.00 元　

随着汽车工业的迅猛发展，人们生活水平的日益提高，越来越多的家庭拥有了自己的汽车。截至 2016 年年底，我国私家车已近 1.5 亿辆，汽车的维修、保养是刚性需求，汽车后市场是巨大的，随着汽车质量不断提升，汽车的保养维护比修理显得更为重要。目前，汽车已经深度地融合到了人们的日常生活和工作中，越来越多的人渴望懂得更多的基本汽车养护和个性化装饰知识，对自己的爱车进行个性装饰和日常养护。为了广大汽车爱好者学习相关知识，同时，也为了满足从事汽车专业的技术人员增强汽车装饰和养护方面的专业技能的需求，我们组织编写了这本《汽车装饰与养护》一书。

本书通过通俗易懂的语言、简洁的描述、大量的图片，深入浅出地介绍了汽车装饰和汽车养护方面的知识和技能。通过本书的学习，可以掌握汽车装饰和养护方面的理论知识和操作技能，实现自己动手进行一些简单的汽车装饰和养护方面的工作。

本书可作为高等院校汽车类专业学习汽车装饰和养护课程的参考教材，也适于广大汽车运用、汽车维修工程技术人员使用。

本书由黑龙江工程学院安永东主编，哈尔滨职业技术学院齐鹏副主编，哈尔滨远东理工学院王鹏、徐蕾参编，黑龙江工程学院齐晓杰教授主审。 王鹏编写了上篇第1章；安永东编写了上篇第2～4章；徐蕾编写了下篇第5章；齐鹏编写了下篇第6～8章。

由于我们水平有限，不妥之处在所难免，竭诚希望广大读者提出宝贵意见。

编者

上篇　汽车装饰

第6章 汽车发动机养护

第7章 汽车底盘养护

Page 205

第8章 汽车电器养护

Page 254

上篇

汽车装饰

第1章 汽车装饰基础知识

随着汽车产业的飞速发展以及我国人民生活品质的提升，私家车保有量呈现逐年上升趋势，截止到2015年约为1.5亿辆，这汽给车装饰提供了很好的市场，汽车装饰作为汽车市场发展的一个重要部分，带动国民经济的快速发展和从业人员的增加，对经济的推动作用不可忽视。通过对车身内外的装饰，汽车变得更加豪华、靓丽、温馨、舒适和安全，更加个性化了，汽车装饰已经成为汽车售后服务中非常重要的环节，并逐步向普及化和专业化方向发展。

1.1 汽车装饰的定义和分类

1.1.1 汽车装饰的定义

汽车装饰是指通过增加或替换一些附属的物品，以提高汽车表面和内室的美观性、实用性、舒适性。所增加或替换的附属物品，称为装饰品或装饰件。广义的汽车装饰包括汽车改装、汽车装饰等。

1.1.2 汽车装饰的分类

（1）按照汽车装饰的部位不同分类

① 汽车外部装饰　主要是对汽车顶盖、车窗、车身周围及车轮等部位进行装饰，其主要内容包括汽车漆面的特种喷涂装饰、彩条和保护膜装饰、前挡风板和后翼板装饰、车顶开天窗装饰、汽车车窗装饰、车身大包围装饰、车身局部装饰、车轮装饰、底盘喷塑保护装饰、底盘LED灯带装饰。

② 汽车内部装饰　主要是对汽车驾驶室以及乘客室区域进行装饰，其主要内容包括调整仪表板；改装座椅和地板；加装防盗系

统和报警系统以及安全系统；增加车内装饰品以及香水等。

（2）按照作用分类

① 美观类　如车身大包围、各种贴饰、扰流扳等。

② 舒适类　如天窗、真皮座椅等。

③ 娱乐类　如各种车载影音设备。

④ 防盗类　主要是各种防盗装置。

⑤ 保护类　包括保险杠、防撞胶条等。

⑥ 便利类　如电动门窗、车载电话、电子导航装置等。

⑦ 实用类　如汽车货架、车载冰箱等。

⑧ 安全类　如安全带、气囊等。

1.2 汽车装饰注意事项

对汽车进行装饰主要是按照车主的意图改造汽车，然而并非可以随心所欲地对汽车的外貌和内饰进行修改，汽车装饰的过程必须遵循一些基本原则，同时必须严格按照国家相关法规执行，否则将给车主带来很多麻烦，甚至会影响到汽车的基本性能，从而带来很多安全隐患。

汽车装饰应以安全为原则，同时应注意协调、实用、整洁和舒适等原则，切忌陷入装饰“过热”的误区。

装饰轿车应掌握一定的步骤，即由表及里、先主后辅。具体步骤是先装饰车窗玻璃，后装饰车内的前部与后部、前排座中央位置、坐垫和背垫以及其他饰物。

1.2.1 汽车外部装饰注意事项

在汽车车身上粘贴车贴，即美观又能彰显个性，是许多车主喜爱的外部装饰。根据《道路交通安全法实施条例》规定，机动车喷涂、粘贴标识或车身广告，不得影响安全驾驶和对道路的观察。车贴并非可以随心所欲地张贴，在车窗上粘贴图案，就可能对车辆驾驶造成影响，颜色太过刺激的后窗车贴则会干扰后车司机的视线。根据相关法规，如果贴在车窗等明显妨碍视线的位置或是遮挡住了车牌，交警可对车主罚款。

尾翼、大包围等车身空气动力套件也是许多车主喜爱的外部装饰。赛车和跑车上漂亮的空气动力套件让不少车主艳羡不已，于是他们也给自己的爱车加装上夸张的尾翼和包围。选择这些装饰件时应注意：一是要保证加装件的质量，在市场上能买到的大部分廉价的空气套件并没有经过任何风洞试验，与汽车厂家和专业改装品牌的空气套件相比，非但不会提高车辆的行驶稳定度，很可能还会有反作用；二是很多包围和尾翼都使用玻璃钢的材质，遇到普通的冲击时就会完全断裂，无法像原车的保险杠那样还有修复可能，想整个换掉不容易，很多包围都是用玻璃胶粘在车身上的，一旦要卸下来就会损伤车身上的油漆，你可能还要担负一大笔车身喷漆修复的费用。

各种车身镀铬件也是诸多车主加装的外部装饰件，如轮眉、灯框、发动机盖、装饰条等，很多闪闪发亮的车身装饰件都要价不菲，其实成本很低。这些不锈钢件表面的电镀层在经历风吹雨打后，表面会变得暗淡无光甚至会起黑斑。当你想卸掉它们的时候，会发现由于长期堆积尘土和雨水，其下面的车身油漆也早已失去了光泽。因此，这些镀铬件应谨慎使用。

1.2.2 汽车内部装饰注意事项

（1）内饰件的环保品质非常重要

内饰件环保质量不过关，各种有毒物质超标，造成车内空气污染，长期使用后，会对人体造成不可估量的伤害。如劣质的地胶、香水、座套、把套等。建议车主选购这些东西时一定要选择正规厂家生产的合格产品。

（2）内饰件切勿多而杂

有些车主在装扮爱车时，前台、后座、内后视镜上等处，挂满或堆满了各种饰件，如卡通玩偶、佛珠、平安符等。这些东西很有可能影响驾驶员的视线，给驾驶带来安全隐患。建议此类内部装饰要适可而止。

（3）装饰件应比原装件好

汽车厂家在选择汽车内饰面料时也是煞费苦心，原装件的面料大多能防静电、耐磨、透气、阻燃、防火等，所以在选购替代品时，只能比原来的更好。

1.2.3 新车装饰注意事项

新车在考虑内部装饰时首先应从车窗的处理开始，给新车贴上窗膜既隔热又隔水防爆，与不贴膜和挂窗帘效果大不相同。另外，新车进行装饰时，应注意以下事项。

（1）不铺地胶

铺地胶就要拆开门边压板，压板的卡扣是塑料的，拆下后再安装就不能达到出厂时的严丝合缝，导致原门边压板松动。另外，铺脚垫时由于地胶滑，脚垫经常被踩跑，地毯就不存在这种问题，且原装脚垫还有扣子固定，保证其位置固定。铺地胶会使潮气不容易挥发，很容易导致地毯损坏。后铺的地胶很容易磨损，磨损后影响美观。

（2）不包真皮

如果原车不是真皮座椅，尽量不要换真皮的。原车的丝绒座椅的质量都很好，后包的真皮皮质一般都很差，使用时间不长，就会出现龟裂、发白。怕脏的话可以准备两套椅套，颜色最好不一样，这样脏了可以换着清洗。颜色的变化，还可以换一下心情。

（3）不镶轮眉

镶轮眉没有任何实用意义，小的碰撞后变形难看，大的碰撞也得换，起不到保护作用，还增加修理费用。

（4）不改装电路

新车如要加装一些电器，如防盗系统、驻车加热装置、倒车雷达装置、倒车影像装置、多媒体系统等，都要改动原车电路，改动原车电路后，如果出现意外，厂家就无法提供保修服务了，所以在保修期内的车辆，最好不要改动原车电路。

（5）不安装副保险杠

安装副保险杠既没有增加任何实际作用，又对行人存在危险隐患，对儿童尤其危险。

（6）配备车载电源转换器

驾车外出到景点，遇到数码相机没有电或是打开电脑红灯提示将要自动关机时，只要将车载电源转换器插入点烟器的插孔内，它就能将 DC12V 直流电转换为和家用电相同的交流 220V 交流电，这样电器就能在汽车内使用。在外出工作或旅游时，你就可以将手机、笔记本电脑、数码相机、电动剃须刀、游戏机、车载冰箱等电器统统带上你的爱车。

（7）底盘防护

即便是顶级跑车也很少在出厂之前就做好底盘防护，与地面的近距离使地表温差、砂石、雨雪、泥污都会对底盘造成损伤，恰当的防护非常重要。目前，唯一有效并在国际上最普遍采取的底盘保护措施就是“底盘装甲”。通过在底盘表面喷涂特殊的弹性胶质材料抵挡外界的侵害，可有效防止底盘受撞，抵御湿气、酸碱、污物的侵蚀，降低高温、严寒对底盘金属的影响，进而延长底盘的实际寿命。

（8）漆面防护

新车漆面受外界各种侵害，砂石、湿气、紫外线都会导致漆面老化褪色。电泳镀膜、打蜡、封釉是市场上三种常见的漆面装饰服务，就保护时效性和安全性而言，电泳镀膜更具优势，特殊的物理作用可以在漆面形成一层耐磨、耐高压、防腐蚀的保护层，确保爱车漆面长时间受到保护。

（9）配备车载气泵

车轮气压不足是让司机最头疼的事情，因为不是随时随地都能找到充气场所的，所以准备一台车载便携式气泵就显得相当必要了。车载气泵不仅配有照明灯和压力表，同时气泵还配备多种充气嘴，除了可以给汽车车轮充气外，还可以给自行车、摩托车等车辆的车轮充气。

1.3 汽车装饰专用设备及材料

汽车装饰所使用的设备分为汽车内饰专用设备和汽车外饰专用设备，全面系统了解各种设备的性能、特点和使用方法，有利于正确选择和使用设备，确保人身与设备安全，提高作业质量和效率，保证装饰效果。

1.3.1 汽车内部装饰专用设备

汽车内部装饰所用到的主要设备有吸尘器、蒸汽清洗机、脱水机及洗衣机等，下面介绍常用设备的性能特点与使用方法。

（1）吸尘器

车内经常积聚大量的灰尘，特别是座椅上的皱裙和一些角落的灰尘极难清除。吸尘器是汽车内部装饰必备的工具。现在市面上常见的吸尘器主要有专业型、家用型和便携型三种。

专业型的吸尘器效果最好，使用较多，它具有较好的防水性，集吸尘、吸水、风干于一体，配有适合于内饰结构的专用吸嘴，操作简单，其内置的真空泵能产生很大的真空度，再配上形状不一的各种吸头，能很方便地伸进各个角落，快速地吸去附着于其表面的灰尘，如图 1-1 所示。

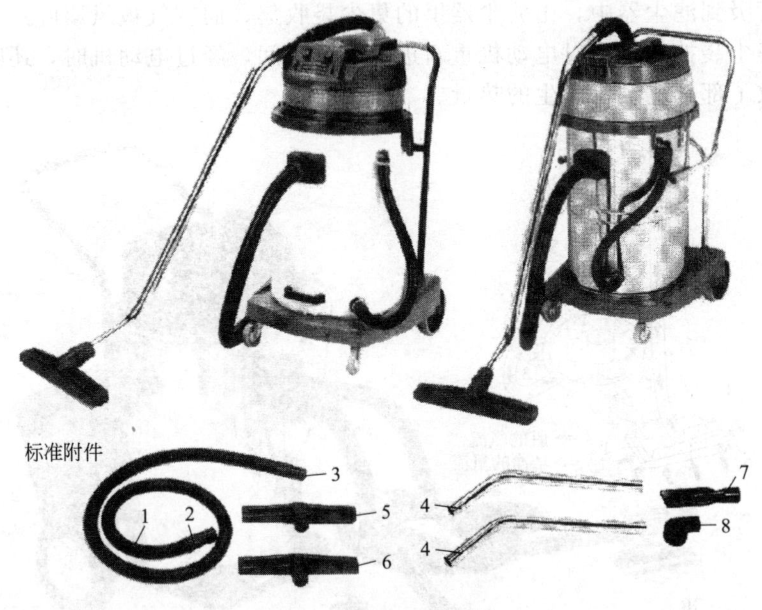

图 1-1　专业型吸尘器

1—软管；2—短接头；3—长接头；4—钢管；
5—吸尘扒；6—吸水扒；7—长扁嘴；8—圆毛刷

家用型吸尘器虽然吸力不小，但防水性差，如果将吸尘器置于操作间，难免在洗车时将水溅入吸尘器，容易出现内部短路现象，甚至烧毁。

便携型吸尘器则是供车主随车携带的，它使用汽车上的电源

(利用点烟器插座),体积小,携带方便,但不适合专业护理店使用。

① 吸尘器的工作原理　吸尘器是利用电动机的高速转动,带动风叶旋转,使吸尘器内部产生局部真空,形成空气吸力,将灰尘、脏物吸入,并经过吸尘器内部的过滤装置,然后将过滤过的清洁空气排出去,以达到吸尘的目的。

图 1-2 所示为吸尘器工作原理。吸尘器的刷座里有一个电动机,它通过传动带带动转刷旋转,把尘土及脏物搅打起来,称为起尘。吸尘桶里有高速风扇进行强力抽吸,通过软导管和硬导管使刷座对外界形成高负压,起尘后的尘土和脏物便被吸进刷座,并经导管吸到滤尘器中,由滤尘器里的集尘袋收集,而空气被风扇叶片从集尘袋抽出,经过电动机重新进入车室空间,经过电动机时,还吹散了部分电动机产生的热量。

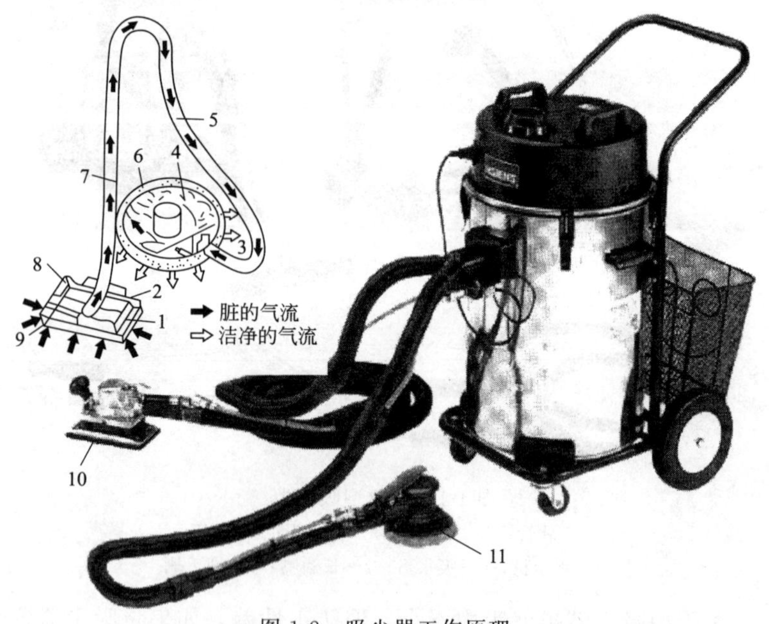

图 1-2　吸尘器工作原理

1—传动带;2—电动机;3—吸尘桶;4—风扇;5—软导管;6—滤尘器;7—硬导管;8—刷座;9—转刷;10—研磨面;11—抛光机

② 吸尘器的使用　使用前,应先将使用说明书仔细看一遍,

然后对照说明书检查一下各种附件是否齐全，再按说明书中讲述的步骤和方法将吸尘器各部分安装好。启动前先核对一下电源的电压和频率，当确认相符后，即可接通电源试用。试用中不应有异常噪声，使用10min左右电动机没有过热现象，方可投入正常使用。每次用完后，先断开电源，然后将集尘袋中的灰尘清除干净，最后将各零件拆开并清理干净收好。使用中应注意以下事项。

a. 每次使用前，先将集尘袋清理干净。

b. 有灰尘指示器的吸尘器，不能在满刻度工作，若发现指示器接近满刻度，要停机清灰。

c. 不要用吸尘器吸集金属碎片，以防电动机损坏。

d. 在清理吸尘器内的灰尘时，不要将手放在吸口附近，以免发生危险。

e. 吸尘器包线的绝缘保护层要保护好，以免发生触电事故。

③ 吸尘器的维护

a. 使用后，应将吸尘器及其附件用湿布擦拭干净，然后晾干收好。

b. 清灰后的集尘袋可用微温水洗涤干净晒干。

c. 吸尘器刷子上黏附的毛发、线头要及时清除掉，刷子磨损偏大要及时更换新品。

d. 紧固件如有松动，要立即紧固好。

e. 电动机和电刷如有故障，要及时维修。

（2）高温蒸汽清洗机

车身内饰和地毯等纤维织物极易积聚污垢，滋生细菌，而吸尘器只能吸除尘土及水分，无法清除细菌，拆装内饰和地毯也十分麻烦，而通过蒸汽与清洗剂的配合可快速地去除各种污垢。高温蒸汽清洗机如图1-3所示。

① 高温蒸汽清洗机的功用　高温蒸汽清洗机用于清除汽车驾驶室及车厢内的各种污渍，并有杀菌及除臭功能。高温蒸汽清洗机所喷出来的蒸汽可对丝绒、化纤、塑料、皮革等不同材料进行清洗，还可以去除车身外部塑料件表面的蜡迹，同时，还具有消毒的作用，特别是对带有异味的污垢有很强的清洗作用，能使皮革恢复弹性，丝绒、化纤还原至原有光泽，是汽车内饰美容的必备设备。

图 1-3　高温蒸汽清洗机

② 高温蒸汽清洗机的操作方法　清洗前，首先将续水门打开，注满清水，盖好后开机预热 10min 左右，待使用指示灯显示后便可操作。因蒸汽温度很高，可达 130℃，所以操作时应根据不同材料选择不同温度，以免损伤部件，并用半湿毛巾包裹适合车室结构的蒸汽喷头使用，一般情况下，车内物品在 80℃左右就已经够用，无需太高的温度。有些制品如塑料、皮革耐热性较差，在使用蒸汽清洗机清洗时，温度应适当调低。

(3) 专用脱水机

专用脱水机也称地毯脱水机或地毯甩干机（图 1-4）。汽车内的座椅椅套、可拆式地毯和脚垫等织物容易弄脏，使用较长时间后应取下用水或清洗剂清洗，彻底去除灰尘、污渍和杀灭细菌。由于这些织物体积大、质量大，水洗后用普通脱水机难以脱水，目前市场主要采用大功率滚筒式地毯甩干机，其具有容积大、机械传动平稳的特点。

脱水机虽以地毯清洗和脱水为主，但其他物品，如座套、车垫、工作服、被子、毛毯等，在清洗后，也可用它脱水处理，效率很高。

(4) 高效多功能洗衣机

高效多功能洗衣机用于清洗汽车内的座椅套、头枕套等织物，它们极易弄脏，每使用一段时间都要清洗，而座椅套、头枕套等织物的拆卸不是一般车主能做的。在进行汽车美容的同时，可对织物

图 1-4　专用脱水机

进行清洗。为了节约车主时间，洗衣机将清洗、烘干和免烫功能三合一。因此，专业的汽车装饰美容店应配备一台高效多功能洗衣机。

1.3.2　汽车外部装饰专用设备

现代汽车外部装饰设备大多使用专用设备，其特点是效率高，质量好。常用的有专用清洁设备，如高压冷水清洗机、电脑洗车机、洗车泡沫机等，常用的车身装饰专用设备有打蜡机、抛光机、封釉振抛机、底盘封塑喷涂用特殊喷枪等。

（1）高压冷水清洗机

① 清洗机基本结构　冷水清洗机主要由电动机、水泵、管路、喷枪等组成，如图 1-5 所示。电动机通过弹性联轴器直接接水泵。水泵由壳体、叶轮及进、出水口组成。水泵出水口经胶管与喷枪相连，喷枪由枪体、手柄、扳机及喷嘴等组成。

② 清洗机工作特点　先将水泵进水口与水源接通，再接通电动机电源（220V 或 380V），电动机带动水泵中叶轮旋转，将水从水泵出水口经胶管、喷枪、喷头射向汽车表面。用此类移动型清洗机，清洗质量较好，设备投资少，但清洗时间长，耗水量大，属半机械化清洗。

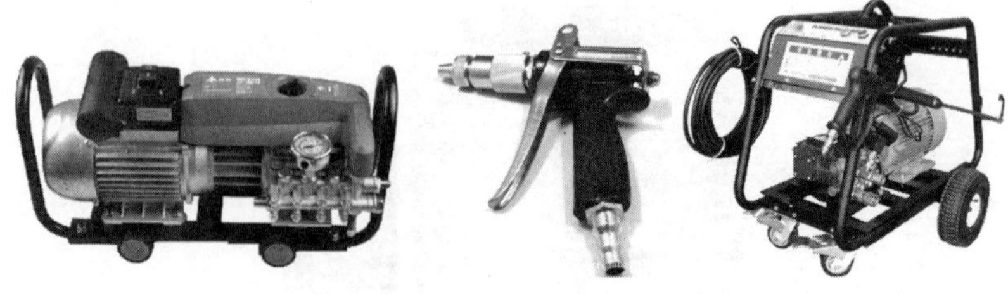

图 1-5 冷水清洗机

③ 清洗机操作与使用　将清洗机的进水口一端放水水池中，接好电源，按下电源开关，启动清洗机，并通过旋转喷枪前的调节螺母调节水流的形状。柱状水流或圆形喷嘴，水流冲击力强，可以除去汽车车身的干泥；雾状水流或扇形喷嘴，水流覆盖面积大，除污效率高，适于除掉一般污垢。

④ 清洗机维护保养

a. 检查水泵内润滑油的油位、油的品质，如有异常，应及时添加或更换。

b. 每运转 200h 需要更换 1 次润滑油。

c. 长期不用清洗机应将剩水排尽，存放于干燥处。

d. 定期检查传动带完好情况及张紧度，不符合要求应及时调整或更换。

（2）电脑洗车机

电脑洗车机属于大型固定式清洗设备，它是利用电脑控制高压水或控制毛刷与高压水结合来清洗整个汽车的一种全自动机器。

按有无滚刷可分为无刷电脑洗车机及有刷电脑洗车机。后者又按其工作方式不同分为固定式和移动式两种。固定式就是洗车机不动，汽车缓慢通过洗车机的工作区域，洗车机按照相应的指令程序洗车的工作方式，如隧道式电脑洗车机、通道式洗车机、无轨电车（地铁、旅客列车）清洗机及滚轴转轮式洗车机等。移动式就是汽车不动，洗车机按照一定的程序在导轨上来回移动，同时执行洗车指令的工作方式，如龙门式电脑洗车机。电脑洗车机都采用循环水洗车，属于节约环保型洗车方式。由于电脑洗车速度快（120 辆/h）、洗车效果好、节约水资源且成本低，它已成为大中城市较为普及的洗车方式之一，但投入大。下面对应用相对比较广泛的无刷式电脑洗车机、龙门式电脑洗车机和隧道式电脑洗车机进行介绍。

① 无刷式电脑洗车机　该设备主要由高压喷水系统和电脑控制系统组成，如图 1-6 所示。高压喷水系统由水泵室、储水罐、输水管路和喷头及控制阀等组成。

图 1-6　无刷式电脑洗车机

无刷式电脑洗车机的操作方法如下。

a. 把需清洗的汽车开到清洗停放位置，停稳，关好车门，并关好清洗机门。

b. 启动电脑控制系统，调好水压，打开喷头控制阀，按清洗整车的清洗工艺要求对汽车进行喷淋清洗。

c. 清洗完后，停机。把清洗机门打开，用干净的抹布把车身外表擦干净，然后把车开出来，对清洗质量进行检查。若不合格，则进行补救清洗，至合格为止。

② 龙门式电脑洗车机　该设备工作时，车不动，机器往返移动完成洗车、吹干、上蜡等工作程序。龙门式电脑洗车机可实现自动清洗车辆外表、自动定位刷车轮、高压冲洗底盘、自动加注清洗剂、自动打蜡及全自动吹干，以上功能通过电脑控制一次性完成，并可针对不同的洗车要求设有 8 种洗车程序供选择，可针对清洁程度不同的车辆选择相对应的洗车程序进行清洗，很多机型还专门设置了泡沫洗车程序、蜡洗程序，使清洗护理效果更加完美。为防止

洗车过程中发生意外，一般洗车机各个系统在电脑自动控制的基础上都设有人工干涉功能，确保洗车过程安全。一般每小时洗车20～40 辆。其缺点是噪声大、蜡和水浪费较多，目前逐步退出欧美等发达国家市场。

龙门式全自动电脑洗车机主要由侧洗辊轮、俯洗辊轮和端洗辊轮组成。辊轮上材料主要有尼龙、海绵或其他纤维，比较蓬松、柔软。在辊洗时，不会刮伤面漆，如图 1-7 所示。

图 1-7　龙门式全自动电脑洗车机

龙门式全自动电脑洗车机使用方法如下。

a. 把车开到清洗停放位置，停稳，关好车门。

b. 启动控制系统，调好清洗的水压、流速、时间等有关参数，开始清洗。

c. 全过程由电脑控制，洗完后自动停机。

d. 停机后，把车开出来，把车外表擦干，检验。若无清洗质量问题，就完成了清洗任务。

龙门式全自动电脑洗车机的优点及使用注意事项如下。

a. 该设备能喷水也能喷洗车液进行洗车。

b. 该设备清洗速度快，几分钟就可清洗一辆汽车。并且自动化程度高，可实现无人操作洗车。节水效果也明显。排放达到环保要求。

c. 该设备还具有独立的故障自动检测功能，使用安全可靠。

d. 详细的使用操作，应按设备的使用说明书要求执行。

③ 隧道式电脑洗车机　该设备可以实现自动加注清洗剂、自

动打蜡、无接触仿形吹干及底盘冲洗。隧道式洗车机价格较高，洗车速度快，每小时洗车为 120 辆左右。隧道式洗车机为龙门式洗车机的换代产品，也是目前国际的主流机型，其特点为能耗低、噪声小和洗车快，可实现快速、亮丽、安全和无划痕的洗车要求。

隧道式电脑洗车机结构如图 1-8 所示，结构与功能如下。

图 1-8　隧道式电脑洗车机

a. 输送机系统。待清洗的汽车进入隧道时，轮胎的导正系统可使汽车停在输送机的停车轨道上，收好天线、放空挡、勿动雨刷。输送机系统可使所清洗的汽车通过隧道而完成清洗的运输功能。

b. 高压喷水系统。采用强力电动机和水泵产生高压水，对汽车表面进行冲洗，可将车身上的微小沙粒和灰尘除去，以便安全地进行刷洗。

c. 一对前小刷。前小刷可对汽车的下部外表进行刷洗，可除去部分污垢等。因为汽车下部污垢一般较中部和上部严重，所以此部位要多洗刷一遍。

d. 高泡沫喷洒系统。利用该系统向车身喷洒高泡沫洗车液，以增强清洗除污能力。

e. 滚刷系统。由前大侧刷一对、顶刷一个、后顶刷一个、轮刷一对和后小刷一对组成了隧道式洗车机的滚刷系统。

大侧刷可依车型的斜度自动倾斜，轻柔而平稳地包裹车身，以达到良好的洗净效果。刷洗车身前后刷毛似手臂，采用交叉式刷洗方法，洗车无死角，清洗效果最好。独创的横卧式洗刷，能将车身下方的严重污垢干净彻底地清除。

f. 亮光蜡喷洒系统。在滚刷刷洗之后，用亮光蜡喷洒系统对车身进行清洗后的护理，使车身涂膜更加鲜艳亮丽。

g. 强力吹风系统。该系统由前风机和后风机组成，用清洁的高压空气将车身吹干。

h. 擦干系统。该系统由特殊的绒毛布条组成，可将风干后所残留的水痕彻底擦拭干净。

i. 控制操作系统。该系统由控制箱和操作控制台组成。可实现洗车快速、亮丽、安全、无划痕；整个操作真正达到人性化，由电脑自动感测车型；一次启动，不用人员操作选择；可依据车型，连续清洗轿车、厢式车等不同车型的汽车。

隧道式电脑洗车机的洗车过程是全自动的，全过程约需 30s。其洗车过程如下：车辆对正洗车机入口，同时车辆左前轮驶入传送带入口，松开车辆驻车制动器，挂空挡，再由操作员按下启动按钮启动设备，车辆随传送带前行，当车辆头部遇到各工作系统（高压喷水系统、前小刷、高泡沫喷洒系统、前大刷、前顶刷、轮刷、后顶刷、后大刷、后小刷、保护剂喷洒系统、吹干系统）时，各系统依次进入所选择的作业，直到车辆尾部“走过”该系统。车辆由洗车机出口驶出后，洗车作业完成。

隧道式电脑洗车机的维护及注意事项如下。

a. 洗车机工作过程中，操作人员不得离开，以防意外事故的发生。

b. 车辆进入洗车机时，左边轮胎必须停放在入口的轨道上。

c. 关好车门、车窗，折回后视镜，收起天线，对车身凸出物进行适当处理。

d. 开机前，检查导轨有无卡死现象，确保滚轮行走灵活。

e. 定期检查电控元器件的安全保护措施是否得当。

f. 检查主框架的材料是否生锈，若生锈应适时处理。

g. 每天都应检查刷毛材料，裹沙粒或杂物应立即清除；定期检查洗车机的刷毛材料是否变硬，变硬应及时更换，否则会损伤车漆。

h. 严格按照使用说明操作，防止误操作，减少不必要的损失。

i. 严寒天气要按照使用说明采取相应的措施预防冻结。

j. 洗车机长时间闲置或在冬天的夜晚，要放空水管中的积水，防止积水锈蚀元件或冻裂水管。

k. 定期给洗车机轴链部位涂抹黄油，如轮刷回转轴、顶刷回转轴、侧刷回转轴和各刷子的回转链条等部位。涂抹黄油时要注意及时擦净流出的黄油，以免粘到刷子和车辆上（移动式洗车机轨道上严禁涂抹任何润滑油脂）。

（3）洗车泡沫机

如图1-9所示，将洗车液和水按比例［(1∶100)～(1∶150)］加入到洗车泡沫机中，利用压缩空气将混合液以泡沫形式吹出，均匀地喷洒到车身上，能充分溶解车身污物，增强清洗效果。

① 洗车泡沫机使用方法　打开加水阀和排气阀，加入清水，以水柱标高为准，然后按比例加入清洗剂，再将开水阀和排气阀关好，然后用快速接头接上空气压缩机，打开压缩机开关，等压力升至0.25～0.40MPa时，打开喷枪阀，并微调调压阀使发泡效果最佳。

② 洗车泡沫机维护保养　定期检查容器安全阀及排水时是否有渗漏现象；经常检查接头密封圈是否老化、变形；保持设备的清洁，每次用完后将剩下的清洗液倒出并清洗干净。

（4）打蜡机

打蜡机也称轨道抛光机，如图1-10所示。

图1-9　洗车泡沫机

图1-10　打蜡机

打蜡机工作时以椭圆形的轨迹旋转，其底盘直径比抛光盘直径大，机体比抛光机轻很多，而且其双手扶把紧贴机体的中心立轴。它的质量、速度和椭圆形的旋转方式产生不了足够的热能让抛光剂与车漆进行化学反应，因此不能用来进行研磨抛光作业，但此机用于打蜡效果很好，主要的优点在于质量小、做工细且底盘面积大，比人工打蜡省时省力，而且打蜡时不易产生漆面划痕。

① 打蜡机的主要附件　打蜡机使用的是固定打蜡托盘，因此其相应的配套件是指和打蜡托盘配套的打蜡盘套和抛蜡盘套。

打蜡盘套是一种衬有皮革底（防渗）的毛巾套，作用是把蜡均匀地涂覆到车身上。

抛蜡盘套的材料有三种：全棉（毛巾）盘套、全毛（或混纺）盘套和海绵盘套。

目前使用最广泛的抛蜡盘套是全棉盘套。全棉盘套应选择针织密集、线绒较多、具有柔软感的盘套。因为越柔软就越能减少发丝划痕，也能把蜡的光泽抛出来。

全棉盘套使用时应注意不能反复使用，最好每做完一辆车更换一个新的。即使不更换新的，旧的也一定要洗干净。清洗时要使用柔顺剂，以免晒干后盘套发硬。

② 打蜡机的使用方法　将液体蜡倒在打蜡盘上，每次按 $0.5m^2$ 的面积打匀，直至全车打完。静候几分钟，待蜡凝固后，将抛蜡盘套在托盘上，确认盘套的绒线中无杂质后开机，然后将抛蜡盘轻放在车身上，让打蜡机按图 1-11 所示进行横向与纵向覆盖式的抛光，直至车漆光泽令人满意为止。

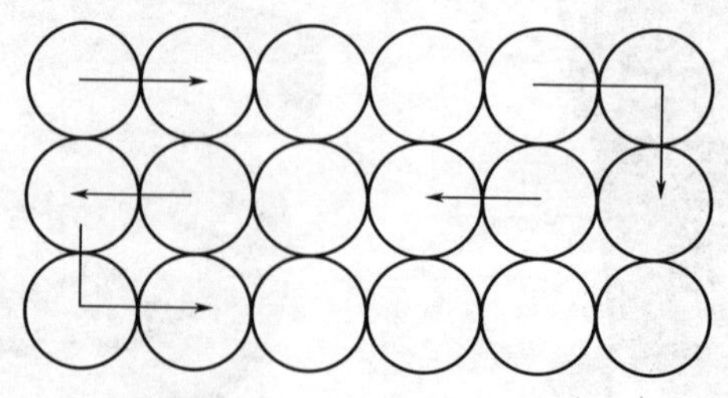

图 1-11　打蜡机抛光路线

（5）抛光机

抛光机也称研磨机，如图1-12所示，常用于机械式研磨、抛光及打蜡。其工作原理是电动机带动安装在抛光机上的海绵或羊毛抛光盘高速旋转，由于抛光盘和抛光剂共同作用并与待抛光表面进行摩擦，进而可达到去除表面污染、氧化层、浅痕的目的。

图1-12　抛光机

① 抛光机分类　按动力来源分有气动和电动两种。气动式比较安全，但需要气源，电动式容易解决电源问题，但一定要注意用电安全。

按功能分有双功能工业用磨砂/抛光机和简易型抛光机两种。双功能工业用磨砂/抛光机能装上砂轮打磨金属材料，又能换上抛光盘进行车漆护理。此机较重，但工作起来非常平稳，不易损坏。此种机型的转速可以调节，适合专业美容护理人员使用。简易型抛光机实际上是钻机，体积小，转速不可调，使用时难掌控平衡，专业美容护理人员一般不使用此类机型。

按转速分有高速抛光机、中速抛光机和低速抛光机三种。高速抛光机转速为1750～3000r/min，转速可调；中速抛光机转速为1200～1600r/min，转速可调；低速抛光机转速为1200r/min，转速不可调。

② 抛光机主要附件　即抛光盘，安装在抛光机上与研磨剂或抛光剂共同作用完成研磨、抛光作业。

按抛光盘与抛光机的连接方式可分为螺栓盘、螺母盘和吸盘三种。螺栓盘适用于带有螺栓接头的抛光机。螺母盘适用于带有螺母接头的抛光机。吸盘适用于带有吸盘的抛光机，即抛光机的机头用螺钉固定有一个硬质塑料聚酯底盘（又称托盘），底盘的工作面可粘住带有尼龙易粘平面的物体，这样就可以根据需要选择各种吸盘式的抛光盘，只需将此种抛光盘粘在底盘上即可，使用起来极为方便。

抛光盘的材料分为羊毛抛光盘和海绵抛光盘两种。羊毛抛光盘为传统式切割材料，研磨能力强、功效大，研磨后会留下旋纹，不能用于普通漆的研磨和抛光，用于透明漆时要谨慎，一般分为白色和黄色两种，抛光盘底部可自动粘贴实现抛光盘的快速转换。一般白色羊毛抛光盘切削力强，能去除漆面严重瑕疵，配合较粗的蜡打磨可快速去除橘皮或修饰研磨痕；黄色羊毛抛光盘切削力较白色羊毛抛光盘弱，一般配合细蜡来抛光漆面、去除漆面粗蜡抛光痕及轻微擦伤痕。羊毛抛光盘如图 1-13 所示。

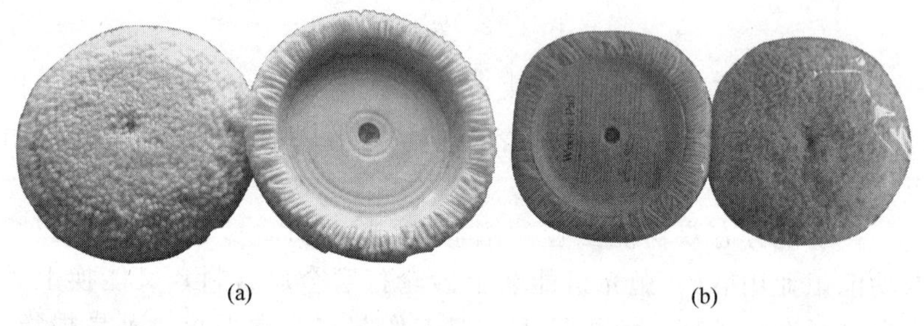

(a) (b)

图 1-13 羊毛抛光盘

羊毛抛光盘应定期用梳毛刷或空气喷嘴清洁，清除蜡质。作业时如果羊毛抛光盘被堵塞应拆下，装上一个干净的羊毛抛光盘，继续进行打磨，同时使用过的羊毛抛光盘要进行干燥，干燥后用梳毛刷清理干净。如需冲洗，必须使用温水，千万不要用热水、强碱性去垢剂或溶剂，使用洗衣机清洗只可使用轻柔挡。通常利用空气对其干燥，最好不要进行机器干燥。

海绵抛光盘切削力较羊毛抛光盘弱，不会留下旋纹，能有效去除中度漆面的瑕疵。海绵抛光盘底背有可动粘贴，快速更换抛光轮，可用于车身普通漆和透明漆的研磨和抛光，一般在使用羊毛抛光盘之后进行抛光、打蜡。建议抛光机转速为 1500～2500r/min，不要超过 3000r/min。海绵抛光盘如图 1-14 所示。

图1-14　海绵抛光盘

（6）封釉振抛机

封釉振抛机是封釉的专用电动或气动工具，它可以通过振抛机的高频振动与快速转动，与漆面摩擦产生热量，使漆面局部产生一定程度的扩张，于是釉剂被均匀地挤压渗透到漆面中，并在漆面上形成一层极薄的保护膜，有效保护和美化漆面。

封釉振抛机的使用与抛光机相似。图1-15所示为封釉振抛机。封釉振抛机一般采用吸盘式封釉波纹海绵轮与封釉振抛机的托盘相连。

图1-15　封釉振抛机

（7）底盘封塑喷涂用特殊喷枪

底盘封塑喷涂时由于所使用的底盘封塑材料固体含量高，必须使用特殊喷枪，如图1-16所示。

1.3.3　汽车内饰材料

目前，许多轿车的内饰件已经逐步使用PP（聚丙烯）材料，这是一种工程热塑材料，它具有韧性好、强度大、隔热好、质地

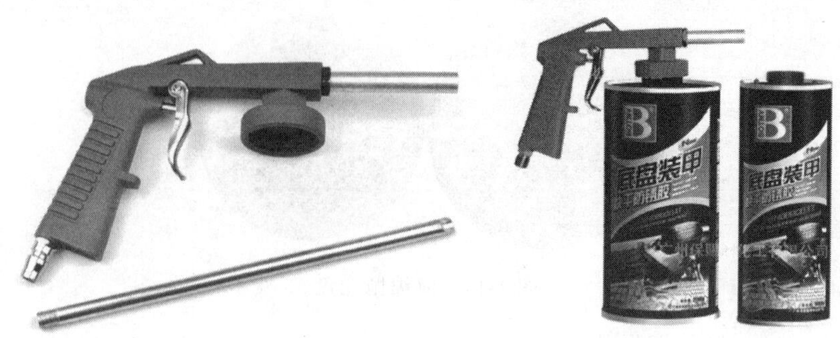

图 1-16 特殊喷枪

轻、耐腐蚀、富有弹性和手感好、成本低等一系列优点。更重要的是 PP 材料是一种可以循环回收再利用的塑料，利于环保，因此受到人们的欢迎。

为了使轿车车厢更加舒适和美观，车厢内的装饰材料有越来越高级的倾向。例如，坐垫面料，中高级轿车大都采用手感柔和、色调高雅的皮革、呢绒、丝绸等天然材料。此外，也有的采用手感与天然材料相似的细合成纤维无纺布作为面料。普通轿车多采用化纤纺织品，一些高级轿车车厢的装饰还采用贵重的胡桃木、花梨木等材料，嵌在仪表板总成和车门内板上。下面对常用的皮革、橡胶、纤维、合金材料、木质和仿木质材料等内饰材料进行介绍。

(1) 皮革材料

目前，市场上流行的皮革制品有真皮和人造皮革两大类。人造皮革中合成革和人造革是由纺织布作底基或无纺布作底基，分别用聚氨酯涂覆并采用特殊发泡处理制成的，有的表面手感酷似真皮，但透气性、耐磨性和耐寒性都不如真皮。

① 皮革材料的特性与分类　按皮革的层次分，有头层皮和二层皮，其中头层皮有粒面皮革、修面皮革、压花皮革、特殊效应皮革。头层皮质量最好，次之为二层皮，其强度、弹性和透气性都不如头层皮。汽车座套必须选用头层皮。现在市面上出售的一种复合皮是在二层皮的表面上附有一层胶膜，表面精致，看上去很像头层皮。

a. 粒面皮革 分为全粒面皮革与半粒面皮革。在诸多的皮革品种中，全粒面皮革使用量居榜首，因为它由上等原料皮加工而成，皮革表面上保留了完好的天然状态，涂层薄，能展现出动物皮自然的花纹美。它不仅耐磨，而且具有良好的透气性。全粒面皮革分为软面革、皱纹革、正面革等，特性为完整保留粒面，毛孔清晰、细小、紧密、排列不规律，表面丰满细致，富有弹性。半粒面皮革在制作过程中经设备加工、修磨成只有一半的粒面，它保持了天然皮革的部分风格，毛孔平坦呈椭圆形，排列不规则，手感坚硬，一般选用等级较差的原料皮，但是其表面无伤残及疤痕，且利用率较高，其制成品不易变形，所以属中档皮革。

b. 修面皮革 是利用磨草机将表面轻磨后进行涂饰，再压上相应的花纹而制成的。实际上是对带有伤痕或粗糙的天然革面进行了“整容”。此种革几乎失掉了原有的表面状态。修面牛皮又称“光面牛皮”，市场也称雾面、亮面牛皮。特性为表面平坦光滑无毛孔及皮纹，在制作中表层粒面轻微磨面修饰，在皮革上面喷涂一层有色树脂，掩盖皮革表面绞路，再喷涂水性光透树脂，因而是一种高档皮革。特别是亮面牛皮，其光亮耀眼、高贵华丽的风格，是时装皮具的流行皮革。

c. 压花皮革 用带有图案的花板在皮革表面进行加温压制出各种图案，形成某种风格的皮革。

d. 特殊效应皮革 制作工艺要求同修面皮革，只是在有色树脂里面加入珍珠、铝或铜元素综合喷涂在皮革上，再滚一层水性透明树脂，其成品具有各种光泽。

厚皮用片皮机剖层，头层用来制作全粒面皮革或修面皮革，二层经过涂饰或贴膜等工序制成二层革，它的牢固程度及耐磨性较差，是同类皮革中最廉价的一种。其随工艺的变化也制成各种档次的品种，如进口二层牛皮，因工艺独特、质量稳定、品种新颖等特点，为目前的高档皮革，价格与档次都不亚于头层真皮。

② 皮革材料在使用过程中出现的问题

a. 松面 指将皮革制品向内弯曲 90°，粒面上将出现较大的皱折且展平后不消失，即为皮革制品管皱。管皱是最严重的松面现象。

b. 裂浆、露底、掉浆　一只手将革面按住，另一只手拉开基面，用钥匙柄从里向外顶革面，并来回划动，若粒面上出现裂纹，即为裂浆；而仅呈现底色称为露底；涂层从革面上脱落则称为掉浆。造成裂浆、露底、掉浆的原因是涂层的延伸性同皮革的延伸性不一致；涂层材料使用不当；涂层配方不合理或涂层过厚等。

c. 掉色　是指涂层经干擦或湿擦后产生掉色现象。产生的主要原因有涂饰剂中含有的颜料过多或颜料颗粒较粗；涂饰剂中有酸性粒子元，染料量过大。涂层耐干擦而不耐湿擦，主要原因是涂层防水性能不佳。

d. 油霜、盐霜　在革面上形成的粉状油脂渗出物称为油霜。尤其在天气较冷的情况下，更容易形成油霜，且擦去后不久仍会出现。这是由于原料皮本身含有的高熔点硬脂酸等脂类物质没有除净，或加脂剂中含有较多的该种物质。在皮革的干燥或放置过程中有时会在粒面上出现一层灰色霜状物，称为盐霜，这是由于皮革在中和后未经充分水洗，皮革中含有大量的可溶性盐渗出所致。鉴别油霜与盐霜的方法是用热熨斗熨烫，油霜可被皮单吸收而盐霜则不能。

e. 革面发黏　用手触摸革面时有黏手的感觉，或将革面相对叠在一起，在分开时发出黏结声，则被认为是涂层发黏。出现这种情况主要是软性树脂用量过大造成的，涂层的皮革较易吸附灰尘。

f. 僵硬无弹性　皮革变硬的原因有四个，一是由于使用时间过长，皮革内油脂渗出太多或皮革自然老化；二是水浸或洗涤不当，晒干后变硬；三是上光打蜡或上浆上色选用的材料不当或涂层太厚；四是粒面吸收太强或粒面磨损，翻新时吸收浆料过多。

（2）橡塑材料

橡塑是橡胶和塑料的统称，它们最本质的区别在于橡胶发生的是弹性变形，塑料发生的是塑性变形。

① 橡胶　可分为天然橡胶和合成橡胶两大类。天然橡胶来自热带和亚热带的橡胶树，在橡胶树干上切口，收集所流出的胶浆，经过去杂质、凝固、烟熏、干燥等加工程序，形成生胶料。合成橡胶由石化工业产生的副产品，依不同需求，合成不同物性的生胶料。因合成方式的差异，同类胶料可分出数种不同的生胶，又经配方的

设定，任何类型胶料，均可变化成多种符合制品需求的生胶料。

橡胶成品因所处的环境条件，随时间的推移引起龟裂或硬化，橡胶物性退化，这种现象称为老化。引起老化的原因有内部因素和外部因素。内部因素有橡胶的种类、成形方式、键结程度、配合药物的种类、加工过程中的因素等。外部因素有氧、氧化物、臭氧、热、光、放射线、机械性疲劳、加工过程的缺失等。

② 塑料　是具有塑性行为的材料。塑性是指受外力作用时，发生变形，外力取消后，仍能保持受力时的状态。塑料的弹性模量介于橡胶和纤维之间，受力能发生一定变形。软塑料接近橡胶，硬塑料接近纤维。塑料为合成的高分子化合物，由合成树脂及填料、增塑剂、稳定剂、润滑剂、色料等添加剂组成，其主要成分是树脂。

根据各种塑料不同的理化特性，可以把塑料分为热固性塑料和热塑性塑料两种类型，前者无法重新塑造使用，后者可重复生产。

橡塑材料在汽车上使用得也很广泛。轮胎的主要材料就是橡胶，汽车内饰件也大量使用橡塑材料。目前，采用PP材料制造仪表板总成外壳已成为主流。

（3）纤维材料

纤维材料有天然纤维和化学纤维两种。天然纤维是指由棉、麻和毛为原料加工制成的成品材料。天然纤维材料的特性是安全环保、舒适性高，但是容易脏污，保养护理比较麻烦。化学纤维是用天然或人工合成的高分子化合物为原料，经过化学或物理方法加工而得的制品的统称。因所用高分子化合物来源不同，可分为再生纤维和合成纤维。在汽车内饰中纤维材料也大量使用，如顶棚、地板和座椅等都是使用纤维材料较多的地方。

① 再生纤维　用纤维素和蛋白质等天然高分子化合物为原料，经化学加工制成高分子浓度液，再经纺丝和后处理而制得的纺织纤维。其手感柔软、光泽好；吸湿性、透气性良好。

② 合成纤维　是由合成的高分子化合物制成的，种类繁多。合成纤维具有保温性强、电绝缘性较高、阻燃性好、弹性强、耐磨性较好、不易变形、耐热性好、化学稳定性好且耐腐蚀等特点。

（4）合金材料

合金是由金属与另一种（或几种）金属或非金属所组成的具有

金属通性的物质。一般通过熔合成均匀液体和凝固而得。根据组成元素的数目，可分为二元合金、三元合金和多元合金。

在汽车装饰部件上使用的合金，绝大多数都是镀到基材上去的，主要是为了增加其抗磨性、美观性，并满足车主不同的要求。

（5）木质和仿木质材料

木质和仿木质材料也是轿车内饰的主要材料之一，镶嵌在仪表板、中控板（副仪表板）、变速杆头、门扶手、转向盘等处。

桃木或仿桃木材料具有美观、高雅、豪华等特点，其独有的花纹图案可获得特殊的装饰效果。因此，一些中高档轿车用胡桃木作内饰材料，配上真皮面料、丝绒内饰面料等，相辅相成，尽显一种优雅与华贵的气氛。中低档轿车在车内配置仿桃木材料，也可提高其档次。

（6）汽车内饰清洗剂

汽车内饰不同于外饰，不可能用水或混合液冲洗，只能以“干洗”的方式进行。要根据清洗对象的材料特征采用相应的专用产品，市场上曾出现丝绒清洁保护剂、化纤清洗剂、塑胶清洁上光剂、真皮清洁增光剂等非常有针对性的产品，但如此多的产品给内饰清洁操作带来一定的不便。随着内饰清洁技术的发展，多功能泡沫型内饰清洁剂通用性强，清洁效果突出，操作便捷，成为市场的主流，常见多功能内饰清洗剂见表1-1。

表1-1 常见多功能内饰清洗剂

产品	特点	使用方法
龟牌内饰清洁保护剂	本品内含氧化酶，具有清洗不褪色，更增艳；柔和配方，不损伤内饰；含异味根除成分，清洗后更清新；氧化反应，高效杀菌，安全彻底等特点。本品为环保型泡沫清洗剂，能快速分解浮出污垢，清洁而不起“水痕”；含硅酮树脂保护成分，在皮革、化纤表面形成保护膜，有效驱尘，防止老化；添加抗紫外线因子，防止紫外线的过度氧化和侵蚀，防止褪色老化；为温和无刺激的中性专业清洁剂，适用于真皮、布艺、皮草、化纤、塑料等材料	①可用于汽车内饰、轮船等，使用前先在不明显处试用 ②摇匀本品，在距离清洗部位15～20cm处均匀地喷于皮革或化纤表面 ③待泡沫在清洗表面作用约30s后，用软刷刷洗，最后用干净毛巾反复擦拭即可

续表

产品	特点	使用方法
3M 万能清洁剂	本品主要成分为聚二甲基硅氧烷、液化气、表面活性剂、轻烷烃石脑油。用于车身内部、外部高效清洁去污，有效清洁汽车表面上的油斑和重垢，可作为预处理剂预先清洁汽车内饰的污渍	将本品直接喷涂至待清洁表面，用柔软的海绵、毛巾擦拭表面，彻底清洁，并用 3M 拭车布擦干
标榜多功能泡沫清洗剂	本品为可生物降解的多功能泡沫型“干洗剂”，适用于任何可清洁的物体表面，具有超强的渗透清洁能力，作用迅速，去污力强，气味芬芳，泡沫丰富，使用安全。适用于人造皮革、塑料制品、橡胶件、金属件等的清洁，可方便地对汽车内、外饰进行清浩，如丝绒坐垫、仪表板、侧板及顶棚等	①使用前充分摇匀，距物体表面约 20cm 处均匀喷射，30～40s 后用软布擦去即可 ②较重的污渍可反复喷擦，用小刷和湿布擦拭干净 ③用于玻璃或金属表面，去除污渍后可用清水清洗，以免留下斑点

（7）汽车内饰护理剂

汽车内饰护理剂是一种能起到增亮、抗磨、抗老化等保护作用的用品，主要用于皮革（包括人造皮革）、塑料、橡胶、化纤等材质表面，起上光、耐磨、防老化等保护作用，相应地有皮革保护剂、化纤保护剂、橡胶件保护剂、金属上光保护剂等产品，用于汽车座椅、仪表板、保险杠、密封条、轮胎以及电镀件等护理。常见汽车内饰护理剂见表 1-2。

1.3.4 汽车外饰材料

（1）汽车车贴

汽车车贴（也称拉花或彩条）装饰已经普遍应用于现代家庭轿车车身上，个性十足，贴纸的文字内容、色彩图案各种各样，满足不同人群的需求，是现代汽车不可或缺的靓车元素。

表 1-2 常见汽车内饰护理剂

产品	特点	使用方法
碧丽珠皮革养护上光剂	本品具有抗紫外线，延缓老化，高光泽，不发黏等特点，适用于汽车仪表台、皮革座椅、塑料内饰和皮革内饰	将本品摇匀直接以雾状喷于清洁、干燥的物体表面；也可以将本品涂于干净毛巾或海绵，再均匀涂于物体表面，自然风干即可（需 5～10min）产生光泽效果
龟牌汽车仪表保护蜡	本品应用于汽车仪表板、门饰板、防水条等塑料、橡胶及皮革件等，具有防尘污、防褪色、防老化等多种功效。一喷一擦即可达到清洁、增艳、保护的作用，有效抵抗紫外线侵害，并有持久清新的香味	①将汽车仪表板表面清理干净 ②轻轻摇晃本品，使其均匀； ③直接喷于表面，或喷在抹布上均匀地涂抹在仪表板表面 ④用干净棉布擦干即可

拉花是车贴的早期俗称，汽车拉花源自赛车运动。汽车车贴的材料主要是可以适应户外条件的 PVC，它要求比普通的广告级材料更耐磨与防紫外线等，有普通、夜光、金属反光、激光反光、金属拉丝等很多种选择。

汽车车贴全车上下无所不至，如车身两侧、发动机盖、灯眉、裙边、轮毂，只要在现行法规允许的范围内进行合理创作，完全可以尽情演绎车主的个性爱好。

汽车车贴可分为运动车贴、改装车贴和个性车贴三类。

① 运动车贴　主要指赛车运动贴纸，如图 1-17 所示，拉力赛与场地赛所用车型和赛道各有不同，汽车贴纸也有相应区别。拉力赛汽车贴纸图案重点突出的是车队的标志及主要赞助商的标志，色彩上配合该车队的整体设计风格，以便更好地达到宣传效果。场地赛汽车贴纸常常会见到火焰、赛旗、波浪等动感十足的图案，为赛车运动增色不少。

图 1-17　运动车贴

② 改装车贴　是指各个改装厂商为参展或推广新产品在展车上，往往为配合某款车型或产品而专门设计的主题贴纸，绚丽多彩，引人注目，如图 1-18 所示。还有很多图案是改装厂的标志，还一些改装品的标志，经过一番精心设计和搭配，与改装过的展车相得益彰。

图 1-18　改装车贴

③ 个性车贴　是依照车主个人喜好和品位，量车定做的个性化贴纸。运动化、艺术化、实用化，各种风格只要看起来和谐美观，可以自由选择搭配，自行设计，打造出自己的风格。在个性车

贴中，最为常见与耀眼的是新手个性车贴，个性十足，总能让人耳目一新，如图 1-19 所示。

图 1-19　个性车贴

（2）汽车保护膜

汽车保护膜又称防划膜，具有超强的韧性，能够抗刮划、碰撞。贴上它，可以使汽车漆面高磨损区域表面免遭损坏，因此被形象地称为“犀牛皮”。

“犀牛皮”由透明的聚氨酯基材层、全透明的水溶性丙烯酸胶层及可剥落的隔离纸组成，如图 1-20 所示。它能避免车体各部位烤漆表面剥落、划伤，并防止烤漆表面生锈及老化发黄，同时还具有防碎石碰撞摩擦和抗紫外线照射的能力。由于其卓越的材料延展性、透明性及曲面适应性，装贴后绝不影响车身外观，现在它已被越来越多的汽车生产厂商所使用，正受到越来越多爱车族的青睐。

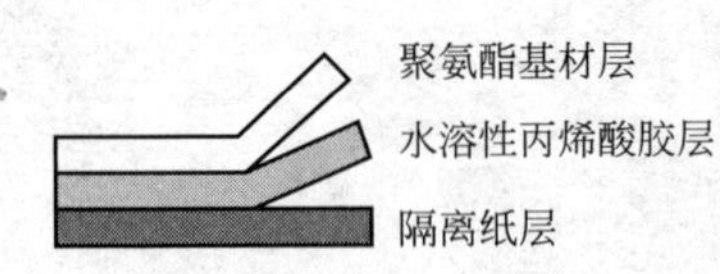

图 1-20　汽车保护膜组成

“犀牛皮”装贴的重要部位有保险杆、发动机盖前缘、轮辋前缘、后视镜外缘、门外缘、门把手内缘、钥匙孔、行李厢及侧门踏板等，如图 1-21 所示。

（3）车蜡

车蜡是一种涂抹在车漆表面，用来保护漆面，同时又起到美观

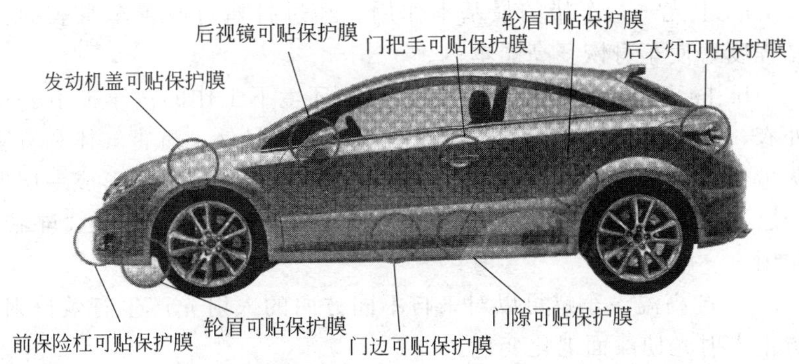

图 1-21 “犀牛皮”装贴位置

作用的化学材料，它的主要成分是聚乙烯乳液或硅酮类高分子化合物，并含有油脂成分，由于车蜡中富含的添加成分不同，在物质形态、性能上有所区别，进而划分为不同的种类。

① 车蜡分类

a. 按物理状态不同分　可分为固体蜡、半固态蜡、液体蜡和喷雾蜡四种。车蜡的黏度越大，光泽越艳丽，持久性越强，但去污性越弱，而且打蜡操作越费力。相反，黏度越小的车蜡越便于使用，但持久性越弱。

b. 按装饰效果不同分　可分为无色上光蜡和有色上光蜡。无色上光蜡主要以增光为主，有色上光蜡主要以增色为主。

c. 按生产国别不同分　可分为国产蜡和进口蜡。目前，国产车蜡基本上都是低档蜡，中高档车蜡绝大部分为进口蜡。常见进口蜡多来自美国、英国、日本、荷兰等国家，如美国龟博士系列车蜡、英国尼尔森系列车蜡、美国 3M 系列车蜡等。

d. 按功能不同分　可分为上光蜡和抛光研磨蜡两种。国产上光蜡的主要添加成分为蜂蜡、松节油等，其外观多为白色或乳白色，主要用于喷漆作业中表面上光。国产抛光研磨蜡主要添加成分为地蜡、硅藻土、氧化铝、矿物油、乳化剂等，颜色有浅灰色、灰色、乳黄色、黄褐色等多种，主要用于浅划痕处理及漆膜的磨平作业，以消除浅划痕、橘纹及填平细小针孔等。

② 车蜡功用

a. 上光　是车蜡的最基本作用。经过打蜡可改善车身表面光亮程度，使车身恢复亮丽本色。

b. 隔离　上蜡犹如给经常在复杂环境下工作的汽车披上一层外衣，可防水、防风沙、防尘、防划伤等。另外，有害气体和有害灰尘会造成车漆变色和老化，车蜡可在车漆与大气之间形成一层保护层，将车漆与有害气体和有害灰尘有效地隔离，起到“屏蔽”作用。

c. 抗高温　车蜡可以对来自不同方向的入射光产生有效反射，防止入射光使漆面老化变色。

d. 防静电　车蜡防静电作用的原理是隔断尘埃与车身表面金属的摩擦。由于涂覆蜡层的厚度及车蜡本身附着能力不同，不同车蜡的防静电作用有一定的差别，防静电车蜡在阻断尘埃与漆面摩擦的能力方面优于普通车蜡。

e. 防紫外线　车蜡防紫外线作用与抗高温作用是并行的。紫外线的特性决定了紫外光较易于折射进入漆面。防紫外线车蜡充分考虑了紫外线的特性，使其对车身表面的侵害得以最大限度地降低。

f. 研磨抛光作用　含研磨材料的车蜡还具有抛光作用，可改善漆面的光洁程度。

③ 几种常用车蜡产品

a. 去污蜡　具有很强的去污能力，不损伤漆面，能全面有效地清洁车身上的水痕、沥青及氧化膜等污物，在车身表面形成坚固的蜡膜，延缓车漆老化，保持漆面光亮鲜艳。去污蜡适用于车身表面的清洁护理，使用方法是首先清除车辆表面大颗粒灰尘并保持干燥环境，将适量去污蜡置于干净海绵或棉布上均匀涂抹于待清洗漆面，然后换用干燥洁净擦拭布擦净即可。图 1-22 所示为一种去污蜡产品。

b. 水晶蜡　能防止静电的产生，去除车身的沉积污垢，形成坚固的蜡膜保护漆面，有效防止紫外线及酸雨等对漆面的灼伤和腐蚀，延缓车漆老化，保持光亮色彩，用于车辆漆膜保护。使用方法是在干燥环境下，将车身彻底清洗后，将适量水晶蜡均匀涂抹于漆面，几分钟后换用干燥多功能擦拭布擦净即在强烈阳光下或车体高温时使用。图 1-23 所示为一种水晶蜡产品。

图 1-22　去污蜡

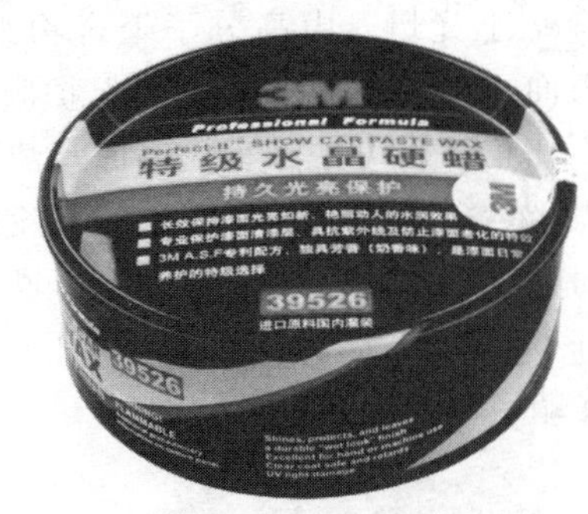

图 1-23　水晶蜡

c. 抛光蜡　含有细微、柔和的研磨材料，可有效去除车辆表面污渍，消除车辆表面细小划痕，能除锈防锈，形成的坚固蜡膜能防水防尘，延缓车漆老化，适用于车辆漆膜修复护理。使用方法是先清除车辆表面灰尘，然后用海绵均匀涂抹抛光蜡于车漆上，待表面稍干后换用干净擦拭布擦净即可，也可配合抛光机对车漆进行抛光处理。图 1-24 所示为一种抛光蜡产品。

图 1-24　抛光蜡

d. 镜面蜡　能渗透漆面，有效保护汽车漆面，耐高温，耐化学腐蚀，使车辆表面光亮如镜，长久保持，适于中高档汽车的漆膜护理，具有色彩增艳的效果。使用方法是首先清除车辆表面灰尘并保持干燥环境，将适量镜面蜡置于干净海绵或棉布上均匀涂抹于漆面，干后换用干燥洁净擦拭布擦净即可。图 1-25 所示为一种镜面蜡产品。

e. 上光蜡　由高分子聚合物组成，不含研磨材料，涂抹于车漆表面，可在漆面上形成薄保护膜，防止漆面的机械、化学损伤。它不伤车漆，可去除车辆表面污渍，形成光亮滑爽、均匀持久的保护膜，延缓车漆老化，适于较好漆面的早期保养，或抛光翻新后的漆面护理。使用方法是先去除车辆表面泥沙等污物，然后以海绵蘸少许本品均匀涂抹于漆面，稍干后擦净即可。图 1-26 所示为一种上光蜡产品。

图 1-25　镜面蜡

图 1-26　上光蜡

f. 釉蜡　能在漆面形成一层坚韧而有深度的密封釉质防护光膜，保护漆面不受高温、腐蚀性物质的侵害，适于各种颜色及漆系的车身上光保护。使用方法是清洗车辆表面后，将适量釉蜡置于干净海绵或棉布上均匀涂抹于漆面，稍后换干燥洁净擦拭布擦净即可。图 1-27 所示为一种釉蜡产品。

g. 钻石蜡　能在漆面形成坚硬的保护层，防止酸雨、紫外线、昆虫残体和冰雹等的侵蚀，重现漆面靓丽的光泽，适用于所有漆面。使用方法是把适量的钻石蜡均匀地喷涂在漆膜上，然后抛光即可达到良好效果，但不要在阳光下作业。图 1-28 所为是一种钻石蜡产品。

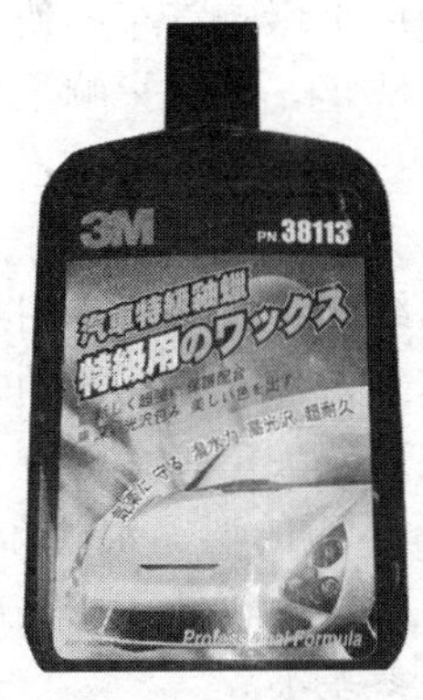

图 1-27　釉蜡

图 1-28　钻石蜡

1.4　汽车装饰业的现状和市场前景

随着近几年国人汽车消费理念、汽车使用理念的逐渐成熟，越来越多的人意识到汽车装饰养护的重要性。越来越多的商家进入汽车装饰业中，从而有力地推动了整个市场的前进。我国的汽车装饰业已经走过了起步阶段，进入到发展阶段，汽车装饰项目也打破了原先的单一性，越来越呈现出多样化、标准化和高端化的趋势。

1.4.1　汽车装饰业的现状

目前我国汽车装饰业发展迅速，已经有了一些成熟的理念和经营模式，但是由于起步相对来说比较晚，经验不足，依旧出现了下面几个问题。

（1）消费认识不成熟

目前，随着“三分修，七分养”的养护理念深入消费者的内心，人们意识到汽车和我们日常用的家用电器一样，要想使它能够正常良好地运行，也必须要定期进行保养。但是，到目前为止，仍有很大一部分消费者对于汽车装饰业没有一个全面的认识和了解，对相关项目的认识不透彻。例如日常经常进行的洗车作业，大部分汽车使用者认为洗车仅仅是为了洗掉车身的灰尘和脏污，使汽车看起来更加美观，却不知道洗车更重要的是为了防止车身附着物腐蚀车漆，使车辆面漆受损，长期不洗，可能会严重影响汽车的使用性能。更有一些车主用碱性洗衣液、洗洁精来洗车，严重影响了车漆寿命。

（2）企业经营管理不规范、制度不健全

目前，汽车装饰店开店标准和三类汽车维修企业［指专门从事汽车专项修理（或维护）生产的企业和个体经营者］是一样的，没有专门针对汽车装饰行业的市场准入制度，这就决定了大部分企业的经营不规范，存在着经营范围不清、来历不明的商品混迹市场、以次充好的现象。由于汽车装饰行业的准入要求比较低，相关制度也不健全，使我国汽车装饰店的规模、水平参差不齐。

（3）从业人员素质低

目前，汽车装饰行业的从业人员大部分都是学徒工，没有进行过相关的系统性学习。他们对汽车装饰这一技术的掌握主要是通过师傅传、帮、带来完成的，从而导致他们所掌握的技术和知识是十分有限的。同时，从事汽车装饰的技工对汽车装饰产品缺乏鉴别能力，无法辨别质量参差不齐的汽车装饰养护产品。

1.4.2 汽车装饰业的发展前景

（1）潜在市场大

2009年，我国汽车产销量达到1300万辆，首次超过美国，成为全球产销量第一的国家。2015年，我国私人轿车保有量已近1.5亿辆。根据汽车行业专家们的预测，我国轿车的保有量在未来的一二十年里还会有飞速的提升。近年来，随着“三分修，七分养”的汽车养护理念深入人心，汽车的日常清洁装饰、汽车养护用品采购等行为也就自然成为人们日常消费习惯。专家指出，每1元购车消费将带动0.65元的汽车售后服务，因此这些行为都极大地促进了汽车装饰行业的发展，其社会效益和经济效益将是十分显著的。

（2）规范行业制度

目前，我国应将汽车装饰行业从汽车维修行业中独立出来，制定相对来说比较规范的汽车装饰业的市场准入制度、技术标准、设备标准和收费标准。我国相关政府部门也应加强对汽车装饰业的监督和管理。将那些在经营规模、技术、人员、设备等方面不符合标准的企业拒之门外，使我国的汽车装饰业处于一个健康的发展环境中。

（3）专业化的从业人员

我国各个职业院校，应以市场为导向，加强对汽车装饰行业人才的培养。同时我国应制定汽车装饰服务项目从业人员技术要求，根据工人的技术水平和操作熟练程度，划分出不同等级，并颁发相应的技术证书，从而维护消费者的利益，提高其服务水平。

（4）品牌化的经营理念

目前，在汽车装饰业中能凭借品牌影响力在行业内占据优势、在市场份额上唱“主角”的企业尚未形成。各种汽车装饰店规模大小不一，各种装饰用品质量和服务水平良莠不齐，商家在个性化服务和产品创意方面很少有独到的见解。同时，我国连锁经营协会的专家已经指出，要想使我国汽车装饰业健康快速的发展，必须要发展品牌化、专业化、标准化、规范化的连锁经营模式。

从目前来看，我国的汽车装饰业与国外相比有很大差距。这是由汽车装饰进入我国市场的时间和国人的消费观念所决定的。每一个行业都有一个发展的过程，我国的汽车装饰业也不例外。

第 2 章 汽车内部装饰

汽车内部装饰是一项系统细致的装饰清洁护理作业项目。因此，既要明确施工项目的内涵，又要遵循严格的操作工艺流程，才能有效地组织操作，提高工效，节约时间，保证作业质量，提高服务水平。

2.1 汽车座椅与转向盘装饰

2.1.1 汽车座椅结构与分类

（1）乘用车座椅结构

目前，乘用车座椅的典型结构为复合型结构，由骨架、填充层和表皮层三大部分组成，如图 2-1 所示。

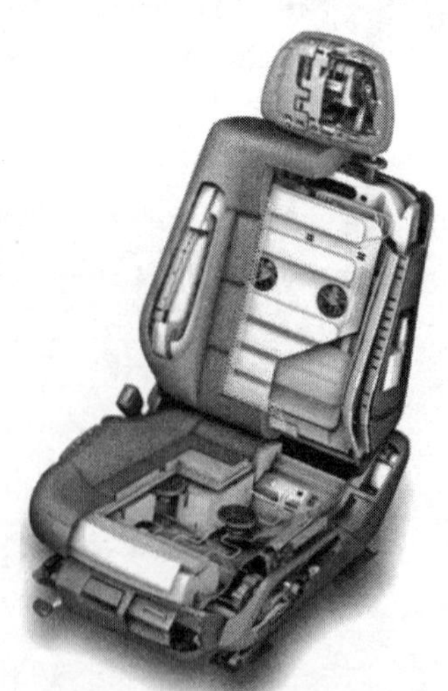

图 2-1 乘用车座椅结构

① 骨架　座椅的骨架主要用金属材料制作。它的主体是金属焊接结构，起到座椅的定型和支撑人体的作用。靠背和坐垫处骨架一般是用轧制型材（钢管、型钢）制成或用钢板冲压焊接而成，用螺钉直接固定或通过座椅调节机构固定在车身上，其结构根据人体工程学的原理进行设计，以乘客乘坐时可以获得最舒适的形体要求为准则。

② 填充层　为了增加人们乘坐时的舒适感，在座椅的骨架上增加填充物。以前，用棉花等植物纤维来充当填充物，但它易变形，造型不佳。现在塑料工业得到很大的发展，人们使用发泡塑料制作定型的填充物，具有柔软舒适、不易变形、造型美观、弹性良好等优点。

③ 表皮层　乘用车座椅的表皮层是座椅质量和装饰的亮点所在，特别是乘用车的座椅，是设计师们考虑的重点部位。

表皮层使用的材料，主要是纺织布料、人造革材料和优质的真皮材料等。外形与填充层的形状相贴服。在制作工艺上很讲究，要求裁剪精确，缝制精细，贴服平整合体，以显示座椅的精美外形。

（2）客车座椅结构

对小型客车、城市客车、长途客车以及旅游客车的要求不同，座椅的结构也有所不同。

① 普通座椅　结构简单，主要是满足乘坐人员的最基本的乘坐要求，在造型和舒适性方面考虑较少。目前，市场上主要有两种类型：木质座椅和塑料座椅。木质座椅是在铁制支撑架上，装上长型木条或木板，制成简单的座椅。塑料座椅是用塑料制成的座椅，固定在座椅支撑架上，构成单人椅或多人椅，如图 2-2 所示。

② 豪华座椅　只是在外形、制作材料和形体结构上稍微讲究一些，提高了乘坐人员的舒适性和安全性，其质量介于普通座椅和乘用车座椅之间。客车豪华座椅造型新颖，美观大方，符合人体工程学的原理，具有曲线流畅、柔度适中、乘坐舒适等特点，一般用于长途客车、旅游客车以及小型客车等，如图 2-3 所示。

（3）汽车座椅的分类

按座椅表层的材料分类，主要有纺织布料座椅、人造革座椅和真皮座椅；按座椅的使用功能分类，可分为驾驶员座椅、乘员座

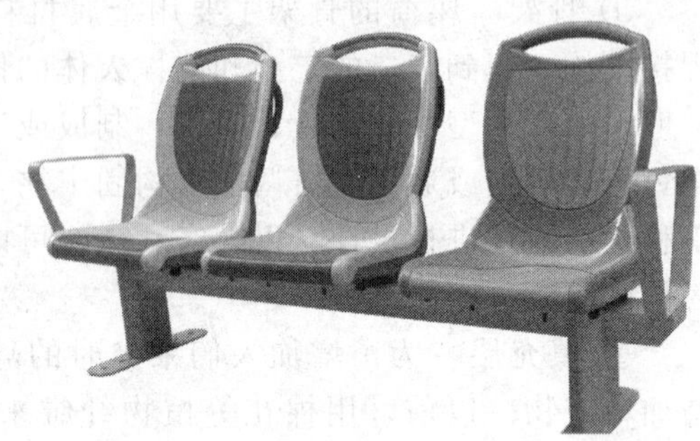

图 2-2 普通座椅

图 2-3 豪华座椅

椅、儿童座椅；按座椅的结构与车型用途分类，可分为轿车座椅和客车座椅。

① 驾驶员座椅　安装在驾驶员的座位处。驾驶员在开车时必须集中精力，始终注视前方，灵活机动地处理各种交通路况，为了有利于驾驶员的驾车，对座椅的舒适性、方位（高低、前后、左右）的可调整性要求较高。所以，驾驶员座椅总成的结构复杂，性能可靠，调整灵活。多数是电动可调的，又称为电动座椅，如图 2-4所示。

② 乘员座椅　要求乘坐舒适，这与驾驶员座椅要求一样。但对调整方面无过多要求，一般乘员座椅只在一些豪华客车上才有角

图 2-4 驾驶员座椅

度调整机构，即俯仰角度可在一定范围内调整，以期达到提高乘员舒适性的目的，如图 2-5 所示。

图 2-5 乘员座椅

③ 儿童座椅 是根据体型设计制作的一种专用座椅，如图 2-6 所示，汽车安装这种座椅，不仅可使车祸对儿童的伤害降低到最低限度，而且为儿童舒适地乘坐和家长精心地照顾提供了便利。

儿童座椅的结构和安装方法，也是经过研究和试验来确定的，其安装应配合儿童身躯的大小，而且应绑妥在座位上。3 岁以下儿童头部的周长占身长的 60%，因此头部受力比较大。8 岁以下的儿童脊椎尚不成熟，不能承受和成人相同的安全带强作用力。由上可知，保护儿童在车内不受伤，关键是保护儿童的头部。经研究试验确定，面向后部的儿童专用座椅，能将冲击的力分散到背后，抑制头部的运动，这是目前最好的解决方案。

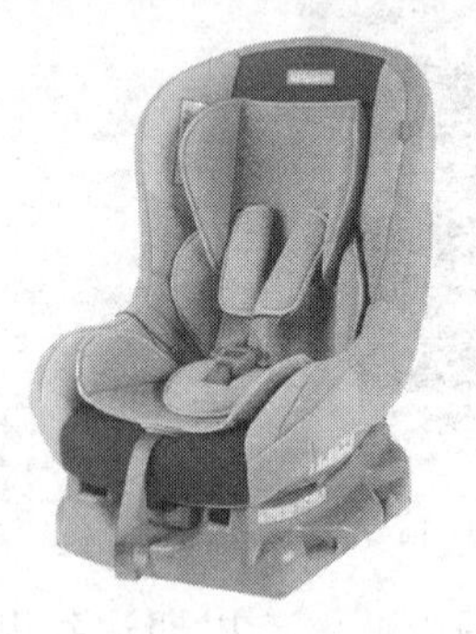

图 2-6　儿童座椅

2.1.2　汽车座椅装饰

汽车座椅是车内占用面积最大、使用率最高的部件，为此对其进行装饰不仅要考虑到美观，还要考虑到实用。

汽车座椅装饰主要集中在座椅的表皮层，主要是对表皮层材料的选用、加工制作。表皮层材料主要有棉毛织物、化纤及混纺织物和皮革等。目前，以化纤混纺织物和人造革用得最广泛，以真皮装饰最为豪华。

(1) 汽车坐垫

目前常用的汽车坐垫主要有真皮、超纤皮、人造革、尼龙、化纤、人造毛、涤纶、羊毛等不同材质的车用坐垫。羊毛坐垫适用于冬季，冰丝坐垫是夏季的首选。冰丝又称人造丝、黏纤、黏胶长丝。冰丝汽车坐垫具有良好的透气性、能自动调湿、日照升温慢等特点。在几种主流纤维中，冰丝汽车坐垫的含湿率最符合人体皮肤的生理要求，具有光滑凉爽、透气、抗静电、色彩绚丽等特点。冰丝汽车坐垫还具有防霉、防虫、防静电、无辐射等优点，如图 2-7 所示。

图 2-7　冰丝汽车坐垫

四季垫多采用高档布料加入安全高弹的填充物制成，因四季皆可使用，故称为四季垫，如图 2-8 所示。四季垫与羊毛垫、冰丝垫、真皮垫相比，在价格、适用性和实用性上都有很大优势，使用周期长，可一年四季使用，取材灵活，产品花样也比较丰富，选择范围大，从时尚到经典，满足消费者各种需求。

图 2-8　四季汽车坐垫

① 汽车坐垫的功能

a. 提高乘坐舒适性　正确的坐姿和良好的坐感是安全行车的重要前提，也是缓解驾驶疲劳的有效手段。安装一套适宜的座套或铺设坐垫，对于提升坐感、增加舒适性都有明显的作用。

b. 保护座椅　绝大多数车型的座椅面料都是缝制的，无法拆洗。一旦污损，即便是汽车美容店也很难对座椅进行彻底清洁。因此，安装座套或铺设坐垫就成了保护座椅最为便捷的方式。

② 汽车坐垫选购注意事项

a. 挑选汽车坐垫，最重要的就是舒适度的把握，其中有健康气囊（一种腰背部充气的支撑部件）的为最佳，健康气囊会根据身形自动调整位置，为驾驶员提供一个舒适的驾驶环境。

b. 挑选汽车坐垫，一定要注意其摩擦力，很多人有紧急刹车时身体从坐垫上滑出去的经历，这是因为汽车坐垫摩擦力不足导致的，因此大家在选择汽车坐垫时，一定要选择有足够摩擦力的产品，避免身体滑动，这是保证安全的需要。

c. 选购汽车坐垫，还要关注坐垫与车辆的匹配程度，挑选的汽车坐垫整体颜色要和整个内饰颜色主调一致，在侧重于个人偏好的同时，尽量做到和谐搭配。

③ 汽车坐垫的保养　如果是真皮座套或坐垫，应隔一段时间给皮面涂上一层保护蜡，皮套尽量距热源远一些，否则会导致皮革干裂。避免长时间在阳光下暴晒，否则会导致皮革褪色。经常进行清洁保养，每周使用吸尘器吸去尘灰，用皮革专业柔软清洁剂清洁，清洁后不要用吹风机快速吹干皮革，最好是自然风干。

如果是织物座套或坐垫，干洗水洗均可，水洗时应使用低含碱量洗涤用品，水洗前，在30℃温水中浸泡10min。手洗时，用软毛刷蘸清洗剂刷洗，整平后自然阴干。最好不要机洗，也不要脱水。

（2）真皮座椅装饰

用真皮座椅可提高汽车内部的装饰档次，而且真皮不像绒布、纺织品装饰座椅那样易污，最多是灰尘落在其表面，不会堆积在座椅深处。在夏天，真皮的散热性好，能给人比较舒适的乘车环境。但是使用时要小心，以防尖锐物划伤真皮表面。此外，真皮座椅受热后易出现老化现象，需及时护理，护理不当也会导致过早老化，表面失去光滑，甚至开裂。

汽车座椅装饰一般不提倡进行真皮座椅的装饰，如进行真皮座椅的装饰需注意以下几个问题。

① 鉴别真皮座椅的几种方法

a. 按压鉴别：可用食指按压座椅表面，压住不放，看是否有许多的皮纹向按压处伸去，如有这种现象出现说明座椅是真皮做的，如无此现象说明是人造革做的。

b. 延展性鉴别：可找制作时的一小块边角材料进行检查，拉一下材料看其是否有较好的延展性和回弹性，如有，说明是人造革，因为真皮的延展性和回弹性都较差。

c. 燃烧鉴别：真皮不易燃烧，特别是牛皮更难燃烧，而人造革很容易燃烧。

d. 断面形状鉴别：真皮材料的表层结构紧密，可见毛孔，内层较粗糙，可见一些纤维状层纹，纤维不易拉出；人造革表面层光滑细密，无毛孔，而内层也粗糙，可见整齐切割状的断面，纤维比真皮粗而长。

② 装饰真皮座椅的方法　总体来说有两种方法：第一种方法是传统方式装饰座椅，就是先把原座椅表皮层的绒布或化纤织物拆除，然后照原样缝制真皮座椅表皮层并固定在座椅上；第二种方法是选择座套式皮椅，就是选购装饰厂家已经做好的真皮座椅套，只需将它往座椅上一套即可。第一种方法不仅可以保持原设计的线条，还可确保在长时间使用的情况下，椅面不变形、不移位，是首选方案。第二种方法拆装自如，价格便宜，但使用时间稍长，易发生变形和移位。当然，我们可以用座套粘胶法来安装，可收到比较好的效果。

另外，在装饰真皮座椅时，有一点需要引起车主注意，因有些车型座椅上带有安全气囊，如果进行真皮座椅装饰，一定要保证安全气囊不受影响。

2.1.3　个性化转向盘

转向盘套可以保护转向盘，避免弄脏划破，还有装饰的作用，可以使车内空间更美观。通过加装转向盘套体现车主个性的同时，也会带来一些安全隐患，所以在进行转向盘装饰时，一定要考虑周全。

转向盘套的种类很多，如果按照材质的不同来分类，可以分为长毛绒、毛绒、丝绒、厚布面、仿皮、皮革、潜水布、胶粒、真皮以及高密度羔羊毛加厚真皮里、牛皮把套等，还有在此基础上进行了一些改进的材质，如夜光皮革、防滑颗粒、短绒电绣和毛绒带小玩偶的转向盘套等。夏天一般使用布类的转向盘套，主要是可以保持手部的干爽，如图 2-9 所示，冬天一般使用长毛类的转向盘套，主要是为了保暖，如图 2-10 所示。

图 2-9　布类转向盘套　　图 2-10　长毛类转向盘套

进行转向盘套装饰时，应注意一些安全隐患。首先，冬天气温较低，人的反应能力和感知能力下降，使用转向盘套增加了驾驶员的操控难度。其次，使用转向盘套会减少转向盘和手之间的摩擦力，在遇到雨雪路滑、急转弯路况时转向盘不易操控，转向盘容易脱手，造成事故。此外，驾驶员还可以通过转向盘的振动来感知路面状况，尤其是在高速行驶或急转弯时，都可以通过转向盘及时判断做出紧急处理，使用转向盘套后，在一定程度上阻碍了路况信息的传输，降低了驾驶员对路面状况的感知能力和判断能力。

2.2 汽车顶棚内衬装饰

汽车的顶棚内衬有许多颜色，但大多为浅色调，随着使用时间的增长往往会变色或褪色，也可能在使用过程中染上污物，污物有的可以清洗掉，但当用常规方法无法去除时就需要更换新的内衬。此外，车主根据自己的喜好，也会对汽车顶棚内衬进行更换，以彰显个性。

汽车顶棚内衬装饰方法应选择手工粘贴法进行维修装饰，这是切实可行的最佳方法。

汽车顶棚内衬装饰施工时，首先根据汽车顶棚的具体结构，选用适当的工具，把顶棚内饰上有关的零部件，如顶灯、后视镜、安全把手等拆下，并保存好，然后把顶棚原内衬拆下；当拆下内衬后，要认真检查，查看其结构形式、有无损坏之处以及损坏的程度，有无修复的可能，内衬表皮层是何种材料等，这些内容都是重新装饰时所需的参考资料，为制定新的装饰工艺提供依据，同时也为重新装饰并保证质量而提供依据。

汽车顶棚内衬的种类、式样、颜色、面料及结构因不同的车型而异。汽车顶棚内衬的结构基本可分为成形型、吊装型和粘贴型三种。

2.2.1 成形型顶棚内衬

（1）成形型顶棚内衬结构

近年来，为了减少装配工时，大都采用成形型顶棚内衬结构的一体成形技术，特别是轿车等小型车上用得更广泛。成形型顶棚内衬所使用的材料由基材、填充材料和表皮材料三部分组成。基材一般用浸树脂的再生棉或玻璃纤维、聚苯乙烯泡沫材料板。填充材料一般用聚氨酯或聚烯烃树脂发泡体。表皮材料主要是 PVC 片材。填充材料和表皮材料一起层压后粘贴在基材上，如图 2-11 所示。

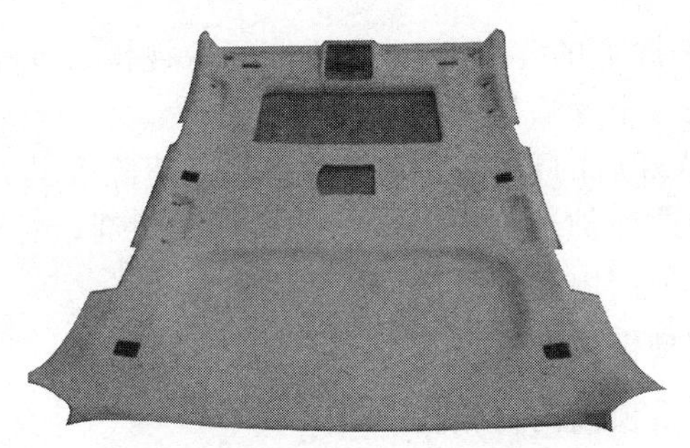

图 2-11　成形型顶棚内衬

（2）成形型顶棚内衬装饰方法

由于成形型顶棚内衬是一体化结构，因此在进行装饰时比较方便，其方法如下。

① 对内衬表皮层进行重新装饰。可根据内衬的具体情况采用具体的方法。

a. 如果原来内衬已经破损，或者表皮层已经脱落，并且与填充层有分离现象，那么就将内衬表皮层材料（以 PVC 片材为例）采用适当的方法拆下，然后选用同类的新的优质 PVC 片材，经适当的剪裁加工，用粘接法粘贴上，形成新的表皮层的内衬。

b. 若原内衬表皮层材料是纺织品材料（汽车顶棚面料），表皮层材料只是老化、褪色，没有破损，而且与填充层贴合很结实牢固时，可按其形状尺寸，经过适当的剪裁和缝制，使之成为一个整体的内衬表皮层，然后用粘接法，把新的内衬表皮层直接粘到旧的内衬表皮层上，使整个顶棚总成的厚度略有增加，其隔热和隔音效果也会有所提高。同时，省去了拆下原内衬表皮层的工序，比前一种方法节省时间。

② 对顶棚护板内表面进行清洗。除去表面上的污垢、异物，使之清洁干燥，为组装内衬做好准备。

③ 把装饰后的内衬进行必要的清洗处理，主要是对内衬的贴附面（与顶棚内表面相贴附的表面）进行清洗并干燥，做好与顶棚安装的准备。

④ 按原顶棚与内衬的结构形式和安装方法，把装饰好的内衬安装在顶棚上。

⑤ 将原来拆下的零部件，如顶灯、后视镜、安全把手等零部件，经过清洗、干燥后安装复原。

⑥ 对安装好后的顶棚进行全面清洗，清除安装过程中的尘垢或污物，并用内饰护理剂——多功能清洁柔顺剂，对顶棚内衬表面进行护理，使顶棚内衬焕然一新。

2.2.2 吊装型顶棚内饰

（1）吊装型顶棚内衬结构

吊装型顶棚内衬是用铁丝网吊起来的一种结构，由隔热隔音层、铁丝网和表皮材料构成。表皮材料通常采用的是 PVC 片材或 PVC 人造革、织物等。为了隔热及隔音，把绝缘材料放到顶板和衬层之间。

（2）吊装型顶棚内衬装饰方法

吊装型顶棚内衬的装饰，在顶棚护板没有腐蚀、锈蚀和划伤的情况下进行，其步骤如下。

① 拆下顶棚内衬上的顶灯、后视镜、安全把手等零部件及其

他装饰件。

② 将内衬表皮层的人造革（PVC）用清洗剂清洗干净并擦干。

③ 按内衬表皮层的形状尺寸，用新的优质同色的人造革（PVC）进行裁剪并缝制成一体，留足周边粘接后的剪裁余量。

④ 选用合适的胶黏剂进行粘接，先在原内衬表皮层上均匀地涂上薄薄一层胶液，稍晾干一下，再把新的内衬表皮层粘贴到上面。一般是从顶棚内衬的中部开始，分别向前和向后进行粘贴，粘贴时注意平整，逐渐向前或向后展开，注意压平、压实，粘贴层中不要留有空隙、气泡，不得有皱褶。如有气泡时，可用柔软而有弹性的压板从中部往边缘赶压，把气泡排出，注意只能往一个方向赶压，不能往复进行。同理，对空隙和皱褶也用压板进行赶压，使之消除，达到内衬表皮层粘贴光滑、平整、牢固等要求。

⑤ 按与拆卸时相反的步骤，把清洗并干燥后的顶灯、后视镜、安全把手等零部件及其他装饰件安装好。把内衬表皮层周边的粘贴余量用刀片或剪刀裁掉后安装好压条。在安装时要仔细，不得划伤内衬表皮层。

⑥ 对表皮层进行清洗护理。可用仪表板清洁剂喷涂到内衬表面上，然后用柔软的毛巾进行擦拭，使人造革表皮层光泽明亮，不沾灰尘。

2.2.3 粘贴型顶棚内衬

（1）粘贴型顶棚内衬结构

粘贴型顶棚内衬是把填充材料和表皮材料层压成形后，直接贴到顶棚上，填充材料主要是聚氨酯发泡体、PVC 发泡体，表皮材料主要是 PVC 片、织物等。

在应用上，成形型一般用于轿车等小型车上，而粘贴型和吊装型多用于货车、客车、面包车和低档轿车上。但随着汽车工业的发展，成形型顶棚内衬将会得到越来越广泛的应用，目前已占到70%以上。

（2）粘贴型顶棚内衬装饰方法

粘贴型顶棚内衬实际上可看作是把填充材料和表皮材料用粘贴的方法逐一粘贴到顶棚的护面内侧上。如果顶棚护面没有锈蚀和损伤，其内衬的填充层一般也无损坏。在这种情况下，对表皮层进行重新装饰，其方法如下。

① 拆除内衬表皮层的人造革。表皮层的人造革是用粘接的方法与填充层粘接压合在一起的，可采用拆除表皮层的方法进行装饰。

用热风枪把人造革边缘加热，使粘胶软化，然后用钳子夹着人造革边缘拉出人造革粘合的周边（先拉出部分周边）。当拉出部分人造革周边后，继续向内部加热，使粘胶软化，把人造革整片从填充层上拆下。上述操作是在连续不断加热的情况下进行的，直至最后把内衬表皮层的人造革全部拆下。

② 制作新的PVC人造革表皮层。参照拆下的人造革表皮层，选择新的优质PVC装饰革，其颜色、花样应与旧的一样或相似，也可以选择能满足个性需求的PVC人造革，以提高其装饰效果。参照旧的人造革表皮层形状尺寸，进行裁剪缝制，制成新的人造革表皮层。

③ 粘贴内衬表皮层。选用合适的胶黏剂，在常温下进行粘贴，不需加温、加压，施工简便。把胶液涂刷在填充层上，要求均匀涂刷薄薄一层，稍等片刻，把新的内衬表皮层平整地粘贴到填充层上，不允许有皱褶和气泡。如有皱褶和气泡，可用刮板排除，使之粘贴牢固。

④ 将原来拆下的顶灯、后视镜、安全把手和装饰件等清洗并干燥后，按原位置安装好。在安装内衬表皮层周边压条时，应先将周边多余部分裁剪掉，然后进行安装。

⑤ 在顶棚内衬装饰完工后，可用仪表板清洁剂进行清洁护理，使顶棚内衬焕然一新，达到满意的效果。

2.2.4 汽车顶棚内衬装饰时的注意事项及原则

（1）汽车顶棚内衬装饰时的注意事项

① 顶棚内衬装饰，关键是表皮材料、胶黏剂、粘接工艺的正确选用，相互之间必须是配套协调的；主色应与车厢内部的内饰和谐，否则其装饰效果不佳。

② 用热风枪加热时，必须控制好温度，温度过高，易损伤内衬结构或表皮层，如用电熨斗熨平皱纹时，也要控制好加热温度，要适度移动，不能使停留在一处的时间过长，否则，易损坏内衬表

皮层，影响装饰效果。

③ 在粘贴过程中，如发现有气泡时，可用刚性的塑料刮板除去气泡，当胶黏剂还没有固化时，也可用塑料压板施加压力，除去皱纹。

④ 在清洗或涂胶时，要特别注意不要把清洗剂、胶液等散落到车窗、座椅和地板上，必要时，可对这些部位进行遮盖。

（2）汽车顶棚内衬的装饰原则

在进行汽车顶棚内衬装饰时，应遵循以下几个原则。

① 顶棚内衬装饰的基调：对于一部正规厂家生产的汽车，无论是外饰还是内饰，都是厂家经过很长时间的研讨、试制和定型后最终生产出来的，整体和谐、协调，因此装饰的基调应尽量按照原车的风格，对局部进行必要的修改。

② 顶棚内衬装饰部位的选择：顶棚内衬装饰一般都是针对使用一段时间的原车，由于装饰件陈旧、损坏，或者装饰部位失效而提出的，因此在装饰时要有针对性，在保证原车内饰风格基调的基础上进行，最终使旧车能够正常使用，在装饰材料、装饰效果以及对装饰评价上，都要经常与车主沟通，达成共识。

③ 保证装饰质量：在装饰的过程中，应进行必要的质量管理，每个环节的工作都要认真仔细，否则会影响装饰效果。

2.3 汽车车内饰品装饰

车内饰品既能美化车内环境，又能给车主带来几分愉悦，合理的车内饰品不仅能营造出温馨舒适的车内环境，而且还具有一定的实用价值。车内饰品种类繁多、样式不一，在具体选用时应遵循以下几点原则。

（1）美观原则

车内饰品的主要作用就是给人带来美感，要做到这一点，在选购时首先应挑选造型、色彩及质地都比较讲究的饰品，其次要保持饰品干净、卫生、摆放有序，另外应注意车内饰品不宜过多，否则将给人一种饰品陈列柜的感觉。

（2）协调原则

协调也就是车内饰品的选用要得体，一是要与车主的身份相协调，二是要与车主的年龄相协调。

（3）安全原则

车内选用任何饰品都不能对行车安全造成影响。如车内前侧顶部不能悬挂过大、过长、过重的吊饰，控制台上不能放置过大、过重的摆饰，前、后挡风玻璃上不能粘贴大面积的贴饰。否则，过大、过长的饰品会影响到驾驶员的视线，过重的饰品在急刹车时会撞坏前挡风玻璃，这些都不利于安全。

2.3.1 吊饰、摆饰、贴饰

车内饰品种类很多，按照与车体连接形式的不同可分为吊饰、摆饰和贴饰三种。

（1）吊饰

吊饰是将饰品通过绳、链等悬挂在车内顶部的一种装饰，如图2-12所示。吊饰按饰品的不同可分为以下四类。

① 图片类　主要有伟人照、明星照、佛像等饰品，有的是由金属或陶瓷制成，也有的是照片直接塑封而成。

② 徽章类　主要有国徽、会徽、名车商标、企业标志等饰品，一般由金属材料制作。

③ 花果类　主要有彩花、水果等饰品，由绸缎、塑料等材料制成。

④ 动物类　主要有狗、猫等宠物饰品，由毛绒、陶瓷等材料制成。

（2）摆饰

摆饰是将饰品摆放在汽车控制台上的一种装饰，如图2-13所示。主要的摆饰有地球仪、水平仪、报时器、国旗及精美的珍藏品等。

（3）贴饰

贴饰是将图案和标语制在贴膜上，然后粘贴在车内的装饰，如图2-14所示。图案主要有名车商标、明星照片及公益广告等，标语主要是对驾驶员及乘员的提醒或警告语，如“注意安全”“车内严禁吸烟”等。

图 2-12　汽车吊饰

图 2-13　汽车摆饰

图 2-14　汽车贴饰

2.3.2 香品

（1）车用香品的功用

与家居生活用香品比较，车用香品对车主的实用价值似乎更大些。

① 车用香品能保持车内空气卫生，起到净化空气、清除异味以及杀灭细菌的作用。车用香品的主要成分是香精，可散发出各种怡人的香味，其抵抗异味、清脑、安神的功效则是通过香品中的一种称为酵素的化学成分来最终实现的。

② 车用香品也有利于行车安全。通常由于车内空气混浊，容易使人产生烦躁情绪，这对行车安全极为不利。而车用香品能够营造一个清香宜人的车内小环境，具有使人清醒、抗抑郁和镇定安神等功效，能够减少行车事故的发生。

③ 增添车内情趣是车用香品又一个吸引人的地方。现在许多车用香品的容器造型都很可爱，除了散发出香味，还是很好的车内装饰品，能活跃车内气氛，提高驾驶乐趣。

（2）车用香品的种类

目前市面上的车用香品种类繁多，这些香品按形态可分为气态、液态和固态；按使用方式可分为喷雾式、泼洒式和自然散发式等。

气态车用香品主要由香精、溶剂和喷射剂组成，如图 2-15 所示，用时喷于车内即可。

图 2-15 气态喷雾香水

液态车用香品由香精与挥发性溶剂混合而成，盛放在各种造型美观的容器中，此种车用香品在汽车上应用最广，如图 2-16 所示，香水容器有通气孔，可以保证容器内的香水挥发至车内。

图 2-16　液态香水

固态车用香品主要是将香精与一些材料混合，然后加压成形，如图 2-17 所示，固态香水一般安放在出风口处，利用风加速固定香水的挥发，使用方便。

图 2-17　固态香水

(3) 车用香品的选用

选购车用香品时，应根据车辆、季节及车主性别、性格、爱好等因素合理选用。

选用香品首先要看其颜色及包装品的造型是否与汽车外观、造型、车饰等协调。香品选用适当，会构成车室的整体美。

不同的季节应选用不同的香品。在寒冷的冬季或炎热的夏季，如果车内经常开空调，应选用具有较强挥发性的车用香品，以便有效地去除空调机的异味；而在冷暖适宜的春秋两季，可以挑选喜爱的香型。

车主的性别及爱好不同所选香品有很大差异。大多数女性对各种清甜的水果香、淡雅的花香比较欢迎。动物造型的车用香品，因其活泼可爱，受到很多女性的喜爱。大多数男性车主喜欢车用香品造型简单。淡雅的古龙香、琉璃香、龙涎香等车用香品，比较适合男性。

根据车主的不同性格选用不同的香品。对于性情稍显急躁的车主，为使驾驶时保持平静的心态，应选用具有镇静功效的车用香品，如清凉的药草香型等。对于喜欢开快车的人，应选用凝胶型等固体香品。

对于习惯吸烟的车主应选用浓郁的药草香、新鲜的绿茶香、甜润的苹果香等，可以有效地去除烟草中的刺激气味。

选购香品时，应仔细阅读产品说明书，检查产品质量，查看密闭性的好坏。注意产品的生产日期，有的芳香材料制成的车用香品超过使用期限，不但达不到应有的效能，反而还会成为污染源。

2.4 汽车内饰清洁护理

汽车的内部空间比较狭小，人员的进出、吸烟、喝酒等都会留下污物而引起大量螨虫、细菌的滋生，还会产生一些刺激性的味道，行车时，由于车窗的紧闭使产生的异味不易排除，影响驾乘人员的舒适性，在春季呼吸道疾病多发期，容易造成驾乘人员患病。因此，车内的除尘、消毒、杀菌和除味成为车辆美容与养护的重要部分。

2.4.1 内饰除尘

现代汽车内饰最忌受潮，潮气会使内饰发霉、变质。因此，车内除尘应避免用水洗的方法。除尘一般使用吸尘器清除内饰各部件上的灰尘，专业吸尘器的效果最好，在日常清洁中使用较多，它具有较好的防水性，而且集吸尘、吸水、风干于一体，配有适于内饰的专用吸嘴，操作简单，吸力大，并可与内饰蒸汽机配套使用，即平时所说的“汽车桑拿”。

（1）内饰除尘的操作方法

除尘前应先将车内物品如坐垫、脚垫等取出，然后按顺序进行除尘操作，包括前仪表板、前窗台、后窗台、车门、座椅、地毯、行李厢等，具体步骤如下。

① 首先停稳车辆，并将车内的脚垫和其他物品取出，抖掉灰尘，倒掉烟灰。配合高压水枪及泡沫清洗剂将脚垫冲洗干净，放在一旁晾干，如图 2-18 所示。

图 2-18　清洗脚垫

② 视情况选择正确的吸尘嘴并接连，利用吸尘器进行吸尘、吸水作业。应遵循从高到低的原则，首先进行顶棚除尘，然后依次是仪表盘、座椅、地毯、车门内侧。对于地板采用两次吸尘的方法较为彻底：第一次吸掉沙粒，可选择长扁嘴，吸沙效果好；第二次更换吸尘扒吸尘，若有水可换吸水扒先吸水再吸尘，对于吸尘扒不易吸或吸不净的，可换带刷子的圆毛刷边刷边吸，如图 2-19 所示。

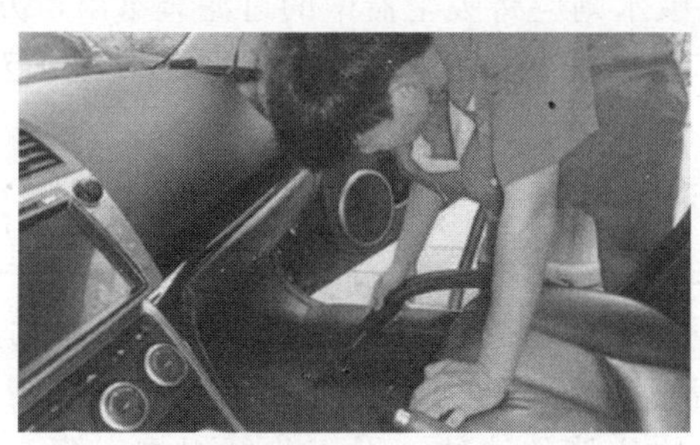

图 2-19　吸尘作业

③ 取出行李厢内备用胎、随车工具及杂物。取出底板防护垫，并拍去灰尘，视情况进行冲洗甩干。用吸尘器吸去内部灰尘、泥沙和污垢，方法同上，如图 2-20 所示。

（2）内饰除尘时的注意事项

图 2-20　行李厢除尘

① 吸尘时应将吸尘器尽量靠近人体，即安全又方便工作。特别注意避免吸尘器或管带碰擦车身。

② 应重视的几个部位：中控台的凹槽、烟灰缸、座椅的边缝、椅脚过沿、离合器踏板、油门踏板、地毯、边门储物盒、后挡板等。应反复吸尘直至干净。

③ 吸尘时应不断检查吸尘嘴的洁净情况，谨防交叉污染。

④ 吸尘时应注意观察，不要把钱币、金属异物或车主有用物品吸入。

⑤ 地毯有水渍时，必须先换吸水扒将水吸尽，再换吸尘扒或圆毛刷进行吸尘作业。

⑥ 如果要吸水则应将吸尘器中的过滤袋拿出，方能吸水。

⑦ 吸尘作业完成后，必须按正确的维护方法对吸尘器进行维护。

2.4.2 内饰清洁

（1）座椅的清洁

轿车座椅一般有两类材质，一类是化纤织物，另一类是人造革或真皮制品，清洁时应根据不同材质选择清洁剂和清洁方法。

① 化纤织物座椅的清洁　对于化纤织物座椅，为了保持表面干净，可备两套布质的座套，随时更换清洗，这样能够始终保持座椅表面干净。车座内柔软的海绵减振材料会吸入很多污物，建议使用长毛的刷子和吸力强的吸尘器配合，一边刷座椅表面，一边用吸尘器把污物吸出来，接缝处常是灰尘容易堆积的地方，可用手拨开再用吸尘器吸。

清洁化纤织物座椅表面要注意以下几点。

a. 根据织物的质地不同选择合适的清洁剂。

b. 清洁剂喷涂后，应停留 1～2min，再进行处理。

c. 织物的清洁，不能选用稀释剂、汽油、挡风玻璃清洗剂等有机溶剂和漂白粉。

d. 清洁时要充分考虑纤维纹理，一般采用纵横双向清洁效果较好。

e. 用干毛巾擦拭时，应顺着纤维织物方向擦拭。

② 人造革、真皮座椅的清洁　人造革、真皮的共同特点是其表面有许多细纹，这些细纹容易吸附污垢，用湿毛巾擦拭后，看起来似乎很干净，但其上积聚的油污和细菌是无法擦掉的，应使用专用的皮革清洁剂进行清洁，如图 2-21 所示。

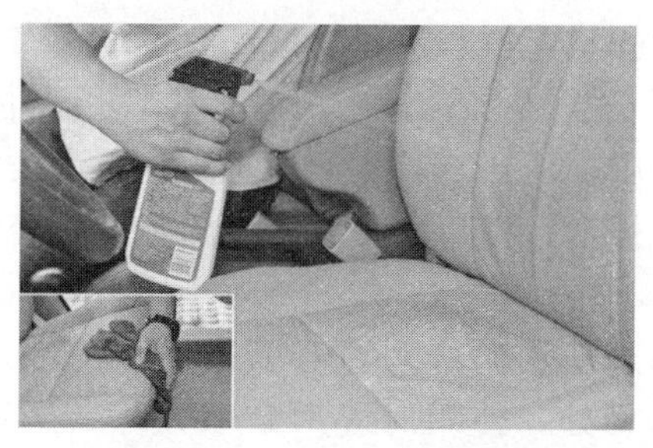

图 2-21　汽车真皮座椅的清洁

(2) 汽车顶棚内衬的清洁

汽车顶棚内衬一般是由人造革或化纤混纺材料制作的。通常先用大功率吸尘器和刷子在大面积上进行清洁，然后用中性洗涤液着重清洗污垢，最后进行全面清洗，必须注意车顶棚内填充物是隔热隔音材料，吸收水分的能力强，清洁时抹布一定要干一些，否则车顶材料浸湿后是很难干燥的。接下来是清洗汽车几个立柱部分，立柱上油污等较多，应使用浓度高些的内饰清洁剂进行清洗。图 2-22所示为汽车顶棚内衬的清洁。

(3) 转向盘、变速杆、制动踏板的清洁

对于汽车内的转向盘、变速杆、制动踏板等部件，可用小牙刷或蘸洗涤液的抹布进行清洁。特别注意离合器踏板、制动踏板、油

图 2-22 汽车顶棚内衬的清洁

门踏板部分要认真清扫，特别要清除上面的油脂类污垢。堆积在开关或换挡部分狭窄空隙的灰尘要一边用软刷子刷一边用吸尘器吸出。

（4）仪表板的清洁

仪表板在驾驶室内占有主要地位，有很多仪表布置在上面，在清洗时，注意不要损坏仪表。清洁时，要选用车内仪表专用清洁剂，对仪表进行单独清洁。具体操作时，先把仪表板专用清洁剂均匀地喷涂在仪表板上，稍后用柔软干净的擦拭布轻轻擦拭即可，如图 2-23 所示。

仪表板清洁剂使用时必须注意以下两点：一是清洁剂是易燃物，不可置于易燃处，使用时应严禁烟火；二是不可喷涂到转向盘、座椅支撑处，即不可与金属表面接触。

图 2-23 汽车仪表板的清洁

2.4.3 内饰消毒

车内的环境清洁与否，不仅影响到驾乘人员的舒适性和安全性，也直接关系到人体的健康。开启天窗，可以十分有效地改善车内空气的流通情况，但对于遗留在车内饰、座椅、四壁和顶棚等的细菌却无能为力。加之车内卫生死角很多，于是车内消毒就显得很重要了。车内空气污染会对人体健康造成严重的危害，特别是驾驶新车的前 6 个月内一定要加强车内通风，有条件的车辆要考虑车内消毒。目前，汽车车内消毒的方法主要有以下几种。

(1) 化学消毒

化学消毒主要利用一些消毒剂对汽车部件进行喷洒和擦拭，通过化学作用达到除去病菌的目的，这种杀毒的方法操作简单，病菌杀灭也比较彻底。目前市场上常见的化学消毒液主要有过氧乙酸和 84 消毒液。但是经这些药剂消毒后车内会留有气味，需要开窗通风一段时间。这些化学剂一般具有腐蚀性和漂白性，使用时要小心。

(2) 臭氧消毒

臭氧消毒利用一个能迅速产生大量臭氧的汽车专用消毒机来消毒。臭氧是一种高效快速杀菌剂，能杀灭多种细菌和微生物。

臭氧还可以通过氧化反应除去车内 CO、NO_x 及 SO_2 等有害气体。与化学消毒最大的不同就是不会残留任何有害物质。

臭氧消毒操作很简单，将一根连接着汽车专用消毒机的胶管伸入车内并打开汽车空调，利用空调的空气循环将高浓度的臭氧送到车内的每一个角落，几分钟就可以了。

(3) 离子消毒

离子消毒主要购买车载氧吧释放离子达到车内空气清新的目的。优点是使用简单，缺点是过程缓慢，杀菌不彻底。

(4) 光触媒消毒

光触媒是一种在光的照射下，自身不起变化，却可以促进化学反应的物质。光触媒是利用自然界存在的光能转换成为化学反应所需的能量来产生催化作用，产生具有极强氧化能力的超氧化物和羟基原子团，使周围的氧气与水分子转化成极具活性的氢氧自由基(OH)，再由这些自由基对有害气体（如甲醛、苯）等各种污染物进行氧化还原反应，并将其分解成无害的二氧化碳和水，随空气流动排出车外，达到净化车内空气的效果，且不会产生二次污染。

此外，光触媒还可以杀灭空气中的细菌、病毒、真菌及植物花粉等，其杀菌率高达90%。与其他消毒方法相比，光解媒消毒具有设备简单、净化能力强、适用范围广、效果持久稳定、无二次污染和维持费用低等优点。

光触媒为速干型，喷涂后3天内即在物体表面形成一层高硬度的无色透明的涂膜，抗划性和耐磨性相当好，除非用刀子刮，否则不会脱落，可以永久性地附在物体表面。当光线照射在涂膜表面时，光触媒便开始起作用，上述分解反应就会不断进行，净化能力持久。

① 光触媒施工工具与设备　进行光触媒施工，需要的设备主要有空气压缩机、油水分离器及喷枪。图2-24所示为目前常用的一种光触媒喷涂机，实质上它是一种有针对性的小型压缩机，结构紧凑，非常便于流动作业，各种喷涂参数都恰好满足光触媒施工需要。

② 光触媒用品　光触媒种类繁多，包括二氧化钛（TiO_2）、氧化锌（ZnO）、二氧化锡（SnO_2）、二氧化锆（ZrO_2）、硫化镉（CdS）等多种氧化物、硫化物，它们一般呈粉末状固体。市场提供的光触媒产品主要有液态及气态两种，产品形式如图2-25所示。使用液态产品时，需与一定比例的清水搅拌均匀后方可倒入喷枪中使用；气态包装可直接喷洒于车内，属于DIY型，专业装饰美容店不建议使用。

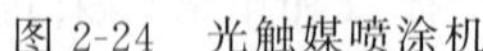

图2-24　光触媒喷涂机

图2-25　光触媒产品

第3章 汽车电器装饰

汽车电器装饰是为满足一部分车主个性化要求，在不改变原车电器功能和线路布排的基础上添加装饰电器，因此要求施工人员必须有一定电器检测与维修技能，并能按照施工标准，严格执行工艺规范。汽车电器装饰项目较多，本章主要介绍汽车音响、后视镜、车灯、倒车雷达与防盗系统及导航仪的加装。

3.1 汽车音响的加装

现代汽车音响具有大功率多路输出、多喇叭环回音响、多碟式CD和DVD播放等特点，在此基础上，还可支持VCD、MP3、WMA、MP4、DivX、CD、CDR和JPEG等格式的影音文件和碟片，有的还具有支持SD、USB和IPOD等接口技术。

汽车音响分原装音响和改装音响两大类，原装音响是为汽车生产厂配套定制的产品，安装稳固，功能简单，价格低廉。汽车用户为了欣赏更好听的音乐，增加音响功能，往往喜欢对原车音响进行改装。改装音响成本相对较高，大多采用品牌产品，式样较多，能够显示车主的个性，但会受到汽车内预留的音响安装空间的影响，与此同时，汽车音响安装技术对音响的性能发挥起着非常关键的作用，最好的音响如果没有完美可靠的安装技术，很难得到良好的收听效果，甚至会破坏原来的外观，效果比原装音响还差，同时也对音响本身的寿命造成影响。

目前较为主流的高端汽车音响配置：收音＋功放、CD/DVD、导航、TFT屏、USB/SD、蓝牙等。有些汽车音响爱好者还将大功率放大器和电子网络器安置在轿车行李厢内，将超低音大口径喇叭和其他型号喇叭分别嵌入后窗下围板和车门板，使用独立的直流电源，功率输出达百瓦以上。

3.1.1 汽车音响加装原则

汽车音响是指再生音源、功率放大器和扬声器组成的声音再生系统在一定的听音环境下对原音（自然声音）的再现。由此可见，音响即包括声音再生系统（即通常指的音响设备），又和听音环境有关，同时更是我们人耳对所听到的声音的主观评价。

由于汽车内空间狭小，同时存在各种噪声，以及由驻波引起的共鸣，这就形成了一个相对较差的音响环境。在这种环境下，为能配置一套具备最好的收听效果的音响，需要考虑以下几点。

（1）系统平衡原则

① 价格的平衡性　是指整个汽车音响系统的档次要和汽车的听音环境相配合。价格较高的轿车，因车内噪声较小，车体较厚，隔音效果好，应搭配一套高功率、多喇叭、多功能的高配置汽车音响。

② 搭配的平衡性　搭配汽车音响时一定要考虑一套音响的各个组成部分的平衡，即主机、功率放大器、扬声器和线材都要进行恰当选择，合理使用，切忌在配置中，使用相差悬殊的设备器材。较好的器材发挥不出其性能而造成浪费，较差的器材又会使整套系统指标下降。

（2）大功率输出原则

大功率输出原则是指在一套音响系统中，主机或功率放大器的输出功率一定要大，因为它们的输出越大，表明它们能够控制的音频线性范围越大，这也就意味着其驱动扬声器的能力越强。而小功率放大器不仅容易引起声音上的失真，更会导致烧毁功率放大器或扬声器线圈。

（3）音质自然重放原则

音质自然重放是指播放出来的音乐与原来的音乐变化不大。音质评价的一个重要指标便是频响曲线的平滑性。频响通俗来讲是指音响能再现的音域范围。曲线的平滑性是指每个音域的声音响亮大小，每个音域的声音都一致，其曲线的平滑性就好，平滑性越好，收听效果就越好。

对汽车音响进行改装时，在考虑设备器材一步到位的同时，也要根据实际情况，适当地考虑到日后的升级空间。改装音响一般有着循序渐进的过程，大致的顺序是先换喇叭，然后升级功放，再增加低音喇叭，最后更换主机。改造汽车音响所预留的升级空间，可根据日后电子产品的更新换代，再进行部分升级，就能逐渐达到高保真（HIFI）的音质效果了。

3.1.2 汽车音响组成

汽车音响系统主要由音源（主机）、功率放大器、扬声器、电源及附件组成，图 3-1 所示为汽车音响系统基本组成。

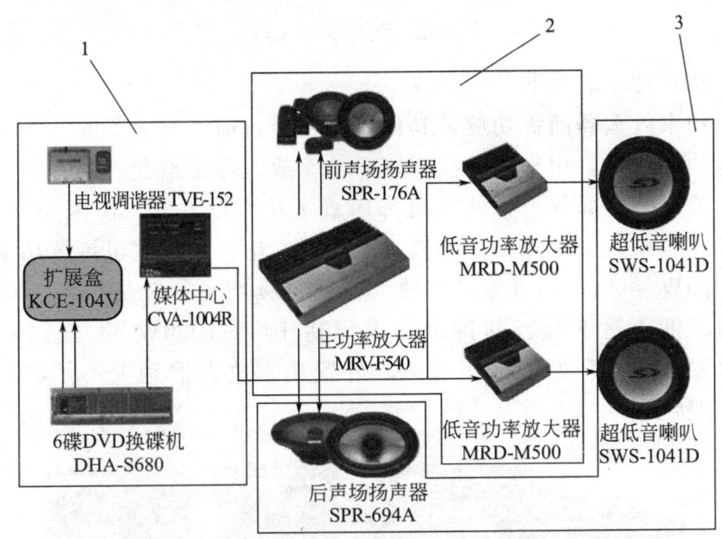

图 3-1 汽车音响系统基本组成

1—音源（主机）；2—功率放大器；3—扬声器

（1）音源（主机）

音源俗称主机，是把音乐软件的信号等转化为相应的电信号的装置，是任何音响系统的核心，也是音响系统中的重要组成部分，一般装在汽车仪表台上。汽车音响的主机从最初的 AM 收音机到盒式卡座发展至今，逐渐发展成为 CD 机、VCD 机、DVD 机、MD 机、MS 播放器、硬盘机等，同时，主机已发展成了多功能的播放、接收及显示机，有功能三合一、功能四合一、功能五合一等。目前汽车音响的主机一般是 CD 机加收音机，高档车配置

DVD带导航的汽车影音系统，如图3-2所示。

图 3-2　汽车音响主机

（2）功率放大器

功率放大器简称功放，其作用是将经过前级放大器的音频信号进行功率放大，用来驱动扬声器。功率放大器是整套汽车音响系统中至关重要的部分。虽然主机都内置了功率放大器，但因功率小，其音质效果无法与外置功率放大器相提并论。原车主机持续功率是20～30W/声道，而外置功率放大器的持续功率一般是30～100W/声道，推动超重低音的持续功率可达100～1000W/声道。因此，如果想得到一套好的汽车音响，外置功率放大器是少不了的，如图3-3所示。

图 3-3　汽车音响功放

（3）扬声器

在汽车音响中扬声器作为还原设备进行声道的还原，是影响和决定车厢内音响性能和音质效果至关重要的部件，如图3-4所示。扬声器口径的大小和在车上的安装方法及位置是决定音响效果的重要因素。为了欣赏立体声效果，车上至少要安装一对扬声器。有全

图 3-4　汽车音响扬声器

频、高音、中音、低音、超重低音扬声器之分。普通的全频扬声器虽然可以表现各个音域的声音，但每个音域的表现都不是很好；由高音和中音扬声器组成的分频扬声器中每只扬声器只表现某一个频段范围的声音，其分频效果明显，特别是带独立分频器的套装分频扬声器的效果就更加不同了。原车中一般都采用全频扬声器，部分中档的车型采用无独立分频器的分频扬声器。音响专业改装店大多会推荐有独立分频器的套装分频扬声器，只有这种扬声器功率较大，必须用外置功放来推动它。

（4）附件

① 天线　用于接收广播电台发射的电波，并对接收到的信号经过电子放大和过滤，使收音机声音更清晰，频道更多。汽车天线主要有杆式天线、玻璃天线及自动天线三种。

② 均衡器　是对信号频率响应及振幅进行调整的电声处理设备。它可以改变声音与谐波的成分比、频率响应特性曲线、频带宽度等，在汽车音响中它对美化声音起到广泛的作用。

由于汽车内部空间狭小且不规则，各种内饰材料和面板对声音的吸收和反射不相同，使汽车音响系统所再现的声音频谱是非常不均匀的，频谱曲线不够平滑，这就需要均衡器来弥补音响的不足。

③ 分频器　是为了使声音得到最好的再现，将特定音频输入到扬声器的一种电器。对于使用分离扬声器的音响系统最好使用分频器，它不仅能够提高音质，而且能够使高音扬声器得到保护。

④ 等化器　作用是修整频率响应不平整的地方。因为车内环境不同，由扬声器发声所得到的响应也不同，所以需要修整，一般可分为5波段、7波段、15波段、30波段及参数型等化器。

⑤ 线材　连接汽车音响器材时需要很多种不同的线，一般可分为电源线、信号线、扬声器线。电源线的粗细会影响扩大机的表现，而信号线的品质则影响系统的频率响应，扬声器线的粗细及品质同样会影响声音表现。

3.1.3 汽车音响配置型式

（1）主机+4扬声器

这种配置方式目的是加大内置功率放大器的功率，如图3-5所示。所有主机上标明的功率输出值都是峰值功率。由于主机内空间的限制，以目前通用的技术还无法使内置功率放大器的效果达到外置功率放大器般的强劲及高清晰的解析度。

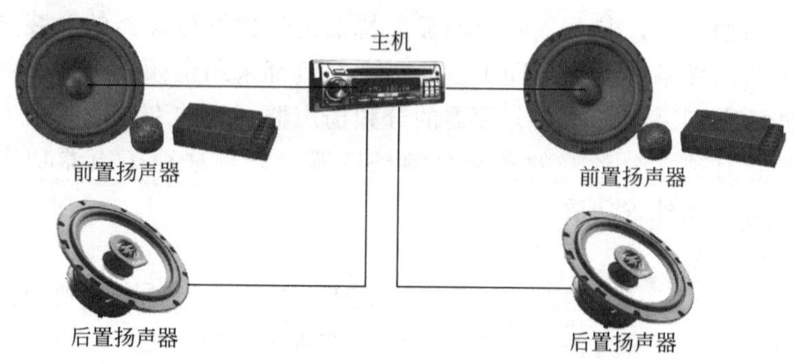

图3-5　主机+4扬声器配置

（2）主机+功率放大器+4扬声器（套装）

这是一套标准的搭配方式。这种搭配最适用于在车内欣赏传统音乐、流行歌曲及交响乐等的中、高档轿车，配置如图3-6所示。

（3）主机+功率放大器+4扬声器+超低音扬声器

有些四声道功率放大器具有的无衰减前级输出，使系统扩展超低音（BASS）显得轻而易举，装有超低音的系统最适合于那些喜欢爵士乐、摇滚乐、重金属音乐的顾客，配置如图3-7所示。对于某些中档次的车型，为了达到消除噪声，提高低音部分的声压级目的，也不妨采用这种搭配。

主机
四路功放
前置扬声器
前置扬声器
后置扬声器
后置扬声器

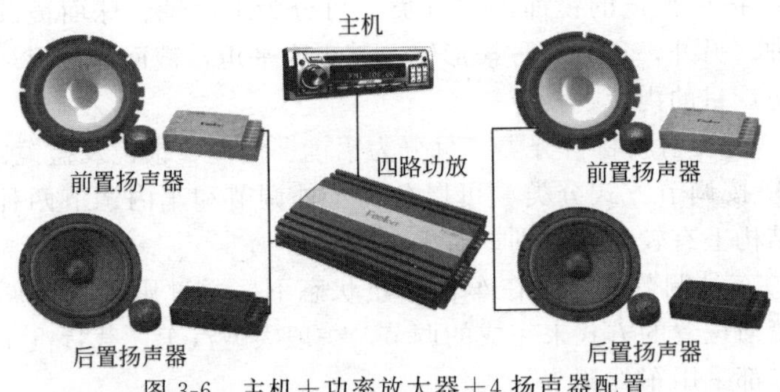

图 3-6　主机＋功率放大器＋4 扬声器配置

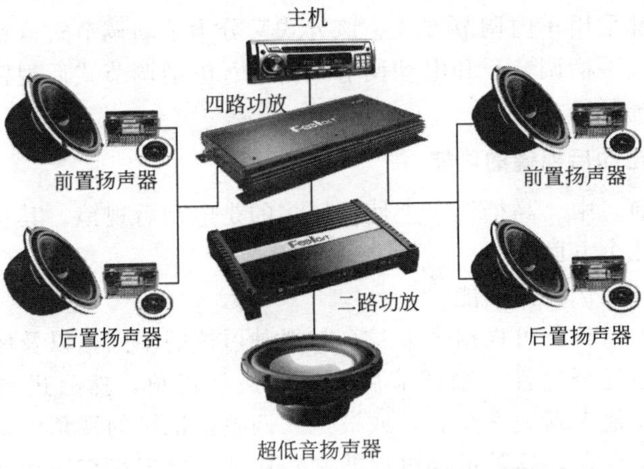

主机
四路功放
前置扬声器
前置扬声器
二路功放
后置扬声器
后置扬声器
超低音扬声器

图 3-7　主机＋功率放大器＋4 扬声器＋超低音配置

3.2　汽车后视镜的加装

汽车后视镜俗称倒车镜，是汽车主动安全装置，用来观察汽车两侧和后方的情况，被驾驶员形象地称为“眼睛”。汽车的后视镜分类方式主要有以下四种。

① 按安装位置分类　可分为内后视镜、外后视镜和下视镜三种。内后视镜安装在汽车驾驶室内部，供驾驶员观察和注视车内后部乘员或物品的情况。现在多数轿车采用电动外后视镜，而对于内后视镜仍采用传统的方式。

② 按后视镜的镜面形状分类　可分为平面镜、球面镜及曲率镜三种。另外，还有一种棱形镜，其表面平坦，截面为棱形，通常用作防炫目的内后视镜。

③ 按反射膜材料分类　可分为铝镜、铬镜、银镜及蓝镜四种。

④ 按调节方式分类　可以分为车外调节和车内调节两种，两者在结构上有较大的差别。

a. 车外调节式　是在车辆停止状态下，通过用手直接调节镜框或镜面位置的方式来完成的调节。一般大型汽车、载货汽车和低档客车都采用车外调节方式。

b. 车内调节式　是指驾驶员在行驶中调节后视镜。中、高档轿车大都采用车内调节方式。该方式又分为手动调节式（钢丝索传动调节或手柄调节）和电动调节式两种。电动调节式后视镜由电气控制系统操纵。

3.2.1 电动后视镜的功能

目前，中、高档汽车上使用较多的是电动后视镜，其功能主要有以下几个方面。

（1）记忆存储功能

每个驾驶员可根据个人身高与驾驶习惯的不同，以及座椅及转向盘的最佳舒适性，来调节后视镜的最佳视角，然后进行记忆存储。当其他人驾驶汽车后，或被他人调整已记忆的视角后，由于存储的信息存在，驾驶员都可以非常轻松地开启记忆存储功能，恢复至最佳设定状态。

（2）加热除霜功能

有的后视镜增设了加热除霜功能，例如采用了电加热除霜镜片，驾驶员可以开启加热除霜功能，清除镜面的雾、霜和雨水等。

（3）自动折叠功能

该功能可防擦伤及缩小停车泊位空间，把损害程度降到最低。有的后视镜设计成电动折叠方式，驾驶员在车内就可方便地调节。

（4）测距和测速功能

驾驶员可通过这种特殊的功能，看清后面跟随而来的车辆的距离，并估计出其行驶的速度，保证汽车安全行驶（图 3-8）。

图 3-8　测距和测速后视镜

3.2.2　电动后视镜的加装

车外后视镜一般都是安装在车门玻璃旁或前方发动机盖旁的翼子板上，现以车门玻璃旁的电动后视镜安装为例，介绍一下车外电动后视镜的安装步骤（图 3-9）。

① 使用工具从车内将塑胶板固定螺钉拆下，然后拆下内门板。

② 取下塑胶板，将后视镜与车门之间的固定螺钉卸下。

③ 将新后视镜从窗外装入，连接好电源线。

④ 拧紧车门固定螺钉，装上塑胶板并锁紧其安装螺钉。

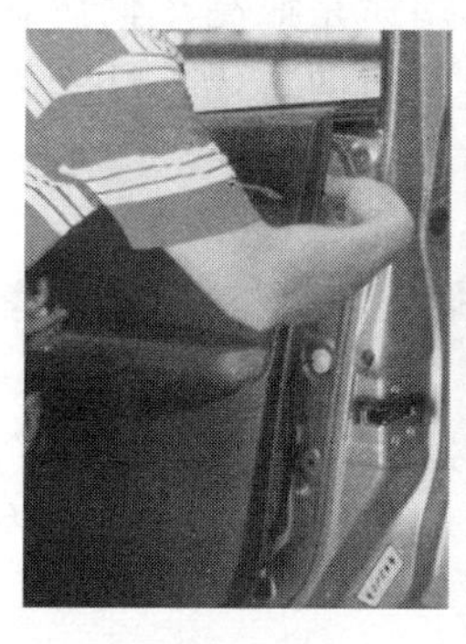
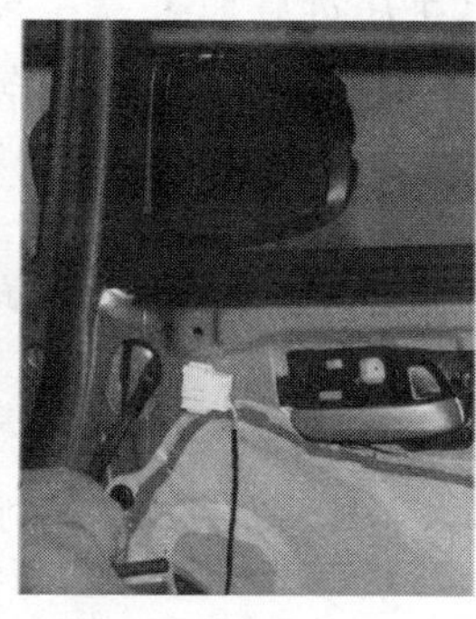

图 3-9　电动后视镜安装步骤

3.3　汽车灯的装饰

为保证汽车安全行驶，在汽车上安装的各种交通灯，统称为汽车灯。汽车灯按功能分为照明灯和信号灯两类，按用途分为外部照明、内部照明和灯光信号三类。

3.3.1 照明灯的种类与作用

（1）外部照明

外部照明主要有前照灯、后照灯、前侧灯、雾灯、倒车灯、牌照灯等。

① 前照灯 主要用途是照明车前的道路和物体，确保行车安全。还可以利用远光、近光交替变幻作为夜间超车信号。前照灯安装在汽车头部的两侧，每辆车装 2 只或 4 只。灯泡功率为远光灯 45～60W、近光灯 25～55W。

② 雾灯 装在前照灯附近或比前照灯稍低的位置。它是在有雾、下雪、大雨或尘埃弥漫等能见度低的情况下，作为道路照明并为迎面来车提供信号的灯具。灯光多为黄色，这是因为黄色光波较长，有良好的透雾性能。灯泡功率一般为 35W。

③ 倒车灯 装在汽车尾部，用于照亮车后道路和告知车辆和行人，车辆正在倒车或准备倒车。它兼有灯光信号装置的功能。灯光为白色，功率为 28W。

④ 牌照灯 装在汽车尾部牌照上方，其用途是照亮车辆后牌照板。其要求是夜间在车后 20m 处能看清牌照上的号码。灯光为白色，功率一般为 8～10W。

（2）内部照明

内部照明包括顶灯、阅读灯、仪表灯、踏步灯、车门灯、行李厢灯。

① 顶灯 装在驾驶室或车内顶部，供驾驶室内照明的灯具。顶灯灯光为白色，灯罩大多采用透明塑料制成，灯泡功率一般为 5～8W。

② 阅读灯 装在乘员席的前部或顶部，打开使用时，聚光在乘员位置，不会对驾驶员产生眩目现象，照明范围小，有的还具有光轴方向调节机构。

③ 仪表灯 是仪表照明用工具，常与仪表板连在一起，用来照明仪表指针及刻度板。灯光为白色，灯泡功率一般为 2～8W。

④ 踏步灯 是用来照明车门踏步处，方便乘客上下车的灯具。

⑤ 车门灯 装在轿车外张式车门内侧底部，开启车门时，门

灯发光，以告示后来行人、车辆注意避让。灯光为白色，灯泡功率一般为5～8W。

⑥ 行李厢灯　是轿车行李厢内的灯具，当开启行李厢时，灯自动发亮，照亮行李厢内部空间。灯光为白色，功率为5～8W。

3.3.2 照明灯的装饰

前照灯出厂时，会按国家标准对灯光进行校检。原厂前照灯色温一般为3000K左右，经过1年使用会降到2500～2000K，这时如果继续使用，会明显影响照明质量。为此汽车配件市场上衍生了各种各样的车灯增亮产品，如大功率灯泡、增亮线、增亮器、氙气灯等。用这些产品改装后，能够提高车灯亮度，放宽视野，从而提高夜间行车的安全性。汽车前照灯的装饰主要包括更换大功率灯泡、加装前照灯增亮线、换装氙气灯等项目。

（1）更换大功率灯泡

更换大功率灯泡的方法和更换普通灯泡的程序完全相同，只需打开前照灯后罩将灯泡更换，再将原插头插上即可。更换大功率灯泡会使电容、开关及电源电力负荷严重增加，使灯泡热能增加，灯杯温度增加，容易造成电容、开关及电源电力超负荷而烧毁，加速灯杯水银老化，造成灯坏的烧熔变形，甚至可能引发火灾。所以为安全起见，更换大功率灯泡的同时，必须加装前照灯增亮线，否则不但灯光亮度的提升效果不明显，反而增加了安全隐患。

（2）加装前照灯增亮线

在前照灯与蓄电池之间加装增亮线，降低线路的电压损耗，使前照灯两端的电压与蓄电池电压基本接近，通常与更换大功率灯泡配合来提高灯泡功率，从而提高前照灯亮度。图3-10所示为前照灯增亮线。

增亮线的加装是在原线路中加装一套有两个继电器、两个熔丝、两个前照灯插座、一个前照灯插头、两路相线和搭铁线的前照灯增亮线套件。安装步骤如下。

① 关闭汽车电源。

② 将靠近电池一侧的原车前照灯插座拔出，插在增亮器的控制插头上。

③ 将另一侧的原车前照灯座拔出，包扎、固定好，再将增亮

图 3-10 前照灯增亮线

线的两个输出线插座插在两个前照灯上。

④ 将输出线上的接地线连在车体金属部分上（搭铁）。

⑤ 将增亮线（即两个继电器）固定在车体上。

⑥ 将红色电源输入线接在蓄电池正极，线内藏有熔断器。

⑦ 检查连线并固定。

加装前照灯增亮线加大功率灯泡，可以使汽车前照灯的亮度有一定程度的提高，视觉有明显改变。通过测试灯泡两极端电压，也可以有近 1V 的电压恢复。这种加装方式安装方便，不用改动电路即可直接装配，经济性、实用性强，通用性好，任何车辆均可直接装配，可以减轻整车相线负荷，保护前照灯开关和延长使用寿命，防止车辆的火情隐患，可以达到提高整车电器稳定性的效果并且不会对车身产生任何副作用。但是，该方法对于原车带前照灯继电器的车辆效果不明显。

(3) 换装氙气灯

氙气灯（HID，High Intensity Discharge），又称重金属灯，其原理是在 UV-cut 抗紫外线水晶石英玻璃管内充填多种化学气体，其中大部分为氙气与碘化物等惰性气体，通过增压器将车上 12V 直流电压瞬间增压至 23000V，经过高压振幅激发石英管内的氙气电子游离，在两电极间产生光源，这就是气体放电。而由氙气所产生的白色超强电弧光，可提高光线色温值，类似白昼的太阳光芒，HID 工作时所需的电流量仅为 3.5A，亮度是传统卤素灯的 3 倍，使用寿命比传统卤素灯长 10 倍。氙气灯与卤素灯相比具有亮度大、色调好、能耗低、寿命长等优点，现代中高档汽车大多装备了氙气灯，没有装备的可以进行改装。氙气灯及其效果如图 3-11 所示。

图 3-11 氙气灯及其效果

氙气灯组件主要包括氙气灯、安定器、安定支架、线束、线束固定扣、螺钉、螺母、垫圈等，如图 3-12 所示。

图 3-12 氙气灯组件

① 氙气灯的选择 选购氙气灯时应注意以下几点。

a. 型号的选择　氙气灯的型号很多，如9004、9005、9006、9007、H1、H3、H4、H7、H8、H9、H10、H13等，根据不同车型，选择不同型号的氙气灯。选购时，先在车灯的玻璃下角找到该灯的型号，然后仔细按照车型对照选购相应的车灯即可。

b. 色温的选择　不同色温的光，具有不同的照明和视觉效果。色温在3000K左右时，光色偏红；色温在5000K左右时，光色偏蓝；色温在6000K以上时光色偏白。人的眼睛能够接受的色温为2300～7500K，而实际使用中合适的色温为3200～5000K，此时车灯的亮度和穿透能力对于照明很合适。建议选6000K以下的氙气灯。

c. 尺寸的选择　如果氙气灯泡与原车卤素灯泡大小尺寸不同，发光部分就可能偏离焦点位置，从而会出现车灯不聚光、无正确的远光功能等现象。此外，装氙气灯的车辆前保险杠及栅格有一定尺寸要求，需仔细测量以后再予以改装。

d. 品牌的选择　氙气灯的品牌主要有三类：第一类是欧洲产品，如飞利浦、海拉、博世等，品质佳，但价格高；第二类是韩国产品，如劲光等，品质优良，价格也比较适中；第三类是国产产品，如台湾的红武士、浙江的爱博特等，品质一般，价格较低。

e. 价位选择　氙气灯因其性能优越、成本较高，所以价格比较昂贵，比卤素灯的价格要贵得多，目前市场上最好的卤素灯每套价格为900多元，而氙气灯一般在4000元左右，故要根据个人经济能力来选择。

② 氙气灯的安装步骤

a. 拆除原车灯　待发动机完全冷却后，打开发动机罩，取下左右前照灯总成，打开前照灯总成，再打开前照灯总成后盖，将卤素灯泡取出。

b. 检查氙气灯组件　将氙气灯组件从包装中取出，并仔细检查，然后取下套在氙气灯泡周边的塑料罩。

c. 安装氙气灯　先将氙气灯泡装入灯泡总成内，再把氙气灯泡总成安装在前照灯位置上，将安定器通过支架安装在合适的位置上。

d. 接入电路　将镇流器输入端（12V直流电源）与车辆前照灯灯具供电端连接，有的需要单独另接+12V和搭铁，并将镇流器输出端与灯泡的连接器接好。

e. 检查调整　检查安装情况，确认正、负极正确无误后，发动车辆，接通电源使灯点亮。检查光源所射出光束的高度、距离、焦距及光形，并调整。调整完毕要将灯碗固定好，否则极有可能造成散光，或者影响来车驾驶者的视线，形成安全隐患。

③ 氙气灯安装时的注意事项

a. 氙气灯的安装应由专业汽车电工实施，安装过程中不能打开电源，以防高压伤人。

b. 不要将安定器装在发热体旁边，一般可以安装在保险杠上面，能够帮助散热。

c. 不要将安定器安装在一些电线旁边，不要安装在离水源近的地方，如散热器附近，否则过度的潮湿会导致安定器的漏电和老化。安定器安装的稳定性也会对氙气灯的使用效果有很大影响。

d. 不要用手接触氙气灯灯泡的石英管，手上的污迹会使高温工作的氙气灯灯泡留下痕迹，影响灯体寿命。

e. 安定器与灯泡的摆放距离不宜过远，以免电路分压而造成灯泡亮度下降。

f. 将原车前照灯10A的熔丝换为15～20A的，以免启动时过大电流将熔丝烧毁。

g. 将安定器安放于透气性较好的位置，以便让空气流动来降低其温度。安装完成后，一般将继电器、熔丝露出来，以方便更换。

h. 安定器的高压线部分不宜缠绕，以免影响绝缘，或产生过大磁场，从而影响汽车的其他电器。

i. 连线必须固定，不能受挤压或悬挂晃动，避免和周围的金属摩擦。

j. 灯泡安装后要保证密封。各个接口、熔丝等，要用电工胶布捆扎好，以免发生松动导致接触不良。

3.4　倒车雷达与防盗系统的加装

3.4.1　倒车雷达介绍与安装

（1）倒车雷达简介

倒车雷达，即倒车防撞雷达，也称泊车辅助装置，是汽车驻车或倒车时的安全辅助装置，能以声音或更为直观地显示告知驾驶员周围障碍物的情况，解除了驾驶员驻车、倒车和启动车辆时前后左右探视所引起的困扰，并帮助驾驶员扫除了视野死角和视线模糊的缺陷。

倒车雷达主要由超声波传感器、控制器和显示器或蜂鸣器等组成，如图 3-13 所示。

① 超声波传感器　主要功能是发出和接收超声波信号，然后将信号输入到主机里，通过显示设备显示出来。

② 控制器　对信号进行处理，计算出车体与障碍物之间的距离及方位。

③ 显示器或蜂鸣器　当传感器探知汽车距离障碍物的距离达到危险距离时，系统会通过显示器和蜂鸣器发出警报，提醒驾驶员。

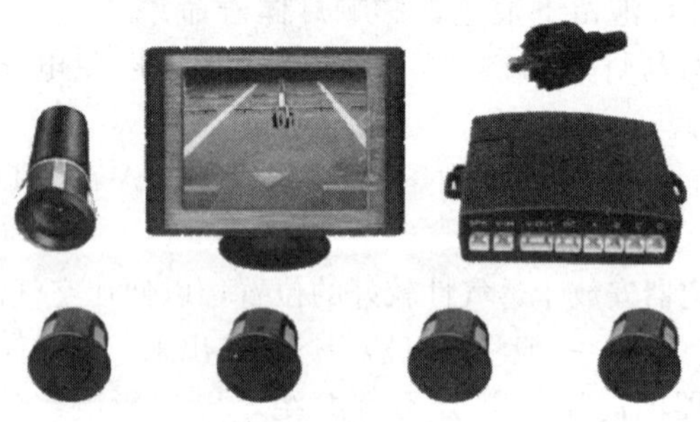

图 3-13　倒车雷达组成

倒车雷达的工作原理如图 3-14 所示，在倒车时，利用超声波原理，由装在车尾保险杠上探头发送的超声波撞击障碍物后反射的声波，计算出车体与障碍物间的实际距离，然后提示给驾驶员，使停车或倒车更容易、更安全。

(2) 倒车雷达的安装

① 安装注意事项　安装高度根据具体车型而定，一般离地安装高度在 45～55cm 之间，如图 3-15 所示。探头表面与地面呈垂直状态，具体应注意以下几点。

a. 探头避免安装高度过低，探测到地面。

b. 在探头的背面都有一个 UP 小箭头标志，箭头朝上。

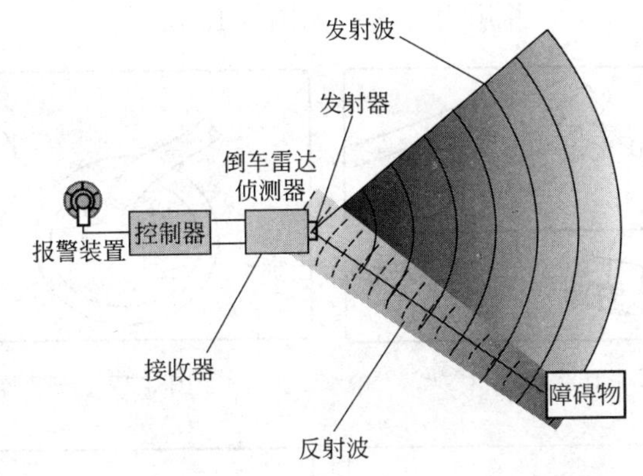

图 3-14　倒车雷达工作原理

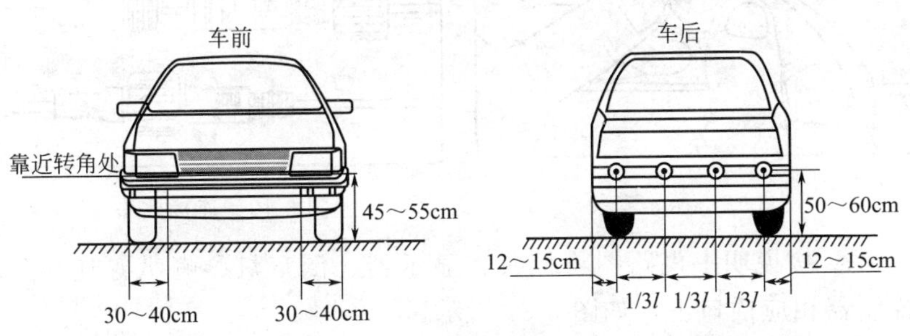

图 3-15　倒车雷达安装位置

c. 在保险杠上开孔时，产生的毛边需要修整，避免把探头压得太紧。

d. 探头安装入孔时，不能用手压住探头中间向里推，因为中间是一个振动区，受力时容易损坏，正确方法是压着探头两边向里推。

② 安装步骤　倒车雷达安装所用工具为电钻，配备的钻头根据探头的直径尺寸而定，常用 ϕ22mm 钻头。具体步骤如下。

a. 清理行李厢，让出一定空间。用电动钻头依据说明书中的位置（高度、间隔）钻孔，如图 3-16 所示。

b. 将探头的接线端从车外塞入行李厢内，注意安装方向，如图 3-17 所示。

c. 在探头边缘均匀用力，使探头压入保险杠并贴紧，如图 3-18所示。

d. 插好接头，并用力拧紧，如图 3-19 所示。

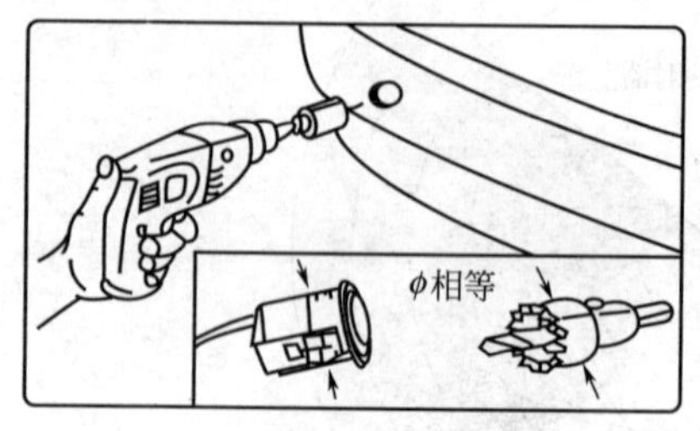

图 3-16　打孔

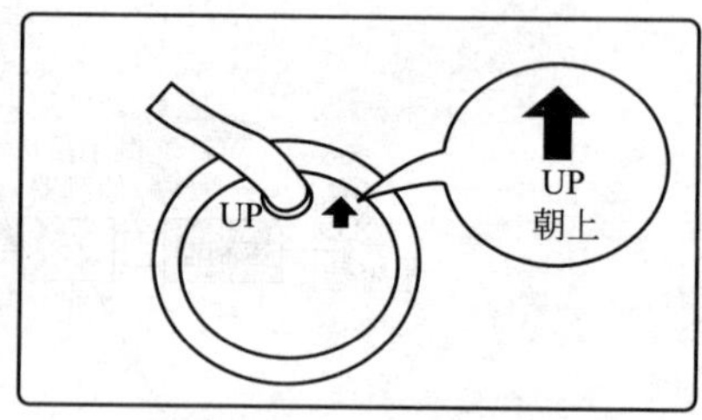

图 3-17　安装探头

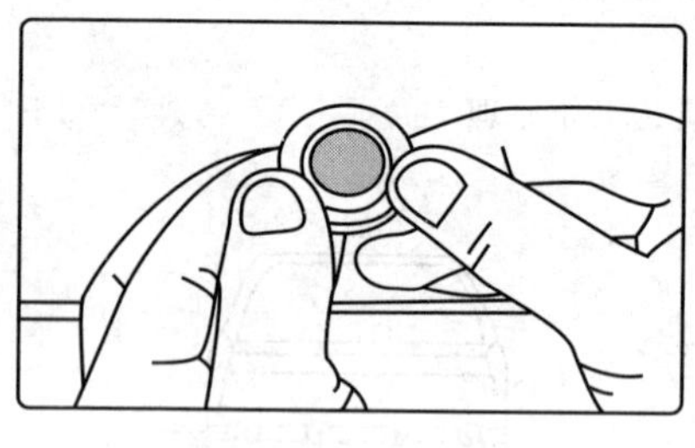

图 3-18　压紧安装

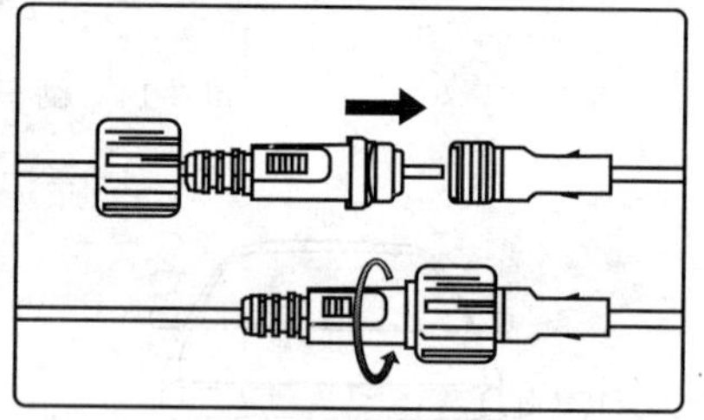

图 3-19　连接插头

e. 按说明书电路图将探头、显示器、倒车灯、喇叭等连接到控制器相应插口上，如图 3-20 所示。

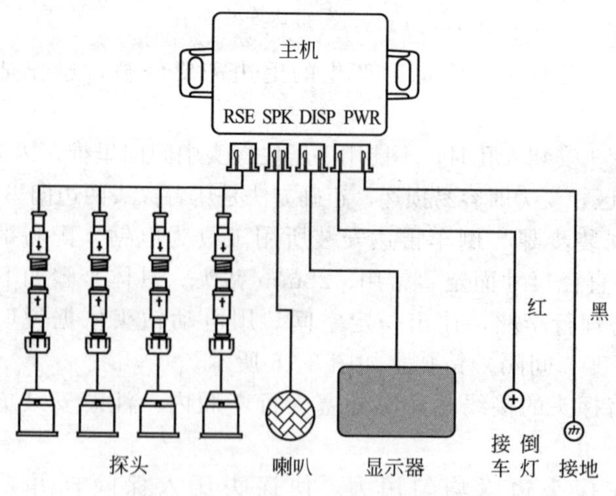

图 3-20　接线

f. 显示屏（或喇叭）可以选择安装在仪表台或内后视镜处，并用双面胶固定好，如图 3-21 所示。布线可从车座下走线，先将脚垫等掀起，将引线隐蔽埋藏好，避免影响美观。

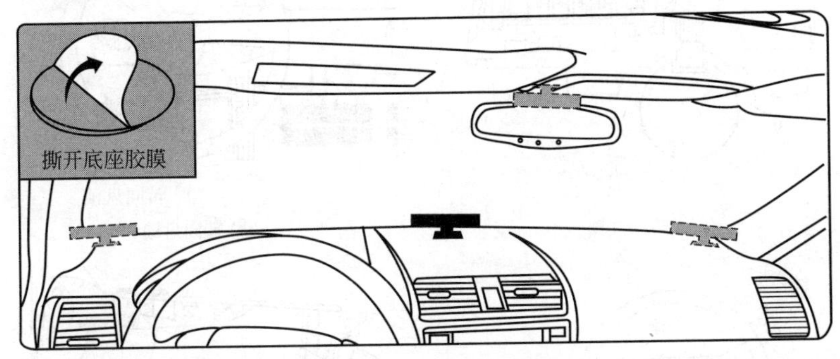

图 3-21　安装显示器

3.4.2　防盗系统介绍与安装

汽车安装车辆防盗报警系统是为提高车辆的安全防护性能而采取的技术措施，对防止车辆被盗具有重要作用。

（1）汽车防盗器的种类

汽车防盗器按照结构不同大致可分为机械式、电子式和网络式三种。

① 机械式汽车防盗器　采用机械的方式来达到防盗的目的，它的特点是防盗性能稳定、价格便宜，但不报警。常见的机械式防盗器主要有转向盘锁、制动踏板锁、变速杆锁、车轮锁等，如图 3-22所示。它们主要是靠锁定转向盘、制动踏板、变速杆、车轮等汽车操纵部件，使窃贼无法将汽车开走。

② 电子式汽车防盗器　也称微电脑汽车防盗报警系统，主要由主机、扬声器、遥控器、振动器、防抢继电器、LED 指示灯、连线等构成，如图 3-23 所示。它主要是靠锁定点火或启动来达到防盗的目的，同时具有声音报警功能。该类防盗器通过电子设备控制汽车的启动、点火等电路，当整个系统开启之后，如果有非法移动汽车或开启车门、发动机罩、行李厢盖或接点线路时，防盗系统立即发出警报，顿时灯光闪烁，警笛响起，同时切断启动电路、点火电路、喷油电路、供油电路，甚至自动变速器电路，使汽车处于完全

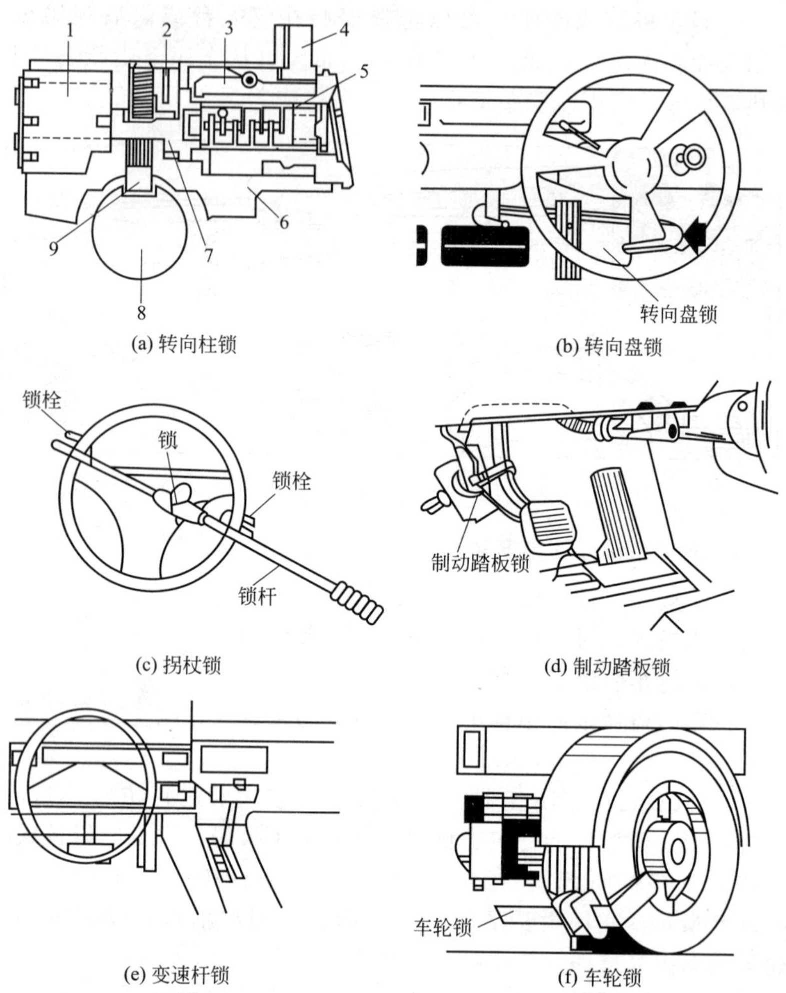

(a) 转向柱锁　(b) 转向盘锁　(c) 拐杖锁　(d) 制动踏板锁　(e) 变速杆锁　(f) 车轮锁

图 3-22　机械式防盗器

1—点火开关；2—锁止器挡块；3—开锁杠杆；4—开锁按钮；5—钥匙筒；6—转向柱管上托架；7—凸轮轴；8—转向柱；9—锁杆

瘫痪状态。该类防盗器为第三代防盗器，具有安装隐蔽、功能齐全、无线遥控、操作简便的特点，是目前轿车上广泛使用的防盗装置。

电子式防盗器按功能来分，可分为单向防盗器、双向防盗器及

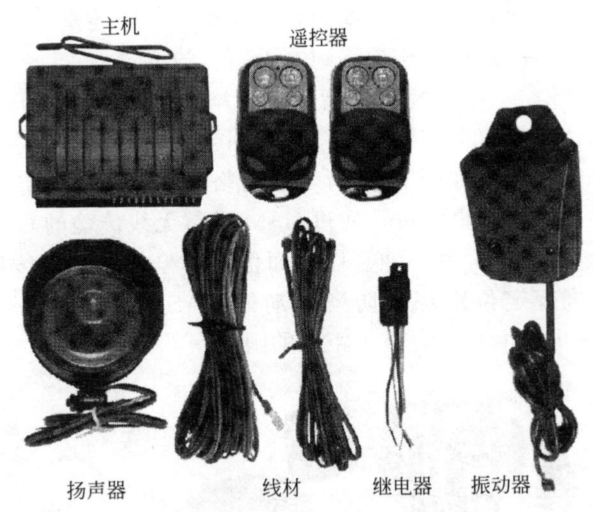

图 3-23　电子式防盗报警器

免接线防盗器三种类型。单向防盗是指只能由遥控器去控制防盗器工作，而防盗器无信息反馈回遥控器。双向防盗器指防盗器与遥控器之间信息是双向的，防盗器可以将车上信息反馈到遥控器的液晶显示屏上。免接线防盗器是一种不破坏原车路线的双向报警器，免安装，免剪线，这种无连线设计避免了因安装防盗器而破坏原车线路的风险，可靠性高。主机和 120dB 大功率报警扬声器之间采用无线连接，外置扬声器仅需接上电源即可。采用智能压力感应器检测车内气压变化感知车门打开报警。内置高灵敏度电磁感应振动器检测汽车振动撞击报警，报警时 LCD 液晶显示，遥控器、控制主机和外置无线扬声器同时用声音报警通知车主。采用 FM 调频技术，遥控报警距离为 1000m。

目前电子式防盗器已经发展到第四代，具有特殊诊断功能，被授权者在读取钥匙保密信息时，能够得到该防盗系统的历史信息，实现免钥匙一键启动。系统中经授权的备用钥匙数目、时间印记及其他背景信息，成为收发器安全特性的组成部分。第四代电子防盗系统除了比以往的电子防盗系统更有效地起到防盗作用外，还具有其他先进之处：它独特的射频识别技术（RFID）可以保证系统在任何情况下都能正确识别驾驶员，在驾驶员接近或远离车辆时可自动识别其身份自动打开或关闭车锁；无论在车内还是车外，独创的TMS37211器件能够轻松探测到电子钥匙的位置。

③ 网络式防盗系统　是指通过网络来实现汽车的开关门、启动电动机、截停汽车、汽车定位及车辆会根据车主的要求提供远程车况报告等功能，如图3-24所示。网络式汽车防盗系统主要有两种：一种是全球卫星定位，通过GSM进行无线传输的GPS防盗系统，俗称“天网”；另一种是以地面信标定位，通过有线和无线传输对汽车进行定位跟踪和防盗防劫的CAS防盗系统，俗称“地网”。网络防盗主要是突破了距离的限制。

图3-24　网络式防盗系统

GPS即全球定位系统，GPS技术最初应用在军事领域内，随着市场的需求，才逐渐应用于非军事领域内，近年来，在汽车反劫防盗领域内广泛应用，取得了实际效果。GPS防盗器属于网络式防盗器，它主要靠锁定点火或启动达到防盗的目的。GPS应用于汽车，反劫防盗服务得益于卫星监控中心对车辆的24h不间断、高精度的监控服务。该系统由安装在指挥中心的中央控制系统、安装在车辆上的移动GPS终端及GSM通信网络组成，接受全球定位卫星发出的定位信息，计算出移动目标的经度、纬度、速度、方向，并利用 GSM 网络的短信息平台作为通信媒介来实现定位信息的传输，具有传统的 GPS 通信方案所无法比拟的优势。缺点是价格昂贵，每月要交纳一定的服务费。

（2）汽车防盗器的选用

① 目前，汽车防盗器种类繁多，价格相差甚远，选用时需依据汽车档次、使用环境、个人习惯及功能需要等因素选择适宜的防盗器。

② 应选择可靠性好、使用寿命长、操作简便的汽车防盗器，并可从防盗器的原理设计、元器件的选择、加工工艺及防盗器的功能设计等方面来考虑。

③ 选购时应注意产品是否通过公安部的检测（需经过公安部安全与警用电子产品质量检测中心检测达到我国标准的产品，检测有效期为 4 年）及行业“3C”认证。

④ 考察产品是否有质量保证，有无过硬的安装技术，所安装防盗器对原车电路的改动有多大，过大则会存在隐患。

⑤ 有些市场普及量大的轿车依据车本身的电路特点，已经开发出配套的专用型防盗器，对原车电路改动极少或影响不大，但价位稍高；而通用型则适合各种车型，以功用为设计的出发点，不可能考虑到各种车型的匹配，故改动量大，但价格易接受。

（3）常见防盗产品及安装说明

中高档轿车在出厂前都预装了车用电脑防盗系统。当钥匙芯片数据与车载电脑预存数据相符时，电脑才会通知相关系统工作，允许发动机启动。当钥匙芯片数据与车载电脑预存数据不相符时，即使破坏玻璃、撬开车门也很难把车开走。因此像这种自带车载电脑防盗系统的轿车一般不需要再安装电子防盗器。如果再安装，容易和原车安装的防盗系统发生系统冲突。如果一定要额外安装电子防盗器，要注意与点火系统分离，采取无缝对接的方式，即不改动原车线路，完全使用并接的方式，否则会造成发动机启动故障。安装防盗器主要是中低档车，以及一些有特殊用途的汽车，如出租车多安装 GPS 防盗器。

① 汽车防盗器的安装标准　为了确保所安装的汽车防盗器发

挥应有的防范性能，实现防盗器安装工作的专业化、规范化，我国于2000年开始制定关于车辆防盗报警器材安装的公共行业标准《车辆防盗报警器材安装规范》（GA 366—2001），于2001年发布并实施。

② 汽车防盗器的安装原则

a. 安装前要熟悉产品。详细阅读产品说明书，认真阅读产品配线图，判断产品各零部件的接口方式和位置。

b. 严格按操作程序进行。严格按照安装电路图进行操作，保证在安装完成后，车内系统主机、防盗主机和天线在车内的安装位置达到安装说明书的要求。接头连接紧密，避免虚接，用绝缘胶布包好。如果连线接错，轻则防盗器无法使用，重则烧毁车内的元器件，使车辆无法正常使用，甚至酿成火灾。安装完毕要严格按照说明书进行功能检测，以确保防盗器的各项功能都能发挥出来。

c. 质量保证的原则。汽车防盗器的好与不好，主要由三个因素决定：防盗器的产品质量、防盗器的安装方法及防盗器的正确使用。而防盗器的安装方法是与防盗器质量同等重要的因素之一，且由于防盗器的安装不良而造成的损失是更惨重的，如汽车电脑死机、安全气囊爆开、汽车电路烧毁及其他部位损坏等。

3.5 车载导航仪与行车记录仪的加装

车载导航仪成为车辆外出的必备品，不但可以知道现在车辆所在的位置，还能通过导航仪内存储的数字地图，给予行车提示。目前高档轿车上都装备有车载导航设备，其他的车辆可以通过对原有车辆影音系统进行升级改装，也可以享受和高档轿车一样的配置。

3.5.1 导航仪介绍与安装

（1）GPS简介

全球定位系统（GPS，Global Positioning System）是美国从20世纪70年代开始研制，历时20年，耗资200亿美元，于1994年全面建成，具有在海、陆、空全方位实时三维导航与定位能力的新一代卫星导航与定位系统。GPS以全天候、高精度、自动化、高效益等显著特点，赢得广大测绘工作者的信赖，并成功地应用于大地测量、工程测量、航空摄影测量、运载工具导航和管制、地壳运动监测、工程变形监测、资源勘察及地球动力学等多种学科，从而给测绘领域带来一场深刻的技术革命。

早在 1994 年 3 月，全球覆盖率高达 98%的 24 颗 GPS 卫星星座已布设完成。这 24 颗工作卫星位于距地表 20200km 的上空，均匀分布在 6 个轨道面上（每个轨道面 4 颗），轨道倾角为 55°，如图 3-25所示。此外，还有 4 颗有源备份卫星在轨运行。卫星的分布使在全球任何地方、任何时间都可观测到 4 颗以上的卫星，并能保持良好定位解算精度的几何图像。这就提供了在时间上连续的全球导航能力。

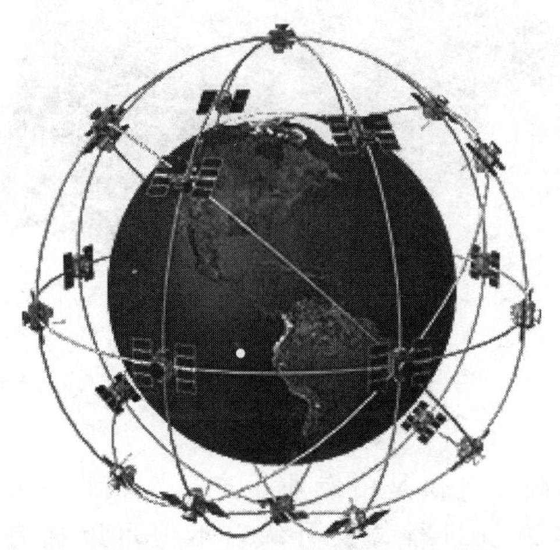

图 3-25　全球定位系统（GPS）

接收机往往可以锁住 4 颗以上的卫星，这时接收机可按卫星的星座分布分成若干组，每组 4 颗，然后通过算法挑选出误差最小的一组用作定位，从而提高精度。卫星运行轨道、卫星时钟存在误差，大气对流层、电离层对信号的影响，使民用 GPS 的定位精度只有 100m。为提高定位精度，普遍采用差分 GPS 技术，建立基准站进行 GPS 观测，利用已知的基准站精确坐标，与观测值进行比较，从而得出一修正数，并对外发布。接收机收到该修正数后，与自身的观测值进行比较，消去大部分误差，得到一个比较准确的位置。试验表明，利用差分 GPS，定位精度可提高到 5m。

（2）车载导航仪

① 功用与产品类型　车载导航功能是GPS技术的应用之一，驾驶员在驾驶汽车时随时随地知晓确切位置。车载导航仪根据驾驶员的设置选择最佳的行车路线，并进行自动语音导航。

车载导航仪分为便携式和嵌入式。便携式功能简单，安装非常方便，放在托架上并从点烟器上引出电源既可以使用，如图3-26所示。

图3-26　便携式车载导航仪

嵌入式车载导航仪是由专业生产厂家根据车型定制的，可以将原车影音系统进行替换升级，不但可以拥有车载导航功能，还兼具DVD播放器、收音接收、蓝牙免提、触摸屏、选配、智能轨迹倒车、胎压检测、虚拟六碟、后台控制等功能，因此也常将其称为DVD导航一体机或GPS影音导航系统，不同类型的车载导航仪功能差别很大。图3-27所示为一种嵌入式车载导航仪产品。

无论是便携式车载导航仪还是嵌入式车载导航仪，都带有电子地图，作为行车引导，帮助驾驶员到达目的地。我们所说的“电子狗”是一种车载装置，如图3-28所示，作用是提前提醒驾驶员电子眼或测速雷达的存在，可防止超速或违规，又称安全驾驶提醒仪。

图 3-27　嵌入式车载导航仪

图 3-28　电子狗

② 结构组成　GPS 导航仪的运行还需要一个汽车导航系统。仅有 GPS 还不够，它只能够接收 GPS 卫星发送的数据，计算出用户的三维位置、方向及运动速度和时间方面的信息，没有路径计算能力。用户手中的 GPS 接收设备要想实现路线导航功能，还需要一套完善的包含硬件设备、电子地图、导航软件在内的汽车导航系统。

GPS 导航仪硬件部分包括芯片、天线、处理器、内存、显示屏、扬声器、按键、扩展功能插槽，软件部分主要是地图导航软件，总共由 9 个主要部分组成。

就目前情况来看，市场中的 GPS 汽车导航仪在硬件上的差距并不大，内置的软件地图发展迅速，现在我国有 8 家地图公司从事导航地图软件的测绘与开发，如凯立德、路路通、四维图新、城际通、趴趴走（papago），经过几年的不断开发完善，都已能提供相当好的导航地图软件。车载导航系统主要由导航主机和导航显示终端两部分构成。内置的GPS天线会接收到来自环绕地球的24颗GPS卫星中的至少3颗所传递的数据信息，由此测定汽车当前所处的位置。导航主机通过GPS卫星信号确定的位置坐标与电子地图数据相匹配，便可确定汽车在电子地图中的准确位置。

（3）导航仪的安装

不同类型的导航仪，根据适用车型的不同，其安装的具体过程也有些差别，但大致的安装步骤基本相同。

① 准备工作　阅读GPS影音导航系统主机相关说明，准备好相关工具，如万用表、12V测试笔、绝缘胶布、密封胶、剥线钳、高温风枪、热缩管及常规拆装工具等。检查全车状况，着重检查原车中控及音响各功能，并进行必要的记录。将车停到正确的施工位置，取下钥匙，拉上手刹。

② 拆卸内饰板　小心拆下音响系统周边的内饰板，内饰板是卡扣连接，使用专业工具小心不能划伤车身内饰。拆下内饰板后的效果图如图3-29所示。

③ 拆卸原车音响主机　拆下固定原车音响系统的螺栓，取下主机，如图3-30所示，拆下线束并做好标记。

图3-29　拆下内饰板

图3-30　拆下原音响

④ 接线及测试　将卸下的原车主机上的支架、卡扣换装到导航仪主机上。按拆卸原厂音响主机线束所做的标记安装好电源线、GPS天线、收音机天线、音响及控制线束，如图3-31所示。

接好线路后，将主机放置在便于支撑的位置上，然后将点火开关拨至ACC挡，打开GPS影音导航系统进行功能测试，如图3-32所示，若有问题需要进一步检测线束连接、电路供电及产品质量等问题。

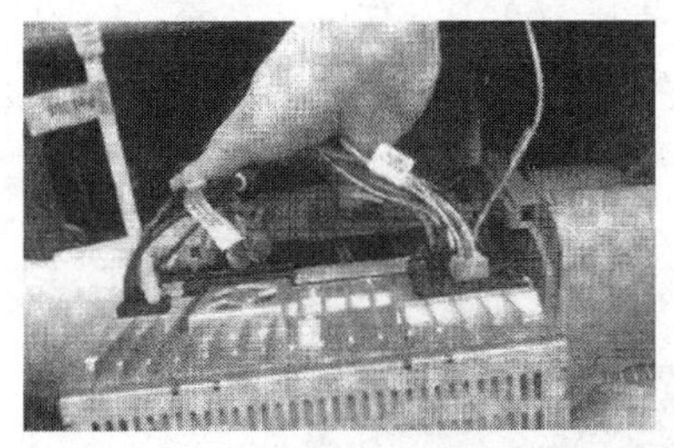

图3-31　接线

图3-32　测试

⑤ 固定导航仪　测试完成后，将GPS影音导航系统主机装入正确位置并固定，将内饰板压入中控面板内，一定注意卡扣的位置，压入的力量不要过大，以免压坏卡扣。加装作业全部完成，如图3-33所示。

图3-33　固定导航仪

3.5.2　行车记录仪介绍与安装

行车记录仪即记录车辆行驶途中的影像及声音等相关资讯的仪器，相当于汽车“黑匣子”。安装行车记录仪后，能够记录汽车行驶全过程的视频图像和声音，可为交通事故提供证据，也可进行停车监控。

不同类型行车记录仪的基本组成类似，一般都由主机、车速传感器、摄像头及软件组成。主机根据功能的不同，结构形式也不一样，基本包括微处理器、数据存储器、显示器、操作键、数据通信接口等装置。

行车记录仪作为一种电子产品，发展极为迅速，从之前的480P、720P画质到现在已经可以录制1080P、1296P甚至4K的录像片段。行车记录仪的价格从几百元到数千元不等，图3-34所示为几种不同款式的行车记录仪。

图3-34 几种不同款式的行车记录仪

(1) 行车记录仪的选择

行车记录仪品种繁多、功能各异，如何根据实际情况选择一款合适的行车记录仪，应考虑以下几个因素。

① 价格 对于电子产品来说价格从来不是一个稳定因素，作为车载电子产品的行车记录仪也是如此，如今在市面上的行车记录仪从一二百元到一两千元的都有，在千元以下的范围内，200元的价格差距已经足以在产品质量上提升一个档次，而超出千元的产品差别更多的是在高端功能上，例如增加安全预警、GPS导航等功能。如果要选择一款使用性能基本够用的行车记录仪，一般价格在400～800元范围内的已经足够，如果预算允许，也可选择带倒车影像及GPS导航的多功能记录仪。

② 画质 作为“黑匣子”总是要还原事件真相的，所以一款具备清晰画质的行车记录仪才能保证其存在的价值。针对行车记录仪来说画质主要包括以下几个方面：首先是拍摄广角，目前的行车记录仪拍摄广角多为120°和140°，也有厂家宣称170°广角，对一般家用车来说120°已经足够，当然140°的能记录更多信息，如图3-35所示。不必追求大广角，广角变大一方面画面会出现一定范

围的畸变，造成一定的画质损失，另一方面也会增加产品价格，造成不必要的支出。

图 3-35 不同广角的范围

另外，夜间的拍摄画质也非常重要，夜间的路况要比白天更加复杂，所以能够清晰记录夜间行车的记录仪非常有用，在选购时一定要注意选择夜间拍摄效果正常的产品，选择能在夜间拍摄清楚前面行驶车辆车牌号的记录仪，如图 3-36 所示。

图 3-36 夜间拍摄效果

720P 画质已经可以清晰地观察到路面状况、车牌等众多信息，1080P 画质更清晰。500 万像素摄像头已经能够拍摄出非常清晰的画面，而多数的行车记录仪摄像头更是高达 1200 万像素，完全够用。

如何去判别行车记录仪的画质呢？首先可以去产品官网、网上论坛等查找相关拍摄截图、视频等相关信息进行判别，此外还可以去实体店中实际观看产品，测试录制效果，最有效的方法就是找个用过行车记录仪的人去看他记录仪中所记录的片段。

③ 类型　行车记录仪根据摄像头的数量分为单摄像头、双摄像头以及多摄像头的，单摄像头的比较常见，用来记录车头的行车信息，双摄像头的将车尾部分也加装了一个摄像头，用来记录车尾信息（图 3-37），多摄像头的则可了解车的多方向信息。一般来说，家用车只需一个单摄像头的就足够了，增加车尾或车侧摄像头，一方面会增加走线成本，另一方面也会造成信息冗余，如果是画面通过车载导航实时显示的，更容易使驾车员的注意力分散。

图 3-37　双摄像头行车记录仪

行车记录仪的显示也分不同类型。一种是自带显示屏的，这种产品外形一般都比较大，多为显像管显示器形状或 DV 形状，选购此类产品时需注意屏幕的分辨率。自带屏幕的还有一种是后视镜形状的，可以更换或安装在汽车后视镜上，在兼顾了后视功能的同时还能够实时显示行车记录仪画面，不过这种画面多少会对后视功能有影响。带显示屏的行车记录仪如图 3-38 所示。

不带显示屏的类型，一种是通过内部走线与汽车自带导航连接后在汽车的多媒体屏上进行显示，另一种则是能够通过手机来观看监控视频的类型。这些不同类型的选择还是看不同车主的车型和喜好，不推荐后视镜类型的行车记录仪。

④ 录像模式　行车记录仪多具备了循环录像模式，按照设置好的时间区间，进行循环录制存储，机载 SD 卡存储满之后会进行覆盖录制，仅留下紧急录像和车主设定好的录像片段不覆盖。在购买安装行车记录仪时，要仔细阅读说明书或向安装人员咨询录像模式，避免在使用中出现录像不自动覆盖等意外情况。

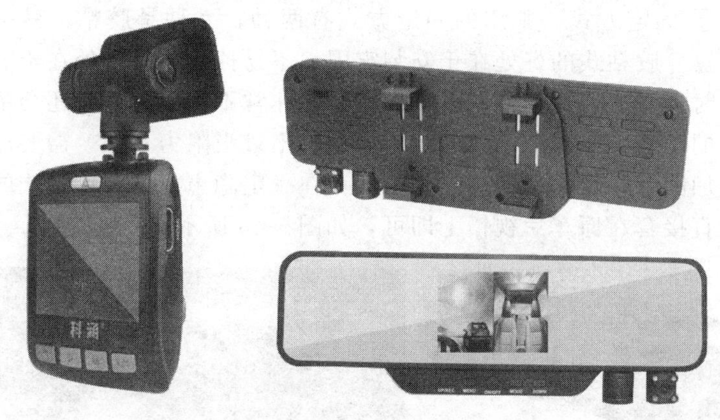

图 3-38　带显示屏的行车记录仪

(2) 行车记录仪的安装

行车记录仪的安装较为简单，一般购买时，卖家会免费安装，这里简单介绍一下自己动手安装行车记录仪的基本方法和步骤。

① 安装位置　行车记录仪正确的安装位置位于后视镜区域内。若位于左右两侧，由于拍摄广角的问题，会造成拍摄的盲区，而如果简单放置于汽车中控台上，则在遭遇疑似撞车时不能有足够的视野确定前车头是否真的碰撞，在鉴定责任时会造成取证困难，所以将行车记录仪藏于后视镜后面或下方不遮挡视线的区域才是最合理的安装位置，如图 3-39 所示。

图 3-39　最佳的安装位置

② 固定方式　常用的固定方式有两种，一种是胶粘，另一种是吸盘。胶粘式的好处在于安装牢固，不易掉，不好之处在于需要安装时选好位置，不然取下来更换位置非常不方便，而且还会留下难看的印记。吸盘式的比较容易拆卸，不过吸附力不强，需要注意随时加固，在实际的使用过程中会存在一定隐患。后视镜形式的记录仪直接套在原车后视镜上即可，如图 3-40 所示。

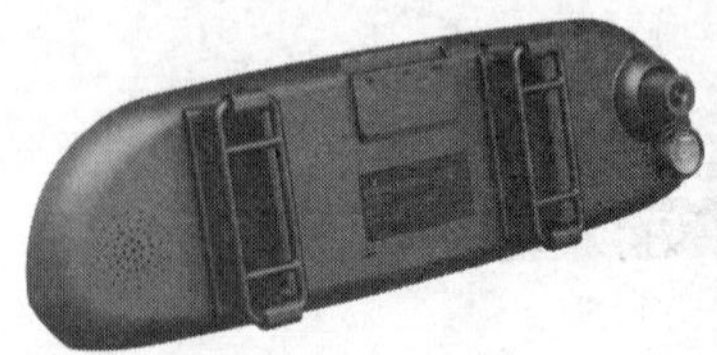

图 3-40　后视镜式记录仪安装

③ 接电布线　通常行车记录仪一般都会配备一根长线，从安装的后视镜位置塞到 A 柱包边和内饰里边，通过隐藏布线的方式接入汽车点烟器。不过这种方式一般来说需要不少工具，有些车主也会因为会有破坏内部装饰的可能而不用这种方法。这时也可以将行车记录仪的线直接下垂接入点烟器，将多余的线缆缠绕或放入手套箱，不过这种方式也会在一定程度上影响到驾驶。图 3-41 所示为常见的两种布线方式。

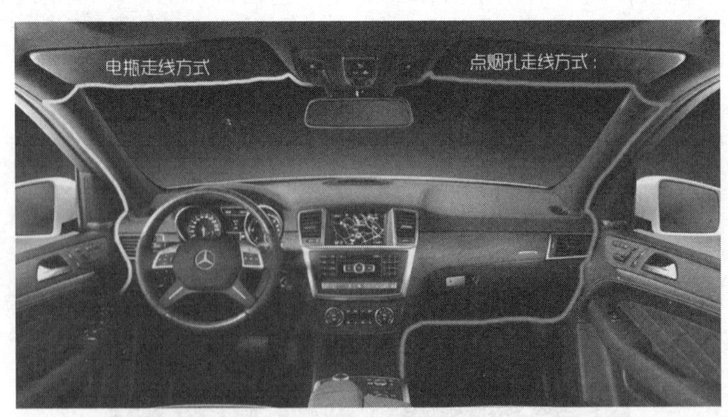

图 3-41　行车记录仪布线方式

第 4 章 汽车外部装饰

汽车外部装饰是在不改变汽车本身功能和结构的前提下，通过装饰改变汽车的外观，从而使汽车更加靓丽和时尚，以满足人们的审美观和个性化需求。

4.1 车窗贴膜

车窗贴膜就是在车辆前后挡风玻璃、侧窗玻璃以及天窗上贴上一层薄膜状物体，这层薄膜状物体也称太阳膜或防爆隔热膜。其作用主要是阻挡紫外线、阻隔部分热量以及防止玻璃突然爆裂导致的伤人、防眩光等，同时根据太阳膜的单向透视性能，达到保护个人隐私的目的。此外，它也可以减少车内物品以及人员因紫外线照射造成的损伤，通过物理反光，降低车内温度，减少汽车空调的使用，从而降低油耗，节省一部分开支。

4.1.1 车窗贴膜结构功用及种类

（1）车窗贴膜的结构组成

车窗贴膜生产工艺极为复杂，不同的车膜结构差异较大。贴膜主要由耐磨外层、安全基层、隔热层、防紫外线层、感压式粘胶层、“易施工”胶膜层、透明基材组成，各层之间的关系如图 4-1 所示。

车窗贴膜的各个涂层实现的功能各不相同，主要涂层性能特点如下。

① 耐磨外层　材料通常是透明的，非常坚韧。涂布在贴膜外层，耐刮擦，清洗玻璃时不易产生刮痕，使玻璃看上去经久如新。

② 安全基层　材料通常是透明的且有非常强的抗冲击能力，

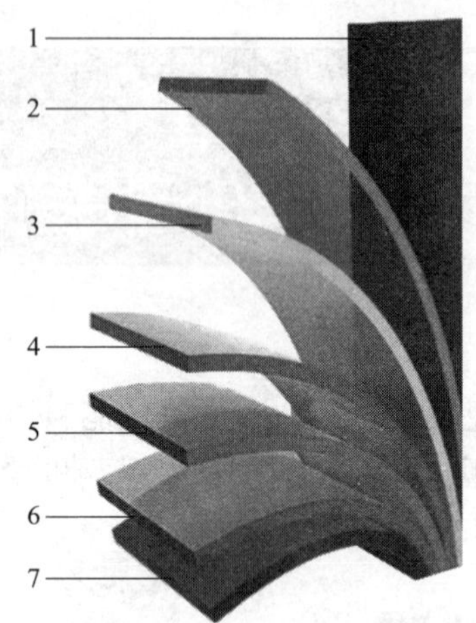

图 4-1 汽车车窗贴膜结构

1—耐磨外层；2—安全基层；3—隔热层；4—防紫外线层；
5—感压式粘胶层；6—“易施工”胶膜层；7—透明基材

能长期有效地保护车内乘客安全，在受到外来冲击力的影响下，该安全基层能起到阻挡冲击、减少外来伤害的作用。同时，该安全基层能够有效地过滤阳光和对面车辆远光中的眩光，使驾驶员更舒透安全。

③ 隔热层　其结构是将不同金属分子通过不同技术工艺附着在安全基层上，金属层将有选择地将阳光中的红外线反射回去，也有的隔热膜通过添加红外线吸收剂来吸收红外线，从而达到隔热的效果，节约燃油。

④ 防紫外线层　为具有紫外线防御能力的聚酯纤维光学薄膜，该薄膜能将阳光中99%的UVA和UVB（即紫外线A和紫外线B）隔断，也有隔热膜通过添加紫外线吸收剂来吸收紫外线，从而起到保护汽车内饰及驾乘人员免受紫外线侵害的作用。

⑤ 感压式粘胶层　是汽车防爆隔热膜品质的重要保障，既要不影响驾驶员视野，又能抵抗紫外线、不变色，同时还要有非常强的粘接力，在发生一定外来冲击的情况下，防爆隔热膜能够将破碎的玻璃粘住，不至于伤害车内人员。

⑥“易施工”胶膜层　是由耐候性良好的高透明丙烯酸酯胶黏

剂组成，贴膜与汽车玻璃能够结合为一个整体就是通过此层来保证的。

（2）车窗贴膜的功用

不同类型的车窗贴膜功用各不一样，但都基本上具有以下功能。

① 隔热防晒　车窗贴膜能很好地阻挡外界红外线产生的大量热进入车内。

② 隔紫外线　紫外线中的中波、长波能穿透很厚的玻璃，贴上隔热膜能隔断大部分紫外线，防止皮肤受伤害，也能减缓汽车内饰老化。

③ 安全与防爆　贴膜的基层为聚酯膜，具有较强的耐撕拉防击穿能力，加上膜的胶层，贴膜后的车窗玻璃强度得到了明显提高，能防止玻璃意外破碎对驾乘人员造成的伤害。

④ 营造私密空间　选择合适的品种，贴膜后，通常在车外看不清车内，而在车内可以看清车外，保护隐私和安全。

⑤ 降低空调能耗　贴上隔热膜空调制冷能力损失可以得到弥补，在一定程度上节省了燃油。

⑥ 美化外观　根据个人喜好，通过贴膜能美化爱车，彰显个性。

⑦ 防眩光　车窗贴膜能降低因眩光因素造成的风险。

（3）车窗贴膜的种类

汽车车窗贴膜的称谓较多，如隔热膜、太阳膜、防爆膜、特效膜等。随着贴膜制造工艺的发展，车窗贴膜的功能也从简单的隔热、防爆演变为隔热、防爆、高清晰度、低反光度、防雾等多功能。

车窗贴膜从工艺的发展看，大致分为三种，即染色膜、金属膜和多层光学膜。

① 染色膜　基于染色工艺制造的一种贴膜，产生于20世纪70年代，是最低档的贴膜，这种膜采用深层染色工艺，加注吸热剂成分，吸收太阳光中的红外线达到隔热的效果。因其同时也吸收了可见光，导致可见光穿透率不够，加上染色工艺本身所限，清晰度较差。此类膜的另一大弱点是隔热功能衰减很快，而且容易褪色。过一段时间（或许半年一年，最长两年三年）后，膜褪色了，也不再

隔热了。

② 金属膜　最初金属膜是采用真空热蒸发工艺，产生于20世纪90年代初，将铝、铁等金属蒸发于一种对苯二甲酸乙二酯聚合物（PET）基材上，达到一定的隔热效果，具备较持久的隔热性，缺点在于清晰度不高，影响视野舒适性，其另一缺点是内、外反光度较高。外反光度高不符合交通安全标准，内反光度高影响驶驶员驾驶，严重者引起视觉疲劳并引发事故。

在20世纪90年代末，随着真空磁控溅射工艺的出现，采用此种工艺制造出的贴膜在持久隔热性能、清晰度、反光度、更自然的金属原色等方面均有质的飞跃。磁控溅射工艺是将镍、银、钛、金等高级宇航合金材料采用最先进的多腔高速旋转设备，利用电场与磁场原理高速度高力量地均匀溅射于高张力的PET基材上，保证产品卓越的隔热功能和透光度及科学、自然的金属涂层。此类产品有非常好的金属质感和清晰度，而且反光度极低。由于粒子更细、结构更紧密，因此隔热持久性更高，而且可以保证永不褪色。主要有磁控溅射金属膜、磁控溅射原色金属膜、磁控溅射陶瓷膜、磁控溅射光谱膜、磁控溅射特效膜等。

在21世纪初，随着纳米材料的出现，又出现了纳米陶瓷膜，此种贴膜是以纳米氮化钛为基础，通过磁控溅射技术与金属氮化技术的结合而生产的，经久耐用，不易腐蚀，不干扰电磁信号。

③ 多层光学膜　采用多层聚酯膜技术，通过多层挤出技术，将240层的聚酯膜叠加在一起，制成仅有0.05mm厚的贴膜，具有可见光透过率高、隔热好、寿命长、无电磁信号干扰等特点。

4.1.2 车窗贴膜的选用和鉴别

目前市场上的贴膜品种繁多，质量和性能不一，优质贴膜使用寿命远远超过普通贴膜，当然价格也相对要高一些，在选用车窗贴膜时，应从以下几个方面考虑。

（1）透光度

透光度是贴膜关乎行车安全最重要的性能，应不选取透光度太低的贴膜，尤其是前排两侧窗的贴膜，即使颜色比较深，看出去的景物也要清晰，不能昏暗、变形，选择透光度在85%以上的贴膜较为适宜。此时侧窗贴膜无需挖孔且不影响视线，夜间行车时还能把后面来车大灯照射在后视镜的强烈炫光反射减弱，使眼睛非常舒服。此外，在雨夜行车、倒车、调头时也能保证视线良好。

（2）手感

优质贴膜摸上去有厚实平滑感，而劣质贴膜手感薄而脆，而且比较软，容易起皱和老化。

（3）颜色

优质贴膜的颜料是融合在贴膜中的，经久耐用，不易变色，在粘贴过程中经刮板刮擦也不会脱色。而劣质贴膜的颜色在胶中，撕开车膜的内衬后用指甲刮一下，颜色就掉了，膜片被指甲刮过的地方会变得透明。在贴膜过程中，当用刮板刮膜时，有时颜色会自行脱落，这种贴膜当年就会变色，一年后褪色更为明显。

（4）气泡

当撕开贴膜的塑料内衬后，再重新复合时，劣质贴膜会起泡，而优质贴膜复合后完好如初。

（5）隔热性

隔热性是贴膜的一个重要指标，而这一点仅凭肉眼和手感是很难鉴别的。可以通过一个简单的测试来进行比较：在一个碘钨灯下放一块贴着车膜的玻璃，用手感觉不到一丝热的是优质贴膜，而立即有烫手感觉的则表明其隔热性能有问题，是劣质贴膜。

（6）防爆性

防爆性也是涉及安全的又一重要性能。不具备防爆性能的普通贴膜或劣质防爆贴膜的材质与具有防爆性能的优质贴膜不同，其膜片很薄，手感发软，缺乏足够的韧性，不耐紫外线照射，易老化发脆，当遇意外碰撞或外物打击时，膜片很易断裂，不能把玻璃粘在一起。

（7）紫外线阻隔率

高质量的贴膜，紫外线阻隔率指标一般不低于 98%，最高可达 99%。高紫外线阻隔率能有效防止车内的人被过量的紫外线照射，灼伤皮肤，还能保护车内音响不会被晒坏。而劣质贴膜很多没有这项指标，或者远远低于 98%的标准。

（8）保质期

质量好的贴膜保质期通常为 5 年，长的可达 8 年。在保质期内如能正常使用，隔热膜不会褪色，金属层也不会脱落，膜层也不会脱胶。

4.1.3 车窗贴膜的安装

（1）贴膜的安装步骤

① 清洁玻璃　用干净不起毛的抹布蘸上清洁液从上到下彻底地清洁玻璃，然后用干净的湿抹布再擦拭一遍，清除玻璃上的所有污物，使玻璃清洁干燥，为贴膜做好准备，如图 4-2 所示。

图 4-2　清洗玻璃

② 密封遮挡　用遮蔽纸遮挡玻璃下方的车门板、仪表台、行李厢盖、前引擎盖等，如图 4-3 所示。

图 4-3　密封遮挡

③ 测量车窗、打板预裁　用钢尺或卷尺测量出挡风玻璃的尺寸，将玻璃表面洒一层贴膜润滑液，然后把适当厚度的薄膜吸附在玻璃上，根据边缘线特点划出玻璃样板，如图 4-4 所示。

④ 量尺裁膜、清洗玻璃　根据测量的车窗尺寸，在裁膜台上裁出对应尺寸窗膜，然后以样板为模本，精确裁剪，再用玻璃清洗

剂将车窗深度清洁，完全去除玻璃表面颗粒、脏点、油渍等附着物，如图 4-5 所示。

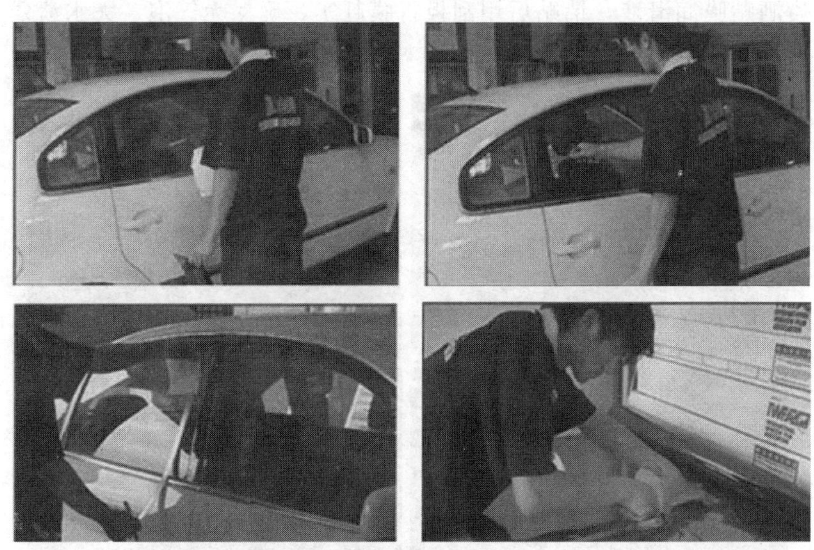

图 4-4　测量预裁

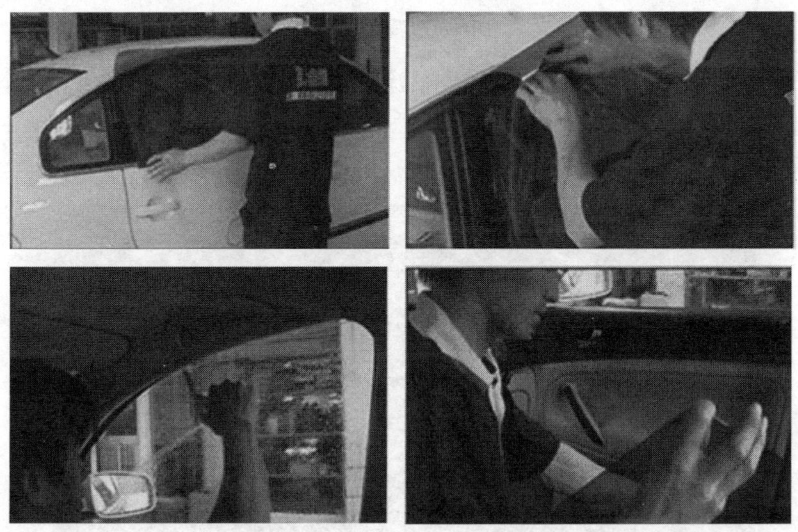

图 4-5　裁膜

⑤ 精确裁边、铺贴窗膜　根据玻璃轮廓精确裁边，注意裁边时力度适中，将裁好的窗膜撕开保护层，贴在车窗内侧，铺贴前先喷洒贴膜润滑液，铺贴后用刮板将膜赶实，确保无气泡、无水渍残留、无颗粒凸点，如图 4-6 所示。

图 4-6　裁边贴膜

⑥ 铺膜定位、恒温烤膜　喷涂贴膜润滑液，用刮板反复刮实，避免出现皱褶，调试温控烤枪到适当温度，让膜充分收缩变形后再赶实、赶平，如图 4-7 所示。

图 4-7　铺膜定位

⑦ 检查车窗　查看车窗贴膜是否残留气泡、凸点、水渍，边角是否翘起。

（2）贴膜的注意事项

① 要选择无尘贴膜工作室，因为贴膜最怕灰尘和沙粒，街头作业很难做到环境清洁。

② 观察一下贴膜的背面是否有防伪标志，正规品牌的背面都应有防伪标志。

③ 选膜时，要注意搭配贴膜与车身颜色和谐，贴前、后挡风玻璃时，不能开刀裁剪贴膜，要保证整张贴膜进行粘贴，否则会降低防爆性，而且影响美观。

④ 粘贴过程要防止灰尘、毛发等粘到贴膜或车窗上。

⑤ 膜面出现污渍，不要用化学溶剂擦拭，最好用清洁的湿毛巾配合洗洁精清洗。

⑥ 不要将吸盘或其他物品吸附在贴膜上，防止贴膜脱落。

4.2　车身彩条贴膜装饰

4.2.1　彩条贴膜的特点和种类

（1）车身彩条贴膜的特点

为更加突出个性，体现新一代的车身文化，许多车主已不满足于单一色调的车身油漆颜色，车身彩条渐渐地在都市的街头流行，较为简单的一条金边或铝边，贴在车体的中央部位，便增加了外形的立体感，而车身侧面的色彩鲜明的大块面积色条，车尾备胎架上野马奔腾的图案，以及车身及车尾的各种文字彩贴配以个性图案等，更显示出车主的与众不同（图 4-8）。

（2）车身彩条贴膜的种类

目前车身彩条贴膜主要有两种类型。一种是没有可撕离表层的贴膜，由彩条层和背纸层组成，彩条层正面是彩条图案，背面是黏性贴面。另一种是有可撕离表层的贴膜，它由背纸层、彩条层及外保护层组成，彩条层正面也是彩色图案，背面是黏性贴面，保护层可以对彩条层进行防划防磨的保护，在彩条贴膜粘贴后，可整体撕开，如图 4-9 所示。

图 4-8 车身彩条车贴

图 4-9 带保护膜的彩条贴膜

4.2.2 彩条贴膜粘贴

（1）彩条粘贴条件

粘贴彩条贴膜只能在 16～27℃之间进行，温度过高，会导致贴膜变大，湿度迅速蒸发。温度过低会影响贴膜的柔性，从而影响附着效果。使用水和中性清洗剂将车身表面彻底清洗干净。为了使彩条正常贴上去，车身表面必须没有灰尘、蜡和其他脏物。必要时，还应进行抛光处理。

（2）彩条粘贴方法

① 直线形彩条粘贴　直线形彩条的粘贴较为容易，在粘贴时，按照以下步骤进行。

a. 测量所需的贴膜长度，将贴膜拉直，并剪下比所需长度长几厘米的胶带。

b. 保证车身表面干净，将贴膜的背纸撕去，并将前面几厘米粘到要粘的位置。

c. 抓住贴膜的松端，避免手指弄脏贴膜，防止皮肤上的油质影响贴膜附着性能。

d. 小心地拉紧贴膜，但注意不要拉长。如果在粘贴时，贴膜被拉长了，以后就会起皱。

e. 利用车身的轮廓线作对齐的参考线，仔细检查贴膜是否对齐。

f. 彩条对齐后，小心将贴膜剪下，贴到车身表面上。一个长条要一次完成粘贴，不能分段粘贴，以保证直线度。再次检查彩条的对齐情况，如果彩条不够直，小心将贴膜撕开，再试一次。用橡胶滚子或擦拭布压擦贴膜，贴膜末端可使用小刀切割，注意动作要轻，切勿划伤车身表面涂层。要想获得额外的保护层，可在贴膜的末端涂一些透明的清漆。

车身彩条贴膜粘贴过程如图4-10所示。

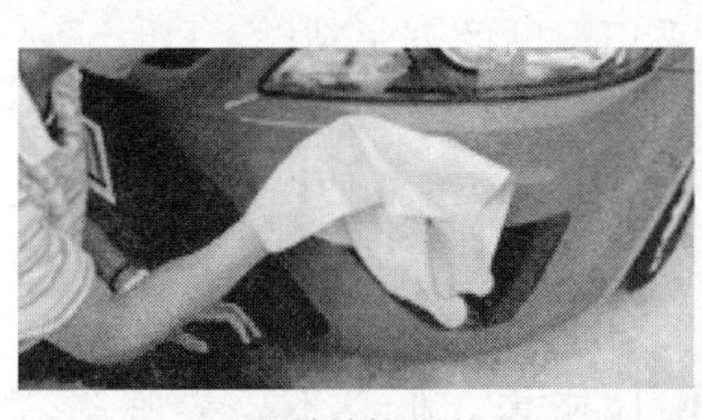

(a) 清洁粘贴处

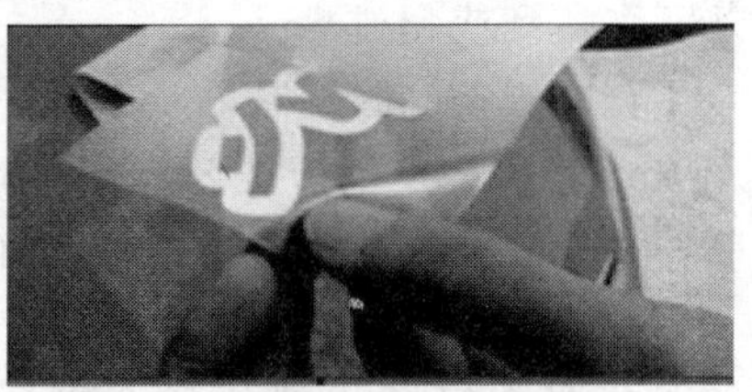

(b) 将贴膜从底层分离

(c) 保持贴膜平整

(d) 对准粘贴位置

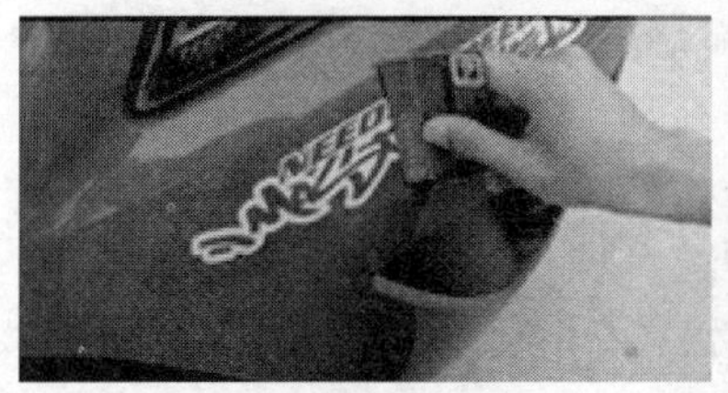

(e) 用卡片轻刮贴膜

(f) 撕下保护膜

图4-10 车身彩条贴膜粘贴过程

② 曲线形彩条粘贴　当粘贴复杂的曲线形彩条时，应使用底图或用划线笔绘制导向图帮助粘贴。

以没有可撕离表面的彩条贴膜为例，曲线形彩条粘贴的步骤如下。

a. 剪下足够用的贴膜，用右手绘出曲线的弧，在曲线成形后，用左手的食指把贴膜按压在车身上。

b. 不要撕去过多的背纸，为避免弄脏附着表面，手持贴膜处的背纸不要撕去，保持两手沿固定的曲线运动。

c. 曲线运动过程中可能会需要一些轻度的拉长，但尽可能避免出现拉长。如果第一次操作失败，小心地撕开贴膜再试一次。在不易操作的某些情况下，可两手交替进行粘贴。曲线形彩条粘好后将其压紧，以获得持久的附着性能。

③ 宽幅彩条粘贴　宽幅彩条一般为有可撕表层的贴膜，当彩条宽度达到或超过 76mm 时，最好采用湿贴的方法粘贴。

宽幅彩条贴膜的粘贴步骤如下。

a. 将 1 杯中性清洗剂与 4L 清水混合，该溶液使贴膜更容易控制，并使其在永久附着之前可以确定位置。

b. 将溶液倒入料桶或喷雾罐中，测量并剪下所需长度的贴膜，多加几厘米以防出错，将背纸慢慢地撕去，小心不要弄脏附着表面。

c. 用剩余的水和清洗剂溶液将贴膜的附着表面彻底弄湿，这将使附着力暂时发挥不出来。将溶液喷涂到车身上去，将贴膜定位在车身上。

d. 当贴膜附着表面和车身表面都是湿润的时候，整条贴膜都可以轻松地移动。

e. 一旦贴膜定位好之后，将其下的水挤出来，使其牢牢地贴在车身表面上，为避免贴膜起皱，挤压时不要太快，不要太用力，所用的压力足够将水和空气挤出来就可以了。

f. 将表层从贴膜的末端开始慢慢地撕开，一直撕到贴膜的另一端，中间不要撕断，再修整车门、翼子板边缘等不规则部位的贴膜。

宽幅彩条粘贴过程如图 4-11～图 4-13 所示。

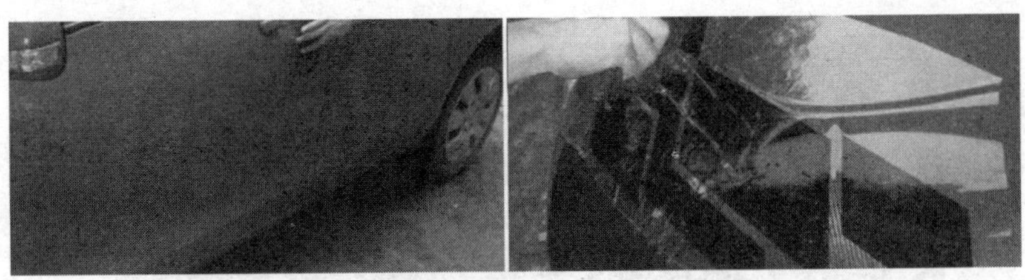

图 4-11　清洗车身，分离彩条，并在彩条带胶面喷上水

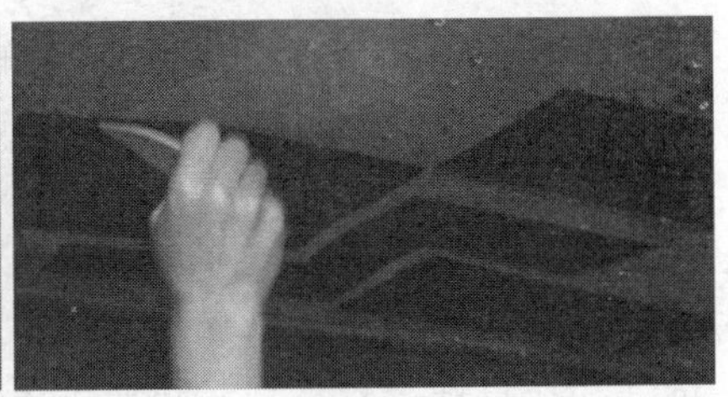

图 4-12　对准位置后，从贴膜一侧用刮板刮水

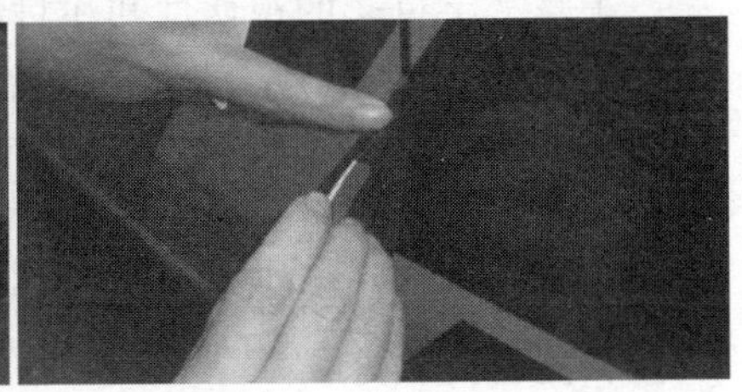

图 4-13　撕下保护膜，割开门缝等部位贴膜

(3) 客车车身彩条贴膜的设计

客车车身尾部通常有一些特殊设计，特别对“平、方、直”型的大客车和铰接式通道客车更是如此，不然就会显得单调，产生前重后轻的感觉。例如尾部的色带向上翘或向下落，涂覆面积也较大，以增强局部的结构感，但不应破坏车身结构的整体感。有的客车车身裙部色带比较深，以增强整车的稳实感，也较耐脏；有的车身裙部为浅色，给人以一种轻快、腾升之感。客车车身的色带通常都根据车型及一些具体环境、条件灵活掌握。客车车身通常采用 3～4 种颜色的彩条贴膜进行装饰，最多不宜超过 5 种。图 4-14 所示为客车车身彩条贴膜。

图 4-14 客车车身彩条贴膜

4.2.3 车身文字装饰

（1）车身文字色彩的设计

要正确处理车身底色与车身图案的关系，使文字具有良好的视认性和注目性。视认性是指便于识别的性质，注目性是指引起视觉注意的性质。

车身文字色彩的视认性和注目性与下列因素有关。

① 色彩的进退性　根据人们视觉距离的不同，色彩分为前进色和后退色。红、蓝两种颜色的物体与观察者保持等距离，但在观察者看来，似乎红色物体离观察者要近一些，蓝色物体要远一些。把红、黄等色称为前进色，把蓝、绿等色称为后退色。前进色的视认性和注目性较好。

② 色彩的缩胀性　根据人们视觉体积的不同，色彩分为收缩色和膨胀色。蓝色、深绿色为收缩色，看起来比实际要小；黄色、白色等为膨胀色，看起来比实际要大。膨胀色的视认性和注目性较好。

③ 色彩的明暗性　根据人们视觉亮度的不同，色彩可分为明色和暗色，红色、黄色为明色，明色的物体看起来觉得大一些、近一些；蓝色、绿色为暗色，暗色物体看起来小一些、远一些。明色的视认性和注目性较好。

④ 色彩的反差性　不同的色彩进行合理的搭配，形成反差，其视认性和注目性将大大改善。一般情况下，前进色应与后退色搭配，膨胀色应与收缩色搭配，明色应与暗色搭配。

（2）文字或图案纸质漏板的制作

先把文字或图案制成漏板，然后再进行涂装。漏板的制作方法如下。

① 选用坚韧的牛皮纸裁成使用的矩形或正方形，然后用油漆刷蘸清油或清漆（要调得稀一些）刷涂 1～2 遍。

② 待干后，把选好的图案或字样复印在纸面上，用一块平板玻璃垫在牛皮纸下面，然后用锋利的刻刀制作图案或字样。

③ 刻制纸漏板时一定要注意留好连筋，即在刻制时除了应该雕去的部分以外，其余留用的部分都应和整张纸相连接，否则就不好用。连筋的留法在一个漏板上一定要统一，要有规律可循，这样才不会影响美观。

④ 雕刻漏板时，手要握稳刻刀，平直的线条可用钢直尺靠刻，圆曲的线条可用曲线板靠刻，以保证刻制的漏板美观。

（3）涂装的方法

① 用喷涂法进行文字或图案涂装。

② 在底色面漆实干后，才能进行喷涂。

③ 喷涂时将漏板贴在需涂装的位置，然后喷上文字或图案即可。

4.3 车轮装饰

4.3.1 车轮总成

车轮总成主要由车轮和轮胎两部分组成。它承受着整个车身的重量，与地面的接触部分提供汽车行驶的直接动力和刹车力。

（1）车轮

车轮是介于轮胎和车轴之间承受负荷的旋转组件，主要由轮辋、轮辐和轮毂组成。车轮总成如图 4-15 所示。

轮辋用于安装轮胎，轮辐是介于车轴和轮辋之间的支承部分。按照轮辐的构造不同，车轮分为辐板式和辐条式两种。现代汽车的轮辐多种多样，与汽车造型融为一体，对整车起到了很好的装饰作用。采用少辐板的轮辐，也有利于制动器的散热。图 4-16 所示为几种轮辐结构。

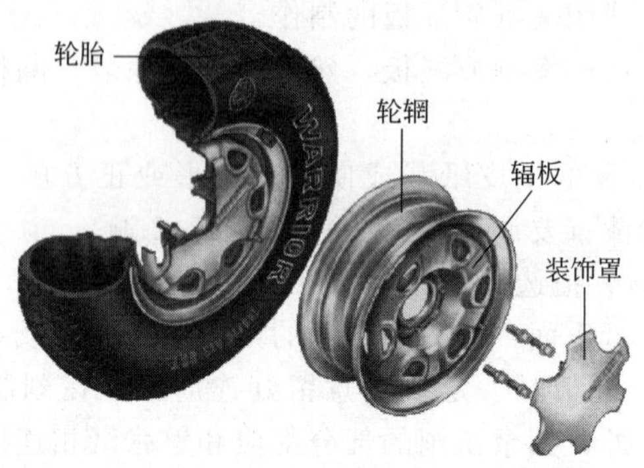

图 4-15 车轮总成

图 4-16 轮辐结构

（2）轮胎

汽车轮胎在汽车行驶时，具有承重、缓冲减振及产生驱动力、制动力、侧向力和保证汽车通过性等功能。现代汽车绝大多数采用无内胎子午线充气轮胎，其内部结构如图 4-17 所示。

轮胎与地面的接触面积直接影响到车辆行驶的性能。国际上流行的大轮辋低扁平率轮胎（俗称薄轮胎），目的就是增加轮胎接地面积，从而提高车辆行驶的操控性能，如图 4-18 所示。

扁平率是指轮胎横断面高度和横断面宽度的比值，扁平率越大，轮胎越厚，扁平率越小，轮胎越薄。使用低扁平率的轮胎就是

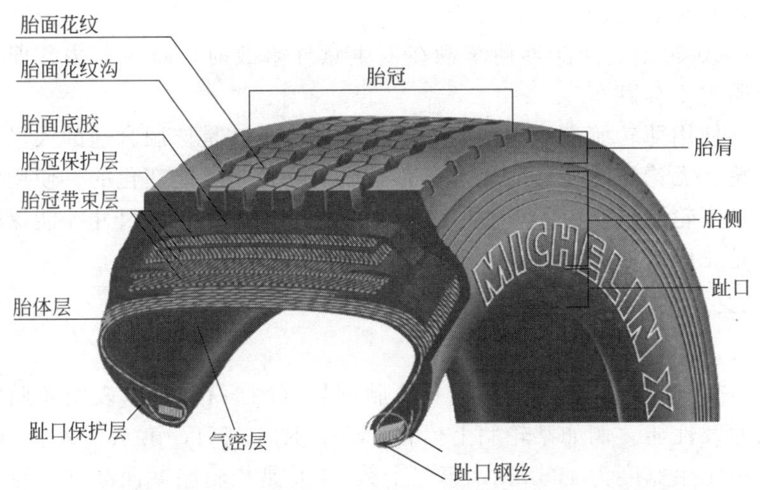

图 4-17　无内胎子午线充气轮胎

图 4-18　低扁平率轮胎

使用厚度更薄、宽度更大的轮胎。使用薄轮胎的优点主要有以下几点。

① 使用低扁平率轮胎，增大了轮胎接地面积，大大提高了车轮的载重量。

② 由于车轮的接地面积增大，提高了车轮的抓地性能，车辆行驶时会更加平稳，操作更加轻松。同时，地面对车轮的摩擦力也相应增加，各种操作更加可靠，如在高速转弯时能使车辆轻松自

如，刹车时更加有力、安全。

③ 轮胎变薄能够使车辆在发生意外事故时，减少损失，即使爆胎也不会翻车。

使用薄轮胎有这么多的好处，但先决条件是选用合适的大尺寸车轮。无论车轮如何变化，车轮总成的外径是不能变化的。使用低扁平率轮胎后，由于轮胎厚度变小，必须加大车轮的尺寸才能保证车轮总成外径不变。

4.3.2 轮胎型号及选用

（1）轮胎型号

轿车使用的轮胎上都标有轮胎型号（图 4-19），以表明轮胎的尺寸及性能。例如某轮胎上标有 165/70R14-80H，第 1 个数字 165 是指轮胎宽度为 165mm；第二个数字 70 是指轮胎截面高度与轮胎宽度的比值为 70%，即轮胎宽度为 165mm 时，轮胎截面高度为 165mm×70%＝115.5mm；R14 代表轮辋的直径为 14in（1in＝25.4mm）；80 表示轮胎的负荷指数，指数越大表示载重量最高；H 表示轮胎的速度级别，基本上按照英文字母的顺序排列，越往后表示适用的速度越高（字母 H 除外）。

图 4-19 轮胎型号

（2）轮胎选用

在了解轮胎基本标示规格后，更换轮胎时，可以按照原型号进行更换，如要改装薄轮胎提高汽车性能，需按照一定的原则来进行升级改装，换轮胎时一般以轮胎的直径差不超过 20mm 为限，在允许的范围内才可更换大尺寸轮胎。计算方法为车轮直径＝轮胎截面高度×2＋轮胎直径。185/65R14 这组车轮直径为 596.1mm，在胎高限制下可换用直径为 609.1mm 的 195/65R14 轮胎，若要与轮辋一并加大，则可使用直径为 615mm 的 195/60R15 轮胎，因为这两组车轮的直径在互换后差距都在 20mm 的允许范围内。

4.3.3 车轮装饰

（1）车轮的选装

对于车主而言，若想提升车辆的性能，在着手对车轮总成进行装饰时，所要关注的不应仅仅是轮胎，车轮的装饰也扮演着相当重要的角色。好的车轮不但应该重量轻、强度高，还应该能够利用空气动力学原理，将气流导入制动器散热。所以，选择车轮也大有讲究。

汽车车轮按材料不同分为钢制、铝合金和镁合金等，其中钢轮和铝合金车轮的使用较为广泛。

一般低档轿车使用钢轮，并在其外面罩上一个轮毂罩，如图 4-20 所示。使用轮毂罩会严重地影响刹车鼓或刹车盘的散热，使刹车效果受到影响。轮胎摩擦所产生的热量不能及时地通过车轮散发，使轮胎温度随着行车速度上升，甚至造成爆胎。即使在正常行驶时，车轮散热不好而导致的轮胎温度升高也加大了轮胎与地面的摩擦因数，使汽车加大了油耗。

图 4-20　钢轮及轮毂罩

铝合金车轮是目前应用较广的一种形式，配备不同的轮辐形式，彰显出车辆不同的特性，如图 4-21 所示。

图 4-21 铝合金车轮

铝合金车轮具有以下特点。

① 美观、精致，与众不同，可根据车辆特性，制成多种样式，体现不同品味。

② 舒适性强。由于铝合金车轮重量轻，相对应的车身重量也较轻，行经坑凹路面所造成的振动传递至悬挂系统及车身较少。

③ 抗振性较好。装有铝合金车轮的轿车可选用低压宽轮胎，对减小行驶中的振动起到了很大作用。

④ 省油。平均每个铝合金车轮比钢轮轻 2kg 左右，一辆车以 5 个铝合金车轮计算，可减轻 10kg，可使轿车每 1000km 节油 5～12L。

⑤ 能延长轮胎及制动片的寿命。汽车在行驶时，轮胎产生较高的温度，汽车在制动时，制动盘和制动片摩擦也要产生较高的温度，在高温下轮胎和制动片均会老化和快速磨损。铝合金的热导率比钢大 3 倍，极易将轮胎、制动片产生的热量快速散去，从而提高了这两种易损件的寿命。

⑥ 安全性高。轮胎的热若不能及时散去，可使气压升高而导致爆胎，制动盘过热可能导致制动效率降低以致失灵，使用铝合金车轮可以提高汽车的安全性，优良的铝合金车轮是利用空气动力学的原理，将空气导入制动盘进行散热。

（2）选购铝合金车轮应注意的事项

一般而言，选择铝合金车轮主要从以下几个方面来考虑。

① 质量安全性能。选购时，要认准品牌。

② 亮面轮毂。主要看其是否有针孔，有针孔则表明产品铸造

质量有问题，再观察有没有裂纹，用手指触摸背面是否有扎刺感，车轮的非加工面是否圆滑，也是判断车轮质量的一个标志。

③ 漆面亮度对比。质量好的铝合金车轮漆面光泽是生动的，而质量较差的则让人感到暗淡无光。在沿海或潮湿、冰雪地区，应选择不易腐蚀的全涂铝合金车轮。

另外，还需注意制造铝合金车轮的材料是否使用的是回收铝料，最简易的方法是比较其重量，重量较轻、表面粗糙不平滑的极有可能使用的是回收铝料。总之，选购铝合金车轮的原则是安全第一，外观第二。

(3) 车轮轮辋保护圈

轮辋保护圈保护汽车轮辋，保护轮胎不漏气，采用超高分子尼龙，加入耐磨材料，通过300℃以上高温高压挤注成形，再经过100℃恒温24h干燥而成，如图4-22所示。

图4-22　轮辋保护圈

车轮轮辋保护圈质地坚韧、耐磨、耐油、耐水、抗霉菌，拉伸弹性强，抗冲击强度高。能够很好地保护汽车轮辋，美观时尚，是目前较为实用的车轮装饰。

在选择轮辋保护圈时，需要注意以下几点。

① 安全扣的形式。高质量的保护圈的安全扣一次成形，而质量差的则无安全扣设计，或安全扣设计为粘贴式，无法满足高温、高速、高压的行车要求。

② 材料。质量好的材料为超高分子尼龙纤维，表面呈现亚光，质感细腻，颜色鲜艳。质量较差的为普通塑料，表面呈现亮光，质感粗糙，颜色偏暗。

③ 较好的保护圈具有坚韧、耐磨、耐油、耐水、抗霉菌，拉

伸弹性强，抗冲击强度高的特点。采用一般塑料制作的次品质地较软，不耐磨，在低温环境下脆性较大，容易老化折断。

（4）汽车车轮装饰注意事项

汽车车轮装饰需注意以下两点。

① 装饰应量“车”而定。在车轮的应用方面，大部分车主装饰车轮是为了车辆升级之用。因此，在选装时必须注意组件规格的吻合度。如固定螺钉的数目与原车的螺钉数目是否相同，车轮直径与轮胎直径是否合适，车轮宽度与轮胎宽度是否相称等。

装配时不但要考虑车轮的宽度大小，还要注意不能让轮胎蹭到轮拱。车轮的宽度大小和轮胎的扁平比有密切的关系。虽说车轮越宽，轮胎胎面越宽，抓地性会越好，但由于胎壁变薄、变窄，抗冲击性也相对减弱。

② 选得好还要装得好。在安装车轮时，为安全起见，车轮与车轴接触面必须仔细检查，确保没有异常的凸出物，要使用适合车轮的螺母。

4.4 车身漆面装饰

4.4.1 新车漆面开蜡

（1）新车开蜡的必要性

汽车生产厂家为了防止新车在储存和运输（尤其是海运）过程中，漆膜受到外界酸碱侵蚀及刮蹭，在出厂前对汽车漆膜喷涂一层专用防护蜡，称为封蜡，它能对车表面起到长达一年的保护作用。这层保护蜡厂家做得比较厚，并且十分坚硬。当新车交付给车主后必须尽快去除，其原因主要有以下几点。

① 新车封蜡不同于上光，该蜡没有任何光泽，透气性差，严重影响汽车美观。

② 汽车在使用中，封蜡易黏附灰尘，且不易清洗。

③ 封蜡在紫外线、大气酸性物质的长期作用下会变成有害物质，腐蚀车体。

由于封蜡的蜡层厚且干硬，一般方法不易去除。为此，车主购买汽车后应到专业的汽车美容店除去此蜡，除蜡的过程被称为新车开蜡。

（2）保护性封蜡的类型与特点

封蜡主要含有复合性石蜡、硅蜡、PTFE 树脂等材料，因此不同类型的封蜡在开蜡时应选用不同的开蜡用品。目前常见的封蜡主要有油脂型保护蜡、硅蜡型保护蜡、树脂型保护蜡三种。

① 油脂型保护蜡　蜡膜呈半透明状态，可提供蜡壳极硬的保护层，多用于长途海运的进出口汽车。即使海水飞溅于涂有封蜡的车体表面，也不能对其造成任何伤害，并可防止大型双层托运车在运输途中遇到树枝或其他人为因素所造成的轻微损伤。保证新车在出厂后一年内不受其他有害物质的侵蚀。

② 硅蜡型保护蜡　蜡膜呈透明状态，新车出厂时为汽车提供短期的保护层，能有效防止紫外线、酸碱气体、树汁、鸟粪、树枝抽打等一般的侵害。对于海水或运输新车过程中所造成的刮蹭现象却不能起到很好的保护作用。因此，这种新车保护蜡已在 20 世纪 70 年代被各大汽车制造商淘汰。

③ 树脂型保护蜡　蜡膜呈半透明状态，主要用于短途运输的汽车，可以为车身提供一年以上良好的硬质保护层。这层保护膜在厚度上大约是油脂型保护蜡的 1/3，能防止运输新车过程中人为轻微刮蹭所造成的划痕现象，但无法抵御海水的侵蚀，因此这种树脂型保护蜡不大适合在海洋运输中为汽车提供防止侵蚀的保护层。

（3）新车开蜡用品

新车开蜡用品通常称为开蜡水或开蜡洗车液，如图 4-23 所示，属于柔和性溶剂，对于各种蜡层都具有极佳的乳化分解能力，能快速清除新车的蜡层和在汽车封釉镀膜作业等漆面装饰中去除车体漆面的旧蜡层，且完全不损伤漆面，便于后续的抛光或上光。目前市场上新车开蜡的用品主要有油脂开蜡水、树脂开蜡水、强力开蜡水等种类，使用时应根据新车封蜡的不同类型选用对应的开蜡水。

新车开蜡时应注意不能用棉纱蘸汽油、煤油开蜡，此方法虽然能除掉封蜡，但汽车漆面也同时受到伤害。

（4）开蜡使用的工具与设备

除了车表清洗中的高压清洗机、泡沫机、香波清洗剂、专用洗车海绵、纯棉毛巾外，另外还要用到喷壶、防护眼镜、橡胶手套、

图 4-23　开蜡水

塑料异形刮板，它们的作用如下。

① 喷壶　用于盛装开蜡水，作业时通过喷壶将开蜡水喷涂于车表。

② 防护眼镜　可防止施工时药剂飞溅到眼睛里。如有类似情况发生，应立即用清水冲洗，情况严重者应立即就医。

③ 橡胶手套　因多数开蜡水均属轻质型煤油类产品，渗透分解性极强，对皮肤有害，所以应使用橡胶手套采取保护措施。

④ 塑料异形刮板　刮片质地较软，具有一定韧性，加之垫有纯棉毛巾，因而操作时不会对漆面造成任何损伤。可用此刮板清理手指触及不到的地方，如板块连接处、车标等。

（5）新车开蜡方法

① 用清水将车身彻底清洗一遍，各个部位都要冲洗到。然后喷上一层洗车液，彻底将车身上的灰尘和沙粒去掉。

② 用海绵将车身彻底擦拭一遍，全部擦好后用水冲洗干净。

③ 在洗车海绵上挤上适量的开蜡水，均匀地擦拭在车身的各个部位，用力轻柔均匀。

④ 全部擦好后保持 5min 左右，让开蜡水完全溶于车蜡层。

⑤ 再喷上一层洗车液，均匀地将车身表面擦拭一遍，去除车身上的油脂。全部擦好后用清水彻底清洗一遍，用刮水器将车身上的水刮净，刮好后用毛巾擦干，这样新车开蜡即完成。

新车开蜡方法如图 4-24 所示。

(a) 清洗车身

(b) 摇匀开蜡水

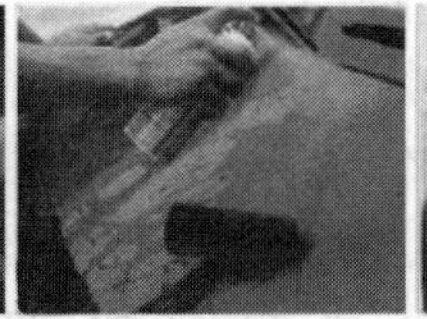
(c) 喷涂开蜡水

(d) 清洗车身

图 4-24　新车开蜡方法

4.4.2　漆面打蜡

汽车漆面打蜡是在车漆表面涂上一层蜡质保护层，并将车蜡抛出光泽的护理作业。它是汽车美容中最为基本的护理性装饰。其目的在于增强漆面的防水、防紫外线、防划伤能力等，保持车身漆面永久光亮感、深度感和立体感。要达到以上目的必须把握好打蜡时机，做到正确选用车蜡，合理运用操作工艺并注意相关事项。

（1）车蜡的正确选用

正确地选择车蜡是打蜡美容成败的关键。目前市场上车蜡种类繁多，有固体和液体之分，又有高、中、低档之别，还有国产和进口之分，既有去污用的，也有补色用的。由于各种车蜡的性能不同，其产生的作用和效果也不一样，所以在选择时必须慎重，选择不当不仅不能保护车体，反而会对车身表面产生不良影响，严重的还会令车漆褪色或变色。因此要求美容者根据汽车漆面的实际情况加以正确选择，总结起来为六原则、六注意。

① 选蜡六原则

a. 根据车辆漆面质量选用车蜡。中高档轿车的漆面质量较好，应选用高档车蜡；普通车辆选用一般车蜡即可。

b. 根据漆面的新旧选用车蜡。新车或新喷过漆的车辆，应选用上光蜡，以保持车身漆面的光泽和颜色；对于旧车，可选用研磨抛光蜡进行抛光处理后，再用上光蜡上光。

c. 根据季节不同选用车蜡。夏季一般光照较强，应选用防高温、防紫外线能力强的车蜡。

d. 根据车辆的运行环境选用车蜡。如沿海地区应用防盐雾功能较强的车蜡；化学工业区应选用防酸雨功能较强的车蜡；多雨地区应选用防水性能优良的车蜡；光照好的地区应选用防紫外线、抗高温性能好的车蜡；行驶环境较差宜选用保护作用突出的树脂车蜡，如车辆经常在泥泞、砾石、多尘等恶劣路面及沙尘暴易发地区环境下行驶，应选用保护功能较强的硅酮树脂蜡。

e. 根据操作条件选择。如果有时间想多花一些工夫打出光泽，则可以选用固体蜡；如果想省时省力，则可选用喷雾式蜡；如果觉得固体蜡使用不方便，又不满意喷雾式蜡的光泽不佳，则可选用半固体蜡或液态蜡。

f. 根据车身颜色选择。白色、黄色和银色等颜色的车身应选择浅色系列的车蜡；红色、黑色和深蓝等颜色的车身应选择深色系列的车蜡，起到相得益彰的作用，并能掩盖车身表面细小划痕，使车身显得更加光滑、漂亮。

② 选蜡六注意

a. 注意区分漆面。风干漆与烤漆，即 1K 漆与 2K 漆都可进行抛光处理，但各自所用的抛光蜡不一样，用错会造成漆膜变软、裂口及变色。

b. 注意分清机蜡和手蜡。机蜡配合专用抛光机使用，手蜡直接用手涂擦抛光。机蜡用手抛费工费时且效果不佳，但边角处理得较好，机抛手蜡则浪费严重。

c. 注意素色漆与金属漆的抛光蜡应区分使用。金属漆所专用的抛光蜡不但可增加漆面光泽，而且能使金属的闪光效果更佳，更富立体感。

d. 注意漆膜保护增光蜡与镜面处理蜡要分清楚。保护增光蜡含有多种成分，可在漆面上形成一层保护膜，抵御外界紫外线、酸雨、静电粉尘、水渍等的侵害。镜面处理蜡是对漆面进行增光处理的专用蜡，其保护作用不如保护增光蜡。

e. 注意含硅产品与不含硅产品在使用范围上应分清。含硅产品在保养时尽量避免使用，因为漆膜一旦粘有硅质，漆面修补就很难处理。

f. 注意沙蜡。一般的沙蜡对漆面有很强的研磨作用，处理不好极易将漆膜磨穿而造成不必要的损失。因此在一般性美容中，尽量不采用沙蜡。

（2）车身打蜡的时机

由于车辆行驶的环境（如沿海地区）和停放的场地（如露天停放）不同以及气候的（高温或严寒）影响，所用打蜡产品的质量不同，打蜡的时间间隔也有所不同，应掌握好打蜡的频率。一般以 1 个月 1 次或 2 个月 3 次为宜，最好不要超过 2 个月 1 次，用手触摸车身感觉不光滑时，就需进行打蜡了。

（3）漆面打蜡的方法

① 首先按照正确的洗车程序洗净车身。

② 待车身上的水迹完全干后，在打蜡专用的海绵上倒上一条蜡。

③ 打蜡的方法主要有直线打蜡和转圈打蜡两种。但无论选用哪种方法，都需用海绵将蜡擦在车身有漆表面并均匀涂抹。

④ 应尽量避免将蜡涂到没有漆膜的部分上（如车身上一些塑料部件），万一涂到应马上用干净毛巾擦干净。

⑤ 上蜡 5～10min 后（一般快速蜡需等待 5min，钻石蜡需等待 10min），确认蜡已干燥（发白）后开始抛光。需要注意的是，抛光要在上蜡完成后规定时间内进行，抛光过程也是直线往复运动。未抛光的车辆绝不允许上路行驶，否则再进行抛光，易造成漆面划伤。

漆面打蜡方法如图 4-25 所示。

(a) 清洗车身

(b) 涂蜡

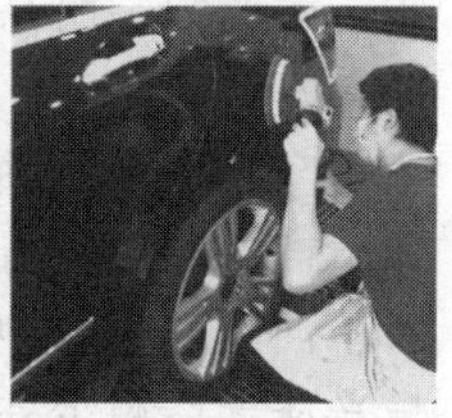

(c) 抛光

图 4-25 漆面打蜡方法

抛光有手工抛光与机械抛光之分。手工抛光是由操作人员用纯棉毛巾以一定的力度按原上蜡的顺序进行直线往复运动抛光，通过挤压形成蜡膜，并清除剩余的残蜡。用抛光机进行机械抛光时，需待车蜡完全干燥，套上抛光盘，平放在车身上，进行横向或纵向覆盖式抛光，直到出现镜面效果。

抛光结束后，要仔细检查，清除厂牌、标识内空隙及钥匙孔周围、边缘或转角部分、铁板与铁板之间、橡胶制品的边条缝、车牌、车灯、门边等处残存车蜡，防止产生腐蚀。

(4) 漆面打蜡注意事项

① 打蜡环境需干净，最好在车间内进行。

② 应在阴凉处工作，最好不要在烈日下。

③ 上蜡时不可将车蜡倒在车身上，或乱涂乱刮。机舱盖温度高的情况下不要打蜡。

④ 上蜡应从上到下进行。

⑤ 上蜡时若海绵块上有颜色，说明漆膜损伤，应停止打蜡。

⑥ 上蜡后规定时间内必须进行抛光处理，并按原上蜡顺序往复运动进行抛光。切忌未抛光的车辆上路行驶，否则车蜡附着尘土等杂质，再抛光时，不易抛且会造成漆面划伤。

⑦ 上蜡结束后，应仔细清除残蜡，防止产生腐蚀。

⑧ 要掌握好打蜡的频率，由于汽车行驶、停放环境及打蜡时所用的蜡的质量等因素不同，打蜡间隔时间也不同。一般可用手摸车身漆面，若无光滑感，就应进行再次打蜡。

4.4.3 漆面封釉

釉是一种从石油副产品中提炼出来的抗氧化剂。釉的特点是防酸、耐腐蚀、耐高温、耐磨、耐水洗、渗透力强、附着力强、光泽度高等。

车身漆面封釉就是通过专用的封釉振抛机将高分子釉高速振动和摩擦，利用釉特有的渗透性和黏附性把釉分子强力渗透到汽车表面、油漆的缝隙中去，形成一层牢固的网状保护膜，提高漆面硬度与光泽度，减少外界环境的侵蚀，从而达到保护车漆的目的。

(1) 封釉的功用

汽车在道路上行驶，很容易黏附灰尘、沙土等。经封釉装饰后，车身漆面具有不易黏附污垢的特性，使漆面即使在恶劣、重污染的环境中也能长久保持洁净，而且还可以有效地抵御温度对车漆造成的影响，漆面的硬度也得到大幅提高，具有防酸、防碱、防褪色、抗氧化、防静电、高保真等功能。新车封釉可以留住车漆的艳丽，使光彩永驻，旧车封釉，可使氧化褪色的车漆还原增艳，颇有翻新的效果。

（2）封釉的特点

汽车打蜡和封釉护理，两者同为汽车漆面装饰、保护汽车漆面光泽的护理手段。在功能上，两者有相同的地方，但和汽车打蜡比较，汽车封釉有着自己明显的优势。

① 釉剂不溶于水。由子汽车打蜡时所使用的蜡都是溶于水的，因此如果汽车刚刚打完蜡后碰上阴雨天气，打上的蜡就会被雨水所溶解，起不到保护漆面和美化的作用。同时由于蜡可溶于水，打完蜡后给洗车也造成了诸多不便。而釉剂使用后会在汽车漆面渗透，并形成带固化剂的液体玻璃，而且层层积累，不溶于水。因此，汽车封釉后不用担心被水溶解的现象发生，可以长期保护汽车漆面。

② 不损坏原有漆面。和打蜡相比，封釉的第二个优点就是不会损害汽车漆面，由于传统的汽车打蜡都要先洗车后打蜡，频繁地洗车自然会对汽车漆面造成危害，久而久之就会使漆层变薄。釉剂则是采用一种类似纳米的技术，使流动的釉剂在汽车漆面表层附着并以透明状硬化，相当于给汽车漆面穿上一层透明坚硬的“保护衣”，因此可以起到保护汽车漆面的作用。

③ 保护时间长。汽车封釉之后，可以保护 1 年左右，同时避免了经常洗车的烦恼，汽车表面的灰尘可以轻松擦去。

④ 独有的漆面保护性和还原性。釉剂具有独有的漆面保护性和还原性，起到从根部护理，有效去除污垢，渗透填塞漆孔的作用。

（3）漆面封釉方法及步骤

漆面封釉施工所需的设备和工具主要有封釉振抛机、纸胶带、红外线烤灯等。封釉振抛机是封釉的专用电动或气动工具，它通过振抛机的高频振动与快速转动，与漆面摩擦产生热量，使漆面局部产生一定程度的扩张，于是釉剂通过振动均匀地挤压渗透到漆面中，再配合红外线灯的照射，使之形成如同网状的牢固保护膜。

封釉振抛机的使用与抛光机相似。封釉振抛机一般采用吸盘式封釉波纹海绵轮与封釉振抛机的托盘相连，封釉效果较佳。

封釉装饰的工序相对复杂，作业时间一般为 3h 左右。新车由于漆面干净、无损伤，可以在清洁后直接封釉，而旧车漆面有一定程度的损伤，且脏污比较严重，作业过程比较长。

封釉的一般工序为清洁→黏土去污→抛光→增艳→清洁→上釉→镜面处理。

① 清洁　在一般清洗流程基础上加去静电清洁，若仍有残蜡需用开蜡水进行去蜡清洗，若有沥青等顽固污渍则按特种清洗方法进行清洗。

② 黏土去污　由于长期积存的尘土、胶质、飞漆等脏污很难靠清洗来完全去除，因此经过清洗的车漆表面仍然是毛毛糙糙的，这就需要用黏土进行全面的去污处理。

黏土去污后必须再次进行清洗，清洗后，要把车身上所有与漆面相邻的金属件、橡胶件等无需封釉的地方用胶带及遮盖纸将其遮盖起来，以防釉粘在上面不好去除。

③ 抛光　封釉前的抛光处理是为了去除漆面氧化层，将釉封在车漆的表面。车漆的微小孔隙中有许多脏污，直接影响釉的附着性。使用柔软的兔毛轮，配以静电抛光剂进行漆面研磨，用以除去汽车漆面附着的杂物和氧化的层面，使细微的伤痕拉平填满。在低速抛光时，通过静电吸附作用将脏污从孔隙中吸出，彻底清洗漆面。

④ 增艳　将抛光机装上波纹海绵盘，配合使用特种增艳还原剂进行高速抛光。操作时，对抛光机略施压力，用4500r/min的抛光机研磨，匀速地对漆面的缺陷进行处理，以取得光亮的镜面效果。

⑤ 清洁　增艳处理后，为了使上釉的效果更好，需要再次彻底清洁漆面，清除增艳还原剂，保证漆面干净、干燥。

⑥ 上釉　这是汽车封釉装饰的关键步骤。在专用振抛机的挤压下，晶亮釉被深深压入车漆的孔隙中，形成牢固的网状保护层，附着在车漆表面。保护剂中富含UV紫外线防护剂，可以大大降低日晒辐射，并可抵御酸碱等化学成分的侵蚀，上釉方法如图4-26所示。

a. 将釉倒在振抛机海绵上。

b. 来回振抛。

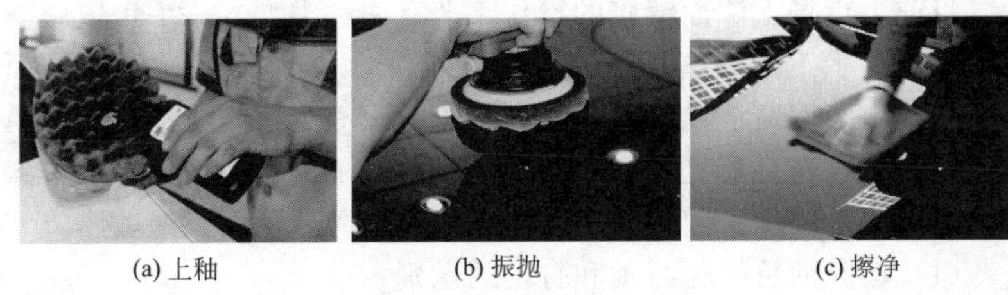

(a) 上釉　　(b) 振抛　　(c) 擦净

图 4-26　漆面上釉

c. 用毛巾擦拭干净。

⑦ 无尘打磨　也称镜面处理。操作时用无尘纸打磨一遍车身，使车漆如镜面般光亮。封釉后车身上的细小划痕都会被遮盖住。把胶带、遮盖纸等撕掉，并用麂皮或专业无尘纸将被粘贴表面处理干净。

（4）漆面封釉注意事项

① 需在无尘室内进行封釉处理。

② 必须将漆面附着物抛光掉，避免氧化层在漆面和釉面之间形成隔离，影响封釉效果。

③ 封釉后 8h 内切记不要用水冲洗汽车，因为在这段时间内，釉层还未完全凝结将继续渗透到漆面内，若此时冲洗将会冲掉未凝结的釉。

④ 做完封釉装饰后尽量避免洗车，因为封釉后可防静电，因此一般灰尘用干净柔软的布条擦去即可。

⑤ 进行了封釉装饰后不要再打蜡，因为蜡层可能会黏附在釉层表面，再追加上釉时会因蜡层的隔离而影响封釉效果。

⑥ 由于釉不同，再加上路况和环境的影响，一般 2 个月到半年封 1 次釉效果最好。

4.4.4 漆面镀膜

漆面镀膜是指在漆膜表面涂镀硬度高、弹性强、抗氧化的保护膜。这种保护膜所用材料不含任何石油成分，不含研磨材料，而是由金属原子、氟素高分子体、透明纤维分子采用特殊工艺精制而成的，具有防护力强、光洁明亮、清洗方便、无副作用、效果持久等特点，较好地克服了以往漆膜保护产品容易氧化的不足。

目前，市场上漆面镀膜的操作工艺有两种类型——手工镀膜与电喷镀膜。手工镀膜工艺类似于封釉施工工艺，只是材料不同而已，主要由漆面清洁、研磨抛光、手工镀膜等工序构成。电喷镀膜是通过喷枪，将色彩还原魔幻蜡细化至 0.01mm 粒度喷涂于车漆表面上形成一层保护膜，然后再用无纺布抛光，从而完成镀膜。

（1）镀膜的特性与封釉和打蜡的区别

镀膜是在总结了打蜡及封釉的优点及不足后，以新的环保原料和新的车漆养护理念制造的车漆养护换代产品。经过镜面镀膜技术处理后，汽车外表面的镜面亮度明显提高，保护膜本身的硬度可为普通车漆的 4～5 倍，其持久性是打蜡的 100 倍，为封釉的 12 倍，而且至少在 1 年内，洗车维护不需要任何清洁剂，仅用清水冲洗就能去除污垢。

镀膜与封釉和打蜡的区别如下。

① 原料选用不同　釉与蜡都是从石油中提炼，加上一些辅助原料制成的。受原料所限，容易氧化，不持久的问题无法解决。新的保护膜采用植物及硅等环保又稳定的原料提炼合成，避免了在车漆表面造成“连带氧化”的问题，并可长期保持效果。

② 养护理念不同　封釉与打蜡的养护理念是将釉或蜡加压封入车漆的空隙中，与车漆结合到一起。优点是与车漆融为一体，增亮效果明显。不过因为它们本身的易氧化性，所以会连带周围的漆面共同氧化（漆面发污、失去光泽）。为避免这个缺陷，保护膜采取了两个措施。

a. 采用不易氧化原料及稳定的合成方式（氟碳树脂）。

b. 变结合为覆盖。以透明的膜的形式附着在漆面，避免漆面受外界损伤，同时也避免了保护剂本身对车漆的影响，长期保持车漆的原厂色泽。而且由于膜本身结构的紧密，很难破坏，使它可以大幅度降低外力对漆面的损伤。

③ 操作工艺不同　原料及理念的差异必然造成工艺上的区别。釉和蜡因为要与漆面充分结合，所以附着方式要用高转速的研磨机将其加压封入漆面，但这种压力同时作用在漆面上会造成漆面损伤。镀膜采用了温和的涂抹及擦拭的附着方式，靠膜本身的分子结合力附着在漆面上，避免损伤车漆。

以上不同还造成了它们对车身划痕的处理上有所区别。为了便于釉的附着，封釉作业对划痕以研磨为主，即用高转速研磨机把划痕磨平。镀膜作业采用填充为主，即以手工配合海绵轮，将透明的填充剂填入划痕中，抹平即可。因而，在处理划痕时，后者大大降低了对漆面的损耗。

（2）漆面镀膜用品

镀膜产品主要由玻璃纤维素、经特殊改性的含硅/氟聚合物等物质中的一种或几种组成，通过涂覆在油漆表面，将车漆与外界完全隔离。镀膜的厚度一般为10μm以下，镀膜的聚合物物质是稳定的，但高分子聚合物在空气中会老化，其长效性还需要接受时间考验。目前，市场上常见的优良镀膜产品也不少，如龟牌水晶盾镀膜，其拥有特殊的低分子含氟聚合物THV专利配方，可以显著提高漆面的光泽度，改善漆面的持久抗老化性能。图4-27所示为几种镀膜产品。

图4-27　镀膜产品

（3）漆面镀膜方法

① 首先用一块毛巾将雨刷盖住，避免在施工过程中抛光蜡和镀膜剂淋上，不易清洗。

② 在车身表面挤上适量的抛光剂。

③ 用抛光机轻轻地将表面涂抹均匀。涂抹均匀后，再增加抛光机的转速进行抛光，抛光机的转速应保持在1800r/min左右。注意，抛光时应按一定的顺序进行，用力均匀，不可无序抛光。

④ 车身漆面出现光亮度时，可以发现车身表面已经只剩下一少部分的抛光蜡，继续操作，抛到漆面光亮、抛光蜡基本没有为止。然后用毛巾擦掉残余的抛光蜡。

⑤ 拿掉雨刷上的毛巾，这样镀膜的前期漆面处理就完成了。将镀膜产品挤在镀膜振抛机上。

⑥ 先大致将车身表面涂抹均匀，然后进行振抛镀膜。反复振动，使镀膜产品经过加热挤压进入漆孔，形成牢固的保护层。

⑦ 全部镀好后停留半小时，使镀膜产品完全镀入车漆内，形成保护膜。然后用干净、柔软的毛巾擦拭干净，使车身表面光亮，这样车漆镀膜就完成了。要注意的是，在镀膜完成后24h内不能让车身沾到水滴，否则会影响镀膜的效果。漆面镀膜过程如图4-28所示。

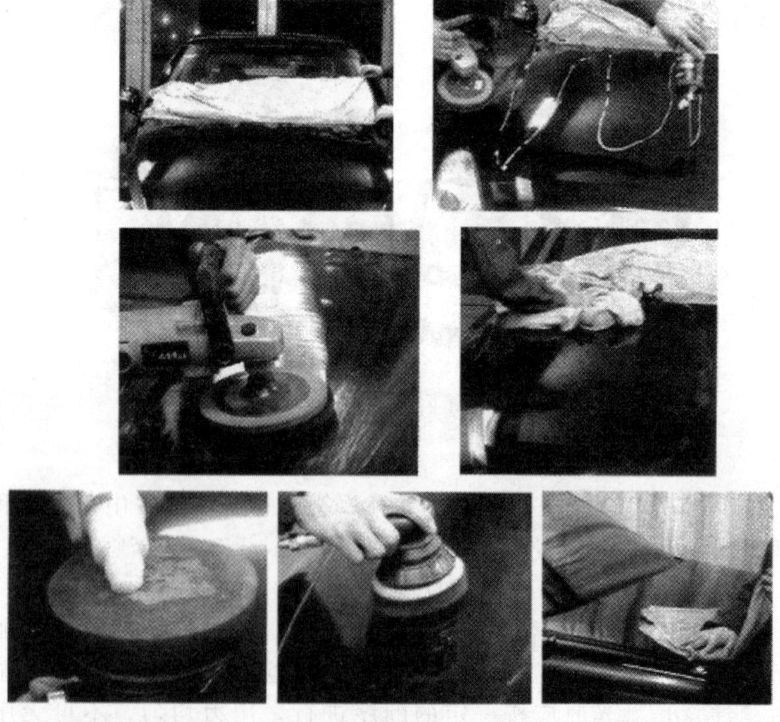

图4-28 漆面镀膜过程

4.5 车身大包围

大包围即为汽车车身外部扰流器，源自赛车运动。主要作用是减少汽车行驶时所产生的逆向气流，同时增加汽车的下压力，使汽车高速行驶时更加平稳。而引用到普通车辆上的大包围不再那么看重功能性，更强调的是外形的美观协调和个性化。在越来越追求个性的今天，外观上变化繁多、安装方便又最容易被看见的汽车改装件——大包围渐渐成为车主们首选的产品。

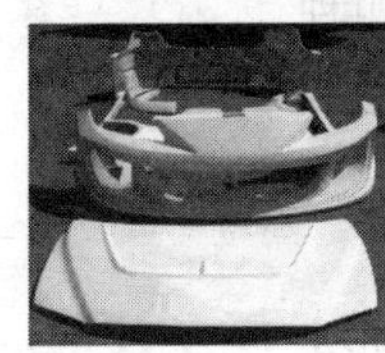

图 4-29 大包围主要部件

大包围具体加装的部件主要有前头唇、后尾唇、裙脚、高位扰流板等。前头唇和后尾唇应分别加装在前、后保险杠上，起到阻挡气流、稳定车身的作用；裙脚是在车身左右两侧底部加装的导流板，可降低风阻系数；高位扰流板，也称尾翼，在高速时能增大车轮的附着力。大包围主要部件如图 4-29 所示。

4.5.1 大包围的种类和材料

（1）大包围的种类

大包围的安装款式主要有以下两类。

① 唇款　此类产品不需要改动原车，是在原来的保险杠上加装半截下唇，如图 4-30 所示。此款大包围安装技术要求不高，两名熟练工人半小时即可装好一辆车。由于采用的是胶加扣件的安装方式，若想再次拆下大包围也很容易。

② 保险杠款　此类产品是将原来的前、后保险杠整个拆下，然后再装上另一款保险杠。此类大包围可以大幅度地改变外观，更具个性化，如图 4-30 所示。

（2）大包围常用材料

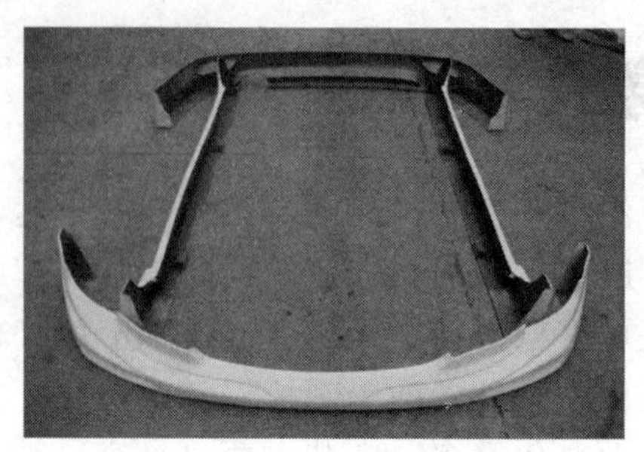

图 4-30 加装款大包围

现在比较流行的大包围套件的主要材料有以下四种。

① 玻璃纤维材料 此类产品最常见，款式多，选择范围大，价格较便宜，但重量大，韧性不好，若发生擦碰容易断裂。

② ABS 塑料 此类产品因为是以真空吸塑成形，厚度较薄，不能制作保险杠款的大包围，只能制作唇款的大包围。

③ 合成树脂材料 此类材料收缩性较小，韧性较好，耐热不变形，所以制作出的产品表面光滑，价格相对较高。

④ 聚酯塑料 此类产品经高压注塑成形，有很高的柔韧性与强度，价格较高。因为大多数汽车的原装保险杠也是采用聚酯塑料制造，所以其与车身的密合度是最佳的，寿命也较长。

4.5.2 大包围的安装注意事项及选择

（1）大包围安装注意事项

① 加装大包围不能损害安全性。

② 应选用高质量的产品。大包围安装在车上，与车成为一个整体，日常的磕碰在所难免，如果包围材质脆，刚性大，很容易碎裂，不仅增加了更换成本，也平添了不少麻烦。

③ 最好选用加装款。最好不要选用需要拆掉原车保险杠才能安装的大包围，因为大包围所用的材料抗撞击能力不如原车保险杠，所以，选用将原杠包裹其中的大包围不会影响车辆的牢固性，但如果一定要选用拆杠包围，可将原杠中的缓冲区移植到大包围中，以起到保护作用。

④ 应选择有经验的改装店。因为这些改装店有制作维修各种

大包围能力，大都会免费为车主修复不慎碰坏的包围，车主不必为包围的一点小损伤就更换一个新的。

（2）大包围组件的选择

① 发动机罩　重量轻、强度好，同时能承受高温，最好能把发动机的热量带走。

② 头唇和尾唇　是最能突出外形个性的部分，而安装的车主也是最多的。基本上如果外形不是呈尖锐状都可安装，但在选择时不应选择一些过低的款式。否则，在日常行车时会带来不便，例如在通过凸起减速路障时就可能通不过。应保证有一定的接近角。尾唇也不应太低，要保证有一定的离去角。

③ 前脸包围件　尽量避免尖锐形状和太凸出的款式，否则容易伤害路人。

④ 裙边　装上包围后的车高与地面距离最低不能少于 9cm，催化转换器遮热板与地面距离不能低于 5cm。

（3）大包围材料的选择

在国内大包围套件的材料主要有两种：一是玻璃纤维；二是碳纤维。玻璃纤维价格低，便于成形和加工，又有重量轻、抗撞性好等优点，是汽车改装的首选材料。碳纤维的性能较玻璃纤维更好一些，但价格较高。

4.5.3　大包围安装实例

（1）V3 菱悦大包围安装实例

V3 菱悦安装前头唇、发动机罩、裙脚、后尾唇及尾翼的过程如图 4-31～图 4-35 所示。

图 4-31　拆原车保险杠及发动机罩

图 4-32　拆下原车保险杠及发动机罩后

图 4-33 安装前头唇及发动机罩

图 4-34 安装后尾唇和尾翼

（2）新飞度大包围安装实例

新飞度安装前头唇、发动机罩、裙脚、后尾唇及尾翼如图 4-36～图 4-38 所示。

图 4-35 改装完车辆

图 4-36 改装后前头唇及发动机罩

图 4-37 改装后裙脚

图 4-38 改装后后尾唇及尾翼

（3）宝马 335i 大包围安装实例

宝马 335i 安装前头唇、发动机罩、裙脚、后尾唇及扰流板如图 4-39～图 4-41 所示。

（4）法拉利 F430 及 458 Italia 空气动力学套件

法拉利专属安装厂 Novitec Rosso 针对法拉利 F430 所研发的

图 4-39　改装后的前头唇及发动机罩

图 4-40　改装后的裙脚（通风式）

图 4-41　改装后的后尾唇及扰流板

空气动力学套件（Novitec Rosso F430 Supersport），经过风洞测试，证实能够为这款运动型双门跑车提供在高速行驶下的超强稳定性。该空气动力学套件的研发工作由位于德国斯图加特市的机动车研究协会完成，并在 140km/h 的虚拟行驶速度下进行了全面的测试，现能够成功为 F430 提供最佳的牵引系数和强大的下压力。全新的前扰流翼使前轮轴的阻力减到了 15.2kg，同时牵引系数则减到了 0.37。这套完美的空气动力学套件由前保险杆、后扩散器、侧裙边以及尾翼组成，使 F430 的前、后轮轴下压力分别达到了 8.1kg 和 35.3kg 的最优化状态，如图 4-42～图 4-45 所示。

作为法拉利 F430 的替代车型 458 Italia 也是一款超级跑车，法拉利 458 Italia 的车身造型是宾尼法利纳和法拉利造型中心密切合作的成果，外形紧凑洗练、线条完美体现了空气动力学特性，充分凸显了该项目简约、高效和轻质的设计概念。与法拉利的各款车型如出一辙，458 Italia 的造型设计也处处兼顾了空气动力学效率的

图 4-42 前保险杠

图 4-43 后扩散器

图 4-44 侧裙边

图 4-45 尾翼

要求，当以最高时速 329km/h 行驶时，可产生约 340kg 的下压力，足以让车辆平稳地接触地面，Novitec Rosso 使用了斯图加特大学的风洞试验室对 458 Italia 的车身套件进行了测试，如图 4-46所示。

图 4-46 法拉利 458 Italia 空气动力套件风洞试验

法拉利 458 Italia 全车的空气套件数量之多，设计之巧妙都是在之前的法拉利车型上很少见到的，最有设计新意的就是 458 Italia 前保险杠的扰流板和 C 柱的进气口。458 Italia 前保险杠中间区域可将空气送至平坦的底部，两侧为带弹性的风翼，如图 4-47

所示。在法拉利总部经过多次风洞试验后，工程师们设计出可以根据速度不同而改变形状的前保险杠扰流板，原理很简单，就是扰流板的材质为质地稍软的塑料，当车速达到一定程度后，气流会改变扰流板的形状，设计师们研究出它在各种速度下可以变形的角度，从而改变气流通过大小，可以帮助提高刹车的散热能力，同时还会产生部分的下压力。

458 Italia C 柱进气口利用压力差将空气流压入发动机舱，对发动机进行冷却的同时，还可在极速情况下，起到动态增压作用，增强发动机的进气效果，从而提高发动机功率，如图 4-48 所示。

图 4-47　法拉利 458 Italia 前保险杠

图 4-48　法拉利 458 Italia C 柱进气口

（5）保时捷 911 空气动力学套件

美国汽车改装厂商 Vorsteiner 改装厂是一家以运动型汽车改装而闻名的北美改装公司，其在动力系统方面的升级表现也值得称道。

Vorsteiner 为保时捷 911 开发了一款空气动力学套件，推出了全新的改装车型——保时捷 911 V-GT。该套件设计非常科学，前部包围巧妙地将空气送入前轮制动系统，可以有效地降低制动系统的热衰减。侧裙与车身完美地融合在一起，整体感就如原厂设计一般，碳纤维后边能够提供一部分侧边下压力。后部的空气扰流组件以及碳纤维尾翼也同样为车身的高速行驶提供稳定性。

除此之外，前保险杠扰流板、侧裙以及后保险杠扰流板等运动套件的应用也为整车提供了良好的空气动力学表现。保时捷 911 V-GT 后行李厢盖扰流板，完美地融合了功能性空气动力学和美容需要，机械翼的冒口有效地产生进一步的下压力。改装后效果如图 4-49～图 4-52 所示。

图 4-49 911 V-GT 前保险杠

图 4-50 911 V-GT 后保险杠

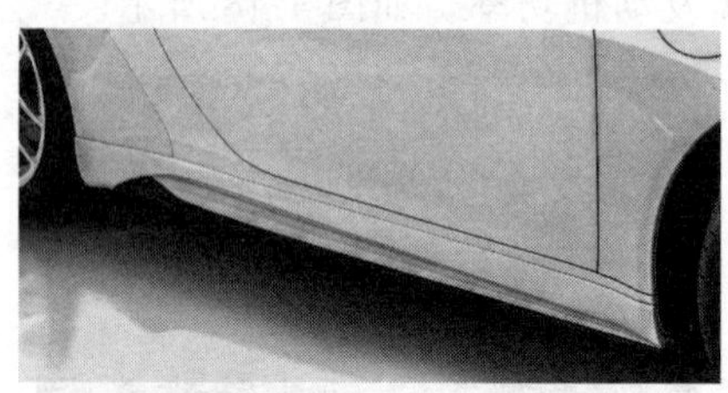
图 4-51 911 V-GT 侧裙

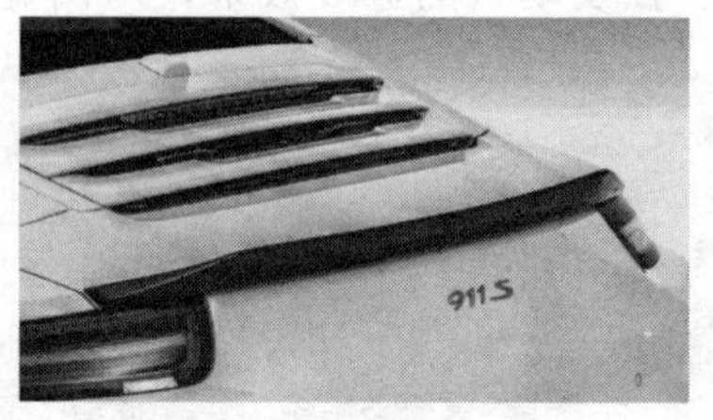

图 4-52 911 V-GT 行李厢盖扰流板

（6）本田 CR-Z Hybrid 加装 C-West 空气动力学套件

C-West 是专门生产空气套件的厂家，在国内的知名度虽然不高，但 C-West 产品囊括日系各大车厂的性能车，是所有日系性能车代表的专属包围品牌。C-West 针对本田 CR-Z Hybrid 推出了两款风格不同的全车套件，相比原车具有更加流畅的线条，可以让气流更服帖地流过车身，给车头提供更大的下压力，还有更大的进气口利于发动机散热和提供更多的空气量。空气套件可以在原车包围的基础上加以修饰，凸显个性的同时，不至于过于单调，更加跳跃的线条更加适合这款活泼的小车，中出式后包，更加凸显 CR-Z Hybrid 小钢炮的本质。

CR-Z Hybrid 前大包围样式 1 如图 4-53 所示，具有更大的进气口和更流畅的线条，在加大进气量的同时，也为发动机和制动盘提供了更优越的散热条件，极大程度地满足了极速需求。开孔的碳纤头盖除了有更好的隔热性，还可以降低车身重量，与大包围的进气口配合，更有效地对发动机进行散热。

CR-Z Hybrid 前大包围样式 2 如图 4-54 所示，将两侧的进

图 4-53 CR-Z Hybrid 前大包围样式 1

气口改成了雾灯，由中间进气口保证进气的同时，也兼顾了实用性。同时，利用开孔头盖与前大包围进气口形成空气对流，加速气流通过，不仅增加了机舱的空气量，还可带走更多的发动机热量。

图 4-54 CR-Z Hybrid 前大包围样式 2

CR-Z Hybrid 侧包围将侧面线条修饰得相当到位，带有凹槽的侧裙，降低空气阻力的同时，配合后包围底部的扰流板，产生一定的下压力，另外，通过侧裙的强劲空气流也大大提升了后轮制动器的散热效果，侧裙与原车配合相当完美，一点都不拖泥带水，显得非常简洁干练，如图 4-55 所示。

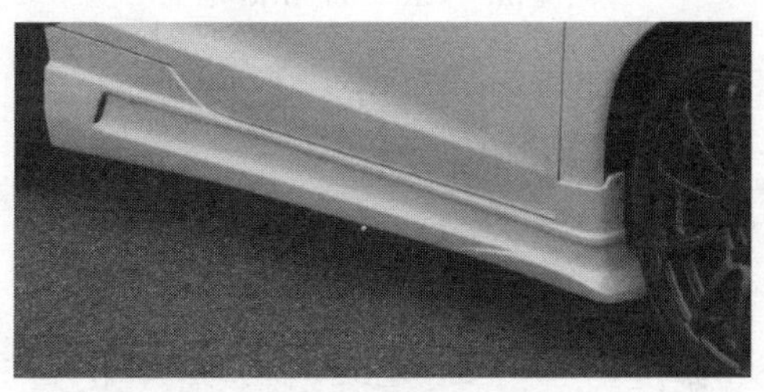

图 4-55 CR-Z Hybrid 侧裙

CR-Z Hybrid 后小包围样式 1 如图 4-56 所示，其独特的内敛式后下扰流板，增强圆滑尾部刚性的同时，也在一定程度上引导了流经车尾的乱流，增加了尾部下压力。CR-Z Hybrid 后小包围样式 2 如图 4-57 所示，在内敛式后下扰流板加以中出的排气管，增加了 CR-Z Hybrid 的钢炮气质。

图 4-56 CR-Z Hybrid 后小包围样式 1

图 4-57 CR-Z Hybrid 后小包围样式 2

CR-Z Hybrid 空气套件中的小型扰流板与原车整体上显得非常和谐，相对于空气套件中其他部件，这个扰流板起到的装饰作用较大些，如图 4-58 所示。

图 4-58 CR-Z Hybrid 尾翼

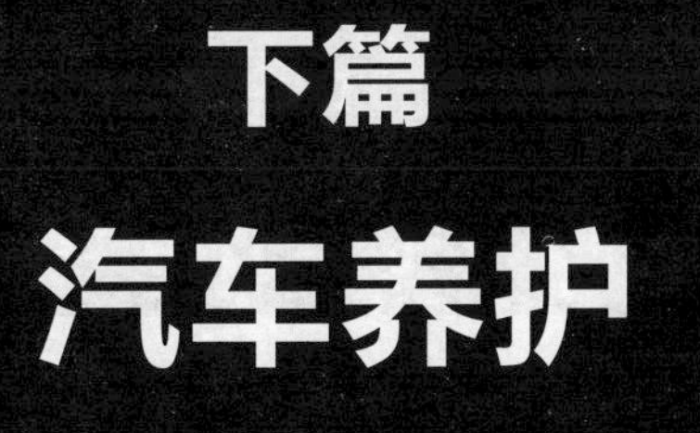

下篇

汽车养护

第 5 章 汽车养护基础知识

汽车养护是指根据车辆各部位不同材料所需的保养条件，采用不同性质的专用护理材料和产品，对汽车进行全新的保养护理的工艺过程。通过对汽车定期的保养、维护，可保持汽车最佳运行工况，从而减小故障率，延长汽车的使用寿命。

5.1 汽车养护的分级

按照我国现行的《汽车维护、检测、诊断技术规范》（GB/T 18344—2001），汽车维护分为日常维护、一级维护、二级维护。

5.1.1 日常维护

日常维护是以清洁、补给和安全检视为作业中心内容，由驾驶员在出车前、出车中及收车后负责执行的车辆维护作业。日常维护主要包括以下几个方面的维护内容。

（1）清洁

日常维护中的清洁主要是对汽车外观、发动机外表进行清洁，保持车容整洁。空气中含有大量灰尘、泥沙和酸性物质，不仅容易被泄漏的燃油黏附，在高温烘烤下容易形成坚硬的保温层，使机件的散热性能变差，而且容易被车身静电吸附而侵蚀漆面，使其过早褪色。除了清洁车表外，还要进行下面的工作。

① 清洁空气滤清器　空气滤清器过脏会阻碍新鲜空气进入气缸，导致混合气过浓、燃烧不完全、功率下降、排气超标。现代空气滤清器一般都采用纸质滤芯，清洁时不能用水或油洗，应采用轻拍法和吹洗法。轻拍法即轻轻拍打滤芯端面，使灰尘脱落。吹洗法即用压缩空气从滤芯内部往外吹洗，空气压力不应超过 0.3MPa，

清洁空气滤清器如图 5-1 所示。

图 5-1　清洁空气滤清器

② 更换机油滤清器　机油滤清器堵塞，会阻碍润滑油的流动，使发动机润滑不良、磨损加大甚至烧瓦等。为此，应定期清洁或更换，目前均采用更换的方式。通常每行驶 5000km 随发动机机油一起更换，如图 5-2 所示。

图 5-2　更换机油滤清器

③ 清洁蓄电池　现代轿车一般都采用免维护蓄电池，首先清洁蓄电池的顶部，避免极柱间因杂质而造成短路，其次清洁蓄电池接线柱，防止接头产生氧化物而导致接触不良，再次是保证通气孔畅通，以免蓄电池内压力或温度过高而使壳体爆裂。清洁蓄电池如图 5-3 所示。

（2）补给

日常维护中的补给主要是对汽车各部润滑油（脂）、燃油、冷却液、制动液、各种工作介质、轮胎气压进行检查，酌情补给。

① 检查补给润滑油　冷车时取出机油尺，擦净后，插入至油底壳底部，抽出后观察其高度应在上下标线之间。热车时应熄火，

待机油全部流入油底壳后再进行测量。机油高度的检查如图 5-4 所示。如果不足应及时补充。

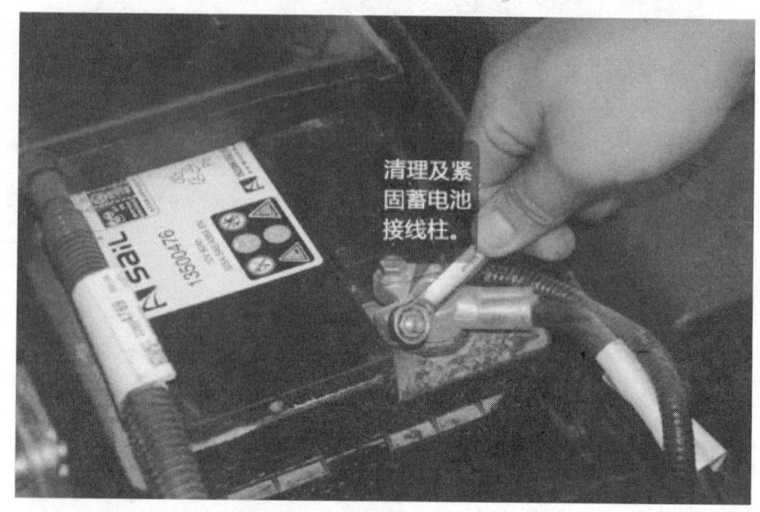

图 5-3 清洁蓄电池

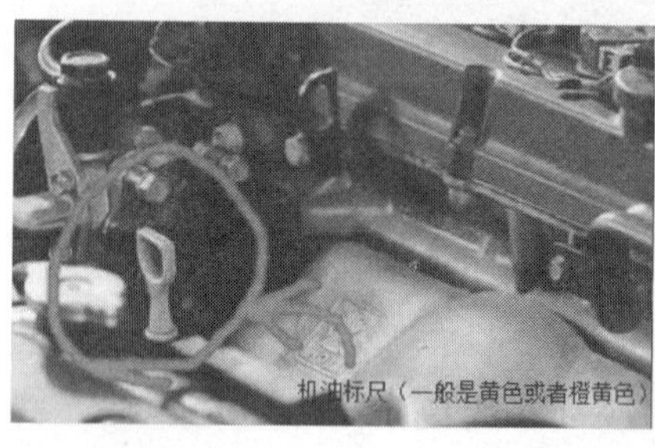

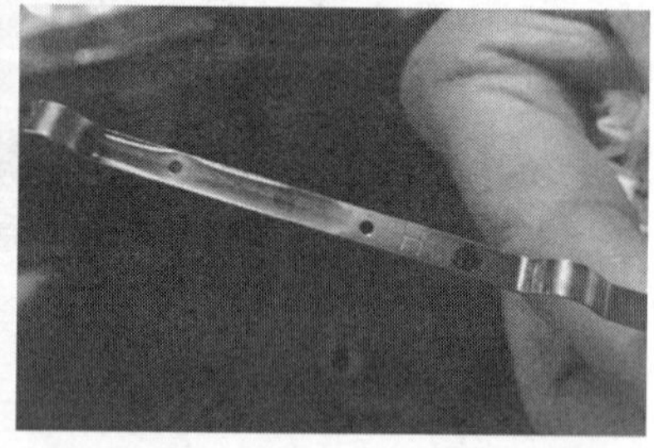

图 5-4 机油高度的检查

② 检查补给冷却液 冷车时水箱中冷却液应是满的，膨胀箱内液面的高度应在标线之间。热车时液面高度应略高于上标线。检查冷却液后，如发现需要补给时，应按照储液罐上标注的冷却液型号来加注，如图 5-5 所示。

③ 检查补给玻璃水 打开发动机前机盖，找到雨刷水壶或雨刷水壶盖（标注有喷水标志），如图 5-6 所示。能看到整个水壶的直接观察液位即可。若无法看到水壶，需要用手指堵住橡胶管的一

端，然后将另一端深入水壶中，直到感觉触碰到壶底，拔出观察橡胶管的液位，也就是利用橡胶管充当液位尺。若玻璃水壶内的液位低于 1/3 时，建议及时添加，避免影响正常的玻璃清洁。

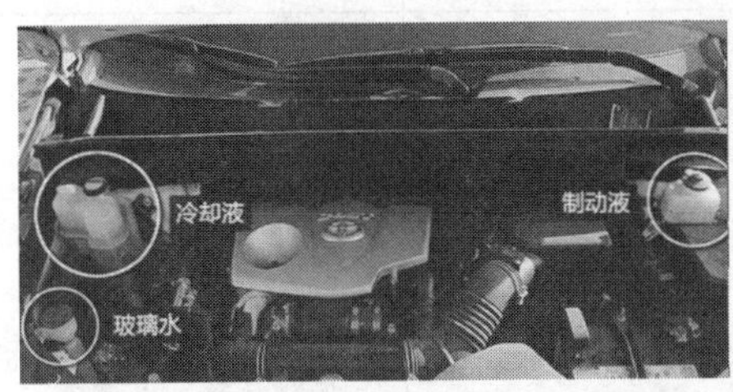

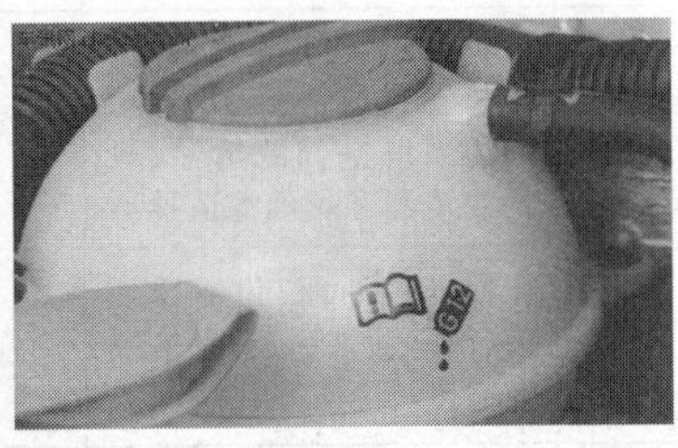

图 5-5　检查补给冷却液

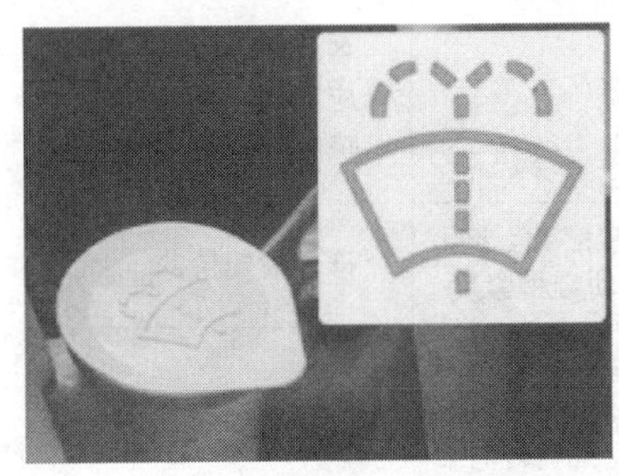

图 5-6　检查补给玻璃水

（3）安全检视

日常维护中，驾驶员可对汽车制动、转向、传动、悬挂、灯光、信号等及发动机运转状态进行检视，确保行车安全。

5.1.2　一级维护

一级维护是指除日常维护作业外，以清洁、润滑、紧固为作业中心内容，并检查有关制动、操纵等安全部件，由维修企业负责执行的车辆维护作业。

汽车一级维护周期的确定，应以汽车行驶里程为基本依据，汽车行驶里程依据车辆使用说明书的有关规定，同时依据汽车使用条件的不同，由省级交通行政主管部门规定。《汽车维护、检测、诊断技术规范》（GB/T 18344—2001）中规定的一级维护的作业内容见表 5-1。

表 5-1　一级维护作业内容

序号	维护项目	作业内容	技术要求
1	点火系统	检查、调整	工作正常
2	发动机空气滤清器、空压机空气滤清器、曲轴箱通风系统空气滤清器、机油滤清器和燃油滤清器	清洁或更换	各滤芯应清洁无破损，上下衬垫无残缺，密封良好，滤清器应清洁，安装牢固
3	曲轴箱油面、化油器油面、冷却液液面、制动液液面高度	检查	符合规定
4	曲轴箱通风装置、三效催化转化装置	外观检查	齐全、无损坏
5	散热器、油底壳、发动机前后支垫、水泵、空压机、进排气歧管、化油器、输油泵、喷油泵连接螺栓	检查校紧	各连接部位螺栓、螺母应紧固，锁销、垫圈及胶垫应完好有效
6	空压机、发电机、空调机传动带	检查传动带磨损、老化程度，调整传动带松紧度	符合规定
7	转向器	检查转向器液面及密封状况，润滑万向节十字轴、横直拉杆、球头销、转向节等部位	符合规定
8	离合器	检查调整离合器	操纵机构应灵敏可靠；踏板自由行程应符合规定
9	变速器、差速器	检查变速器、差速器液面及密封状况，润滑传动轴万向节十字轴、中间轴承，校紧各部连接螺栓，清洁各通气塞	符合规定
10	制动系统	检查紧固各制动管路，检查调整制动踏板自由行程	制动管路接头应不漏气，支架螺栓紧固可靠，制动联动机构应灵敏可靠，储气筒无积水，制动踏板自由行程符合规定
11	车架、车身及各附件	检查、紧固	各部螺栓及拖钩、挂钩应紧固可靠，无裂损，无窜动，齐全有效

续表

序号	维护项目	作业内容	技术要求
12	轮胎	检查轮辋及压条挡圈；检查轮胎气压（包括备胎），并视情况补气；检查轮毂轴承间隙	轮辋及压条挡圈应无裂损、变形；轮胎气压应符合规定，气门嘴帽齐全；轮毂轴承无明显松旷
13	悬架机构	检查	无损坏，连接可靠
14	蓄电池	检查	电解液液面高度应符合规定，通气孔畅通，电桩夹头清洁、牢固
15	灯光、仪表、信号装置	检查	齐全有效，安装牢固
16	全车润滑点	润滑	各润滑嘴安装正确，齐全有效
17	全车	检查	全车不漏油、不漏水、不漏气、不漏电、不漏尘，各种防尘罩齐全有效

注：“技术要求”栏中的“符合规定”指符合实际使用中的有关规定。

5.1.3 二级维护

汽车二级维护时首先要进行检测，汽车进厂后，根据汽车技术档案的记录资料（包括车辆运行记录、维修记录、检测记录、总成修理记录等）和驾驶员反映的车辆使用技术状况（包括汽车动力性、异响、转向、制动及燃、润料消耗等）确定所需检测项目，依据检测结果及车辆实际技术状况进行故障诊断，从而确定附加作业项目，附加作业项目确定后与基本作业项目一并进行二级维护作业，二级维护过程中要进行过程检验，过程检验项目的技术要求应满足有关的技术标准或规范，二级维护作业完成后，应经维修企业进行竣工检验，竣工检验合格的车辆，由维修企业填写《汽车维护竣工出厂合格证》后方可出厂。《汽车维护、检测、诊断技术规范》（GB/T 18344—2001）中规定的二级维护检测项目及作业项目见表 5-2和表 5-3。

表 5-2　汽车二级维护检测项目

序号	检测项目
1	发动机功率，气缸压力
2	汽车排气污染物，三效催化转化装置的作用
3	电控燃油喷射系统
4	柴油车检查供油提前角、供油间隔角和喷油泵供油压力
5	制动性能，检查制动力
6	转向轮定位，主要检查前轮定位角和转向盘自由转动量
7	车轮动平衡
8	前照灯
9	操纵稳定性，有无跑偏、发抖、摆头
10	变速器有无泄漏、异响、松脱、裂纹等现象，换挡是否轻便灵活
11	离合器有无打滑、发抖现象，分离是否彻底，接合是否平稳
12	传动轴有无泄漏、异响、松脱、裂纹等现象
13	后桥、主减速器有无泄漏、异响、松动、过热等现象

表 5-3　二级维护基本作业项目

序号	维护项目	作业内容	技术要求
1	发动机润滑油、机油滤清器	①更换润滑油 ②视情况更换机油滤清器	①润滑油规格性能指标符合规定 ②液面高度符合规定 ③机油滤清器密封良好，无堵塞，完好有效
2	检查润滑油油面高度	检查转向器、变速器、主减速器等润滑油规格和液面高度，不足时按要求补给	符合出厂规定
3	空气滤清器	清洁空气滤清器	空气滤清器清洁有效，安装可靠，恒温进气装置真空软管安装可靠，进气转换阀工作灵敏、准确
4	①燃油箱及油管 ②燃油滤清器 ③燃油泵	①检查接头及密封情况 ②清洁燃油滤清器，并视情况更换 ③检查燃油泵，必要时更换	①接头无破损、渗漏，紧固可靠 ②燃油滤清器工作正常 ③燃油泵工作正常，油压符合规定

续表

序号	维护项目	作业内容	技术要求
5	燃油蒸发控制装置	检查清洁,必要时更换	工作正常
6	曲轴箱通风装置	检查、清洁	清洁畅通,连接可靠,不漏气,各阀门无堵塞、卡滞现象,灵敏有效,符合规定
7	散热器、膨胀箱、百叶窗、水泵、节温器、传动带	①检查密封情况、箱盖压力阀、液面高度、水泵 ②检视传动带外观,调整传动带松紧度	①散热器及软管无变形、破损及渗漏;箱盖接合表面良好,胶垫不老化、箱盖压力阀开启压力符合要求;水泵不漏水,无异响;节温器工作性能符合规定 ②传动带应无裂痕和过量磨损,表面无油污,皮带松紧度符合规定
8	①进排气歧管、消声器、排气管 ②气缸盖	①检查、紧固,视情况补焊或更换 ②按规定顺序和拧紧力矩校紧气缸盖	①无裂纹、漏气,消声器性能良好 ②拧紧力矩符合规定
9	增压器、中冷器	检查、清洁	符合规定
10	发动机支架	检查、紧固	连接牢固,无变形和裂纹
11	化油器及联动机构	清洁、检查、紧固	清洁,联动机构运动灵活,连接牢固,无漏油、漏气现象,工作系统和附加装置工作正常
12	喷油器、喷油泵	检查喷油器和喷油泵的作用,必要时检测喷油压力和喷油状况,视情况调整供油提前角	①喷油器雾化良好,无滴油、漏油现象,喷油压力符合规定 ②供油提前角符合规定
13	分电器、高压线	清洁、检查	分电器无油污,调整触点间隙在规定范围内,无松旷、漏电现象,高压线性能符合规定
14	火花塞	清洁、检查或更换火花塞,调整电极间隙	电极表面清洁,间隙符合规定
15	气门间隙	检查调整	符合规定
16	电控燃油喷射系统供油管路	检查密封状况	密封良好,作用正常
17	三效催化装置	检查三效催化装置的作用,必要时更换	作用正常

续表

序号	维护项目	作业内容	技术要求
18	离合器	检查调整离合器踏板自由行程	离合器踏板自由行程符合规定
19	前轮制动	检查前轮制动器调整臂的作用	作用正常
		拆卸前轮毂总成、制动蹄、支承销;清洗转向节、轴承、支承销,清洁制动底板等零件	清洁,无油污
		检查制动盘、制动凸轮轴,校紧螺栓	①制动底板不变形,按规定力矩拧紧螺栓 ②凸轮轴转动灵活,无卡滞,转向间隙符合规定
		检查转向节及螺母、保险片及油封、转向节臂,校紧螺栓	①转向节无裂纹,螺纹完好,与螺母配合应无径向松旷,保险片作用良好,油封完好不漏油 ②转向节轴径与轴承的配合间隙符合要求,转向节臂螺栓拧紧力矩符合规定
		检查内外轴承	滚柱保持架无断裂,滚柱不脱落,无裂损和烧蚀,轴承内圈无裂损和烧蚀
		检查制动蹄及支承销	①制动蹄无裂纹及明显变形,摩擦片不破裂,铆接可靠,摩擦片厚度符合规定 ②支承销无过量磨损,支承销与制动蹄承孔衬套配合间隙符合规定
		检查制动蹄复位弹簧	复位弹簧应无明显变形,自由长度、拉力符合规定
		检查前轮毂、制动鼓及轴承外座圈,校紧轮胎螺栓内螺母	①轮胎无裂损 ②轴承外座圈无裂纹,无麻点,无烧蚀 ③制动鼓无裂纹,外边缘不得高出工作表面,检视孔完整,内径尺寸、圆度误差、左右内径差符合规定 ④轮胎螺栓齐全完好,规格一致,按规定力矩拧紧

续表

序号	维护项目	作业内容	技术要求
19	前轮制动	装复前轮毂、调整前轮轴承松紧度及制动间隙	①装复支承销，制动蹄支承销孔均应涂润滑脂，开口销或卡簧齐全有效 ②润滑轴承 ③制动鼓、制动片表面清洁，无油污 ④制动片与制动鼓的间隙应符合规定，转动无碰擦现象或声响，检视孔挡板齐全 ⑤轮毂转动灵活，用拉力计测量时可转动，且无轴向间隙 ⑥锁紧螺母按规定力矩拧紧 ⑦保险可靠，防尘罩、衬垫完好，螺栓垫圈齐全紧固(螺栓规格一致)
20	后轮制动	拆半轴、轮毂总成、制动体、支承销，清洗各零件及制动底板、半轴套管	①轮毂通气孔畅通 ②各零件及制动盘、后桥套管清洁无油污
		检查制动底板、制动凸轮轴，校紧连接螺栓	①制动底板不变形，连接螺栓按规定力矩紧固 ②凸轮轴转动灵活，无卡滞，轴向间隙和径向间隙符合规定
		检查后桥半轴套管、螺母及油封	①套管无裂纹及明显松动，与螺母配合无径向松旷 ②油封完好，无损坏，无漏油 ③套管颈与轴承配合间隙符合规定
		检查内外轴承	①轴承保持架无断裂，滚柱不脱落，无裂损和烧蚀 ②轴承内座圈无裂纹、烧蚀
		检查制动蹄及支承销	①制动蹄无裂纹及变形，摩擦片不破裂，铆接可靠，摩擦片厚度符合规定 ②支承销与制动蹄承孔衬套配合间隙符合规定 ③支承销无过量磨损
		检查制动蹄复位弹簧	复位弹簧无变形，自由长度符合规定，拉力良好

续表

序号	维护项目	作业内容	技术要求
20	后轮制动	检查后轮毂、制动鼓及轴承外座圈,检查拧紧半轴螺栓,检查轮胎螺栓,校紧内螺母	①轮毂无裂损 ②轴承外座圈不松动,无损坏 ③制动鼓无裂纹,内径尺寸、圆度误差、左右内径差符合规定,外边缘不得高出工作表面,制动鼓检视孔完整 ④半轴螺栓齐全有效
		检查半轴	半轴无明显弯曲,不磨套管,无裂纹,花键无过量磨损或扭曲变形
		装复后轮毂,调整制动间隙	①装复支承销、制动蹄片时,承孔均应涂润滑脂,开口销或卡簧齐全可靠 ②润滑轴承 ③套管轴颈表面应涂机油后再装上轴承 ④制动片、制动鼓表面应清洁,无油污 ⑤制动片与制动鼓的间隙应符合规定,转动无碰擦现象或声响,检视孔挡板齐全紧固 ⑥轮毂转动灵活,拉力符合规定 ⑦锁紧螺母按规定力矩拧紧
21	转向器、转向传动机构	①检查转向器、传动机构的工作状况和密封性,校紧各部螺栓 ②检查调整转向盘自由转动量	转向盘自由转动量符合规定,转向轻便、灵活,无卡滞和漏油现象,垂臂及转向节臂无弯曲及裂损,各部螺栓连接可靠
22	前束及转向角	调整	符合规定
23	变速器、差速器	检查密封状况和操纵机构,清洁通气孔	密封良好,通气孔畅通,操纵机构作用正常,无异响、跳动、乱挡现象
24	传动轴、传动轴承支架、中间轴承	①检查防尘罩 ②检查传动轴万向节工作状态 ③检查传动轴承支架 ④检查中间轴承间隙	①防尘罩不得有裂纹、损坏,卡箍可靠,支架无松动 ②万向节不松旷,无卡滞,无异响 ③传动轴承支架无松动 ④中间轴承间隙符合规定

续表

序号	维护项目	作业内容	技术要求
25	空气压缩机、储气筒、安全阀	清洁,校紧	清洁,连接可靠,无漏气,安全阀工作正常
26	制动阀、制动管路、制动踏板	①检查制动踏板自由行程 ②检查紧固制动阀和管路接头 ③液压制动检查制动管路内是否有气	①制动踏板自由行程符合规定 ②制动阀和管路接头连接可靠,无漏气 ③液压制动管路内无气
27	驻车制动	检查驻车制动性能,检查驻车制动器自由行程	符合规定,作用正常
28	悬架	检查、紧固,视情况补焊、校正	不松动、无裂纹、无断片,按规定拧紧力矩紧固螺栓
29	轮胎(包括备胎)	检查紧固,补气,进行轮胎换位,磨损严重时更换轮胎	气压符合规定,清洁,无裂损、老化、变形,气门嘴完好,轮胎螺栓紧固,轮胎的装用符合规定
30	发电机、发电机调节器、起动机	清洁,润滑	符合规定
31	蓄电池	检查,清洁,补给	清洁,安装牢固,电解液液面符合规定
32	前照灯、仪表、喇叭、刮水器、全车电器线路	检查、调整,必要时修理或更换	①前照灯、喇叭、各仪表及信号装置功能齐全、有效,符合规定 ②刮水器电动机运转无异响,连动杆连接可靠 ③全车线路整齐,连接可靠,绝缘良好
33	车身、车架、安全带	检查、紧固	性能可靠,工作良好,无变形、断裂、脱焊,连接螺栓、铆钉紧固
34	内装饰	检查、紧固	设备完好,无松动
35	空调装置	检查空调系统工作状况、密封状况	①制冷系统密封、制冷效果良好 ②暖气装置工作正常
36	润滑	全车加注润滑脂的部位全部润滑	润滑脂嘴齐全有效,润滑良好

注:“技术要求”栏中的“符合规定”指符合实际应用中有关技术规定或技术要求。

5.2 汽车养护注意事项

5.2.1 定期更换的部件及材料

汽车在使用过程中，有些部件及材料需要定期更换，如发动机润滑油、机油滤清器、空气滤清器等，许多车辆使用者尤其是私家车主，在很多情况下，不能按照车辆的使用情况及时进行基本养护，导致车辆的技术状况变差，最终产生车辆故障。如车辆使用者能按照车辆行驶的里程数，及时地进行一般性的养护，不仅能降低车辆的故障率，也能提高车辆的安全性，延长车辆的使用寿命。同时，也要注意到，不同类型、不同厂家的车辆在使用中，更换部件及材料的具体里程也各不相同，表 5-4 列出一般情况下，车辆更换部件及材料的周期。

表 5-4 更换部件与材料的周期

序号	内 容	周 期
1	机油和机油滤芯	每半年更换 1 次(或 5000km)
2	空气滤芯和火花塞	每半年清洗 1 次,每 30000km 更换 1 次,一般铂金火花塞可用 50000km
3	汽油滤芯	每年更换 1 次(或 10000km),也可根据汽油优劣定
4	制动液	每两年更换 1 次,以免制动液吸收水分而腐蚀部件
5	防冻液	半年检查 1 次,过低要增加防冻液,并检查浓度,需加蒸馏水,严禁加自来水
6	传动带	每 80000km 更换 1 次
7	节气门	每半年清洗 1 次(或动力不足、怠速不稳时清洗)
8	空调滤清器	1 年或 20000km 更换 1 次
9	喷油嘴	每 20000km 清洗 1 次

5.2.2 特殊养护

（1）磨合维护

汽车磨合期的保养是必不可少的，这项工作完成的好坏直接影响汽车的磨合质量。新车、大修车及装用大修发动机的汽车在磨合期内必须执行一些特殊规定，包括磨合期内和磨合期后对汽车维护的具体规定。

① 磨合里程不得少于 1000km。

② 在磨合期，应选择较好的道路并减载限速运行。一般汽车按装载质量标准减载 20%～25%，并禁止拖带挂车。

③ 在磨合期内，驾驶员必须严格执行驾驶操作规程，保持发动机正常工作温度。磨合期内严禁拆除发动机限速装置。

④ 磨合期内认真做好汽车日常维护工作，经常检查、紧固各部件外露螺栓、螺母，注意各总成在运行中的声响和温度变化，及时进行调整。

⑤ 磨合期满后，应进行 1 次磨合维护，其作业项目和深度参照汽车制造厂的要求进行。

（2）季节维护

一年四季因气候不同，汽车在使用与维护上也各有差异。为提高车质、延长寿命，保证行走安全，应做好季节性保养，即季节维护。

① 冬季

a. 停车与启动　夜间停车时尽量避免将车辆停放在风口处，车辆启动后尽量不要马上行驶或轰油门。因为此时发动机气缸内部可能结霜，温度非常低，给发动机启动带来很大困难，另外因为机油要通过油泵输送到各个部位，受温度影响，如果没有很好的润滑就行驶和加速，肯定会造成车辆各机件的严重损伤。

b. 雨刮器　如果清晨出门发现雨刮器被雪水粘在挡风玻璃上，千万不要用热水直接冲洗，这样容易使车窗因为温度变化而炸裂、雨刮器变形。正确的方法是将空调开至热风，吹风模式为前风挡，待雨刮器自然化开。

c. 冷却系统　冬季要定期检查水箱、水泵和传动带、水管、补水罐等各部件是否工作正常，如有损坏或故障，应及时修复或更换。另外，要重点检查暖风，最好先试一下有没有暖风、风机运转有无异响、风管是否通畅。有时暖风水管中的防冻液长期不流动，凝结堵塞了循环管路，虽然不影响行车，维修起来却十分麻烦。

d. 防冻液　检查是否缺液、有无变质，如需要，及时补充或更换。应慎选慎用防冻液，一是不要混用，二是不要用假冒伪劣产品。一般来说，防冻液应2年换1次，如果车辆的防冻液已有两年未更换或添加过水，那么车主就要到店里进行冰点测试了，如果不能达标，就应马上更换。更换之前最好用清水把冷却系统冲洗干净。

e. 机油　大雪过后，气温骤降，一定要注意车的机油黏度是否符合标准。因为气温急剧下降后机油黏度会增加，冷启动时可能会受到很大影响，不易启动，因此建议车主更换黏度较低的机油。一般四季油能保证在－25℃左右正常工作。在温度持续降低时要更换更高级别的机油。

f. 玻璃水　挡风玻璃保持清洁是安全行车的基本条件。冬季应定期擦洗雨刮器，雪天确保可刮净挡风玻璃。如有条件可换防冻型挡风玻璃，以免冬季结冰。另外，玻璃水中可加些挡风玻璃除冰剂。挡风玻璃结冰时，将玻璃水喷上，冰即可融化雪后玻璃水的使用量会比较大，建议车主添加些品质较高的玻璃水，防止冰冻，因为喷水嘴孔径较小，可能会形成堵塞。一旦玻璃水喷水嘴堵塞，车主也不要紧张，可以到店里检查冰点或将车辆放置在温暖的车库内就可以了。

g. 蓄电池　低温环境下蓄电池电容量比常温时的电容量低得多。因此在寒冷季节来临之前，应补充蓄电池的电解液，调节好电解液的密度。同时清洁蓄电池的接线柱，并涂上专用油脂加以保护，保证启动可靠，延长蓄电池寿命。如果车辆在露天或无供暖的车库停放数周不用，应拆下蓄电池，存放在较温暖的房间内，以防蓄电池结冰损坏。

h. 轮胎　橡胶在冬季会变硬而且相对较脆，摩擦因数会降低，所以轮胎气压不可太高，但是更不可过低。外部气温低，轮胎气压过低，软胎严重可加速老化。冬季要经常清理胎纹内夹入的杂物，尽量避免使用补过1次以上的轮胎，更换掉磨损较大和不同品牌不同花纹的轮胎。轮胎内外磨损大不相同，为保证安全减少磨损，应定期给轮胎更换位置。如果有条件，最好为爱车更换雪地胎，因为雪地胎能增加车辆在雪地上的剪切力和增大与地面的附着力，还能将路面的水分排出去，提高车辆在雪地上行驶的性能。

i. 洗车　大雪过后车身肯定会非常脏，建议车主到专业洗车场进行清洗，尤其是北方的冬天，会撒融雪剂清雪，雪后如果不及时清洗车辆，融雪剂里的化学物质会对车身造成腐蚀。

② 春季

a. 车身表面　车辆不可避免地要承受风吹日晒，尤其是多沙尘天气的春季，细小的沙粒很容易进入到发动机舱盖内，所以要及时清理发动机周围的尘土，还要注意保护好汽车漆面。汽车封釉可以说是一个不错的方案。封釉后汽车车漆的亮度与硬度都会有很大的改善。对一些优质釉，其对车辆美容的效果十分明显，可以保持车漆光滑、亮丽达一年之久，而且还能防止夏天酸雨侵蚀车漆。此外，可以考虑打蜡，只是效果没有封釉好，但价格低一些。

b. 雨刮器　天气转暖，雨刮器的使用频率也会逐渐增加，应进行必要的检查保养。将雨刮开关置于各种速度位置处，检查雨刮在工作中是否有振动和异响，检查不同速度下雨刮是否保持一定速度，观察刮水的状态，以及刮水支杆是否存在摆动不均匀或漏刮的现象。

c. 制动液　随着天气转暖，湿度增大，如果有水进入制动液，在制动的过程中，摩擦产生的高温会使水汽化，而气体具有可压缩性，在制动液中被压缩，就会造成制动失灵甚至失效。有些制动液吸水较严重的车辆，在制动液油杯盖上就能看见水珠。所以在保养时必须要检查制动液，以保证安全。

d. 底盘　经过了冬天的雪后泥泞道路，汽车底盘上都会沾满厚厚的泥土，泥土里含有化雪时的碱性药剂，对车底盘腐蚀极大，而且也会堵塞车底盘上的通风孔。到有电脑洗车的地方将底盘上的泥土冲洗干净。有条件的，可以进行 1 次底盘防锈处理，抵御酸碱带来的腐蚀，确保底盘不会生锈。

e. 清洁消毒　经过冬季，汽车水箱、冷凝器表面往往会覆盖大量的尘土以及杂物，这会使车辆产生水温高和空调制冷效果差等问题，所以这时需要全面清洁车辆。

另外，在冬天车主一般很少开窗通风透气，车内积聚了大量细菌，春季细菌、病毒容易滋生，所以这个季节对车内进行彻底的消毒也是很有必要的。可以通过高温蒸汽把空调通风口、座椅、内饰等处的污渍清除掉，同时也可以除去车内的异味。然后，再用专用的内饰清洗剂对控制台、车门等部位进行清洗消毒。

③ 夏季

a. 机油　夏季到来，发动机和机油的匹配就显得尤为重要，高温季节应选择黏度相对较高的机油，因为夏季发动机内的水温易高，非常容易导致机油黏度下降，而机油黏度下降会造成机油氧化，机油容易发黑并伴有腥臭味。

b. 雨刮器　将车停在太阳下面而毫无遮挡时，雨刮器会因为太阳的烘烤而变软，此时如果前挡风玻璃被太阳烘烤而温度过高，雨刮器的塑胶就会因为过热而发生变形，下雨时，雨刮器不仅不能正常刮掉雨水，还会因变形而损伤汽车玻璃。进入夏季，可以用专门的养护剂进行喷涂养护，进行喷涂后，雨刮器就不会轻易变形。另外，车门窗边的胶条也可进行一样的喷涂养护。

c. 蓄电池　温度高时，蓄电池电极会因绝缘层老化而出现氧化，尤其是负极，会在极头产生白色氧化物，从而造成蓄电池电压不稳定，这时需要进行蓄电池的检查与养护，从而保护蓄电池，防止其早期漏电。有些车型还要加畜电池水，因为高温会使蓄电池水蒸发而使液面降低，极板因此露出而加速氧化。

d. 防冻液　具有防冻、防锈、防沸、防水垢的功能。新车购买后前 2 年无需更换，但防冻液过了“保险期”则应定期予以更换。进入夏季，防冻液的检查主要是看其在高温下液面是否已经低于标准液面以下，如是应补加，但也不能加得太多。另外，还要检查其管道、缸壁以及水泵是否正常。

e. 空调　要进行全面检查保养，首先要检查冷凝器，为了保证整个空调系统能正常工作，制冷效果良好，保持冷凝器表面的洁净是至关重要的。为此，经常清洗冷凝器，防止油污、泥土及其他杂物附着在冷凝器上。清洗时注意不要把冷凝器散热片碰倒，更不能损伤管子。此外，空气滤网应每周清洗 1 次，以免车内的灰尘、杂物吸附在空气滤网上而阻碍空气流通，造成制冷量不足。另外，还要经常检查橡胶软管，有磨损要及时处理，对已破损的部件要用布把破损处扎好，并停止使用空调，尽快维修。

f. 刹车系统　高温很容易使刹车油受热膨胀，而使刹车效果降低，另外，长期频繁地刹车和多砂石的环境使刹车片严重磨损。如果磨损超过了出厂下限刻度，或是在刹车时出现异响，则说明刹车片也要检查更换了。特别要注意，如果刹车油需要补充，就一定要严格挑选合格的刹车油，沸点过低的劣质刹车油在炎热的夏季格外容易失效，一旦导致刹车失灵后果将不堪设想。夏季长时间行车，如果发现刹车片受热发红，勿用冷水去浇，避免因为其急速受冷而变形受损。

g. 轮胎　夏季由于外界温度高，轮胎散热较慢，气压会随之增高，易引起爆胎。因此，在高温环境下行驶时，要注意轮胎的温度和气压，应经常检查，使轮胎保持规定的气压标准。如果轮胎温度过高，切不可用浇冷水的方法来降低温度，这样会因胎面和胎侧胶层各部分收缩程度的不同而造成裂纹。夏季跑长途前要对轮胎进行检查，是否有裂纹、老化现象，如有修补过的痕迹，应及时更换。在行驶时由于温度升高，使气体膨胀，一些部位偏薄或受损，在两者综合作用下，就容易爆胎。另外，最好在轮胎中冲入氮气，因为惰性气体具有稳定性，尽管高温受热，气体也不会过度膨胀，从而避免爆胎。

h. 车漆　汽车长期在外面行驶，自然免不了要落上尘土，一般定期用清水冲洗就可以了。但某些有机物粘在车身上就比较麻烦，例如有些树会分泌一种树脂，在汽车刮擦过树枝时，树脂就会黏附在车身上，鸟粪也很难对付；特别热的天气，融化的沥青也会甩到飞驰的车身上，如不及时清除，天长日久就会浸蚀漆面，在清除完之后将车打蜡或者封釉都很有必要。此外，不要在烈日下洗车，那样会造成漆面龟裂，也不要洗车后在烈日下暴晒，应及时擦干或是在阴凉处风干，因为水珠易在阳光的照射下对漆面形成凸透镜，使漆面高温造成龟裂。

5.2.3　新车养护

正确养护新车对车辆能长时间无故障运行至关重要，新车养护关键在于下面几点。

（1）重视新车的磨合期

在新车磨合期内，各个配合件的工作表面会达到一个适应点，能承受正常的工作负荷。所以磨合期的工作情况直接关系到汽车的使用寿命。车辆在磨合期内必须注意下列问题。

① 严禁高速行驶。汽车在各挡行驶速度不得超过发动机最高转速的70%。

② 严禁超负荷运行，不允许超载。

③ 发动机刚启动时，不要猛踩加速踏板，待水温达到正常工作温度后，再平稳起步。

④ 不要在恶劣道路上行驶，减少振动和冲击。

⑤ 注意冷却液温度、润滑油液面高度等，发现故障要及时排除。

⑥ 磨合期结束后，对汽车进行1次汽车保养。

(2) 坚持先暖车后起步且起步要平稳

新车起步时，一定要平稳过渡，逐渐加大油门，速度要缓慢增加，避免快踩油门，速度提升过快，以防运转部件之间的磨损加大。

(3) 定期保养

如果有问题需要到专业的汽车养护中心检测，严格按照规定的里程项目，进行定期检查保养，及时排除汽车的各种故障隐患，保证汽车工作状态完好，同时必须选用原厂规定的优质燃油和润滑油等。

5.3 汽车养护常用工具与量具

5.3.1 汽车养护常用工具

(1) 鲤鱼钳

鲤鱼钳是用来夹持扁形或圆形工件的专用钳，因外形酷似鲤鱼而得名。鲤鱼钳一般有两挡尺寸可调，可放大或缩小使用，在汽修行业中运用较多，如图5-7所示。

(2) 尖嘴钳

尖嘴钳能在较狭小的工作空间操作，不带刃口者只能用于夹捏工作，带刃口者能剪切细小零件，主要用于汽修行业，如图5-8所示。

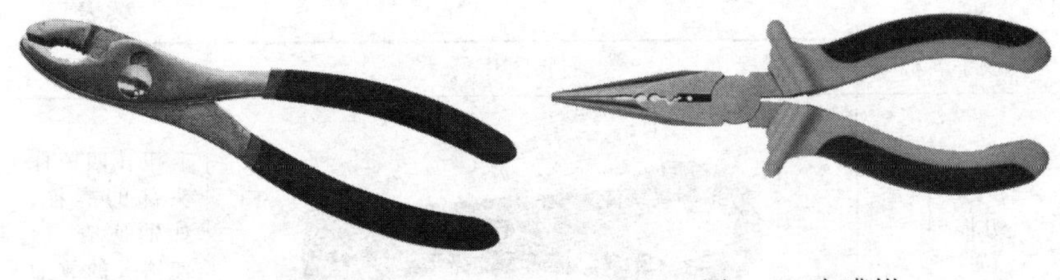

图 5-7　鲤鱼钳　　　　图 5-8　尖嘴钳

（3）专用扳手

专用扳手是用途较为单一的特殊扳手的通称，通常以其用途或结构特点来命名。每一种专用扳手又可按照不同规格和尺寸进行分类。常用的专用扳手见表 5-5。

表 5-5　常用专用扳手

扳手名称	实物图片	用途
内六角扳手		扭转内六角头部的螺栓
圆螺母扳手		扭转槽形圆螺母
叉形凸缘及转向螺母套筒扳手		扭转轮毂轴承，调整、锁紧螺母

续表

扳手名称	实物图片	用途
方扳手		扭转四棱柱头部的螺栓，如油底壳、变速器等的放油螺栓
叉形扳手	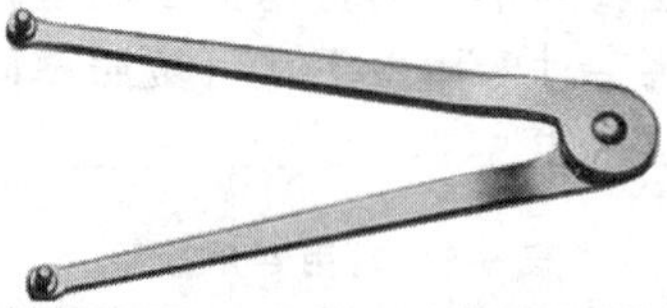	扭紧圆柱孔定位的螺母
火花塞套筒扳手	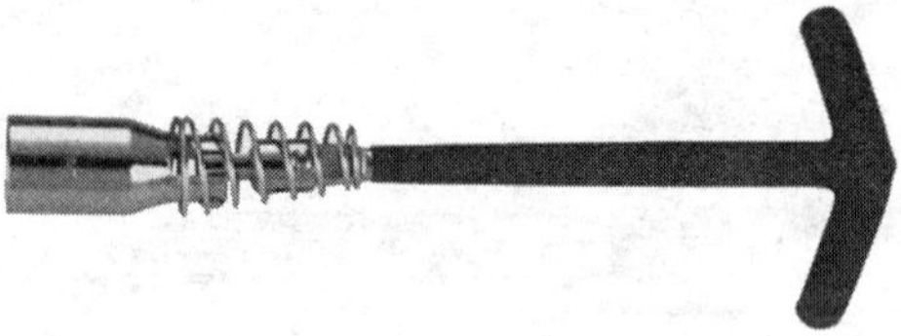	拆装火花塞
气门芯扳手		拆装轮胎
钩形扳手	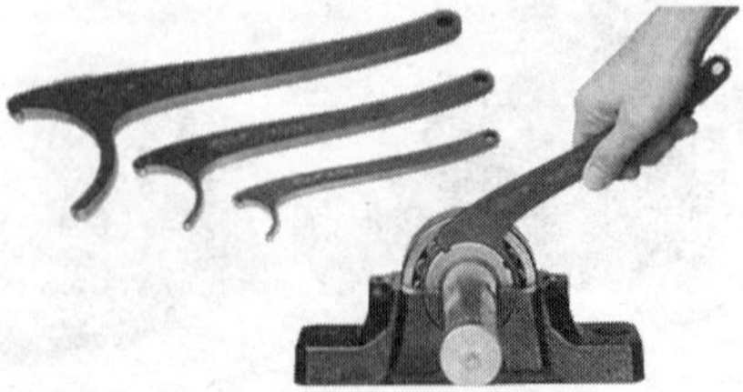	扭转槽形圆螺母等

续表

扳手名称	实物图片	用途
专用套筒扳手		扭转特殊螺栓或螺母，如轮毂轴承螺栓、螺母、轮胎螺母
机油滤清器扳手		拆装机油滤清器总成
梅花扳手	拉 推 用手掌	拆卸装配在凹陷空间的螺栓、螺母，用在补充拧紧和类似操作中，可以使用梅花扳手对螺栓或螺母施加大扭矩

（4）千斤顶

千斤顶是一种常用的简单的养护工具，在购买车辆时，一般都会随车附有简易千斤顶以便更换轮胎。千斤顶按照其工作原理可分为机械丝杆式和液压式，如图 5-9 所示。目前广泛使用的是液压式千斤顶。

液压式千斤顶使用方法如下。

① 顶起汽车前，应把千斤顶顶面擦拭干净，拧紧液压开关，把千斤顶放置在被顶部位的下部，并使千斤顶与被顶部位间相互垂直，以防千斤顶滑出而造成事故。

② 旋转顶面螺杆，改变千斤顶顶面与被顶部位的原始距离，使起顶高度符合汽车需要的顶置高度。

图 5-9　千斤顶

③ 用三角形垫木将汽车着地车轮前后塞住，防止汽车在起顶过程中发生滑溜事故。

④ 用手上下压动千斤顶手把，将被顶汽车逐渐升到一定高度，在车架下放入搁车凳，禁止用砖头等易碎物支垫汽车。落车时，应先检查车下是否有障碍物，并确保操作人员的安全。

⑤ 缓慢拧松液压开关，使汽车缓慢平稳地下降，架稳在搁车凳上。

5.3.2 汽车养护常用量具

（1）塞尺

塞尺是一种由多片不同厚度的标准钢片组成的测量工具，钢片上标有厚度值，主要用于测量两个接合面之间的间隙值。使用时，可以用一片进行测量，也可以由多片组合在一起进行测量，如图 5-10所示。使用时，将塞尺片插入被测间隙中来回拉动，感到

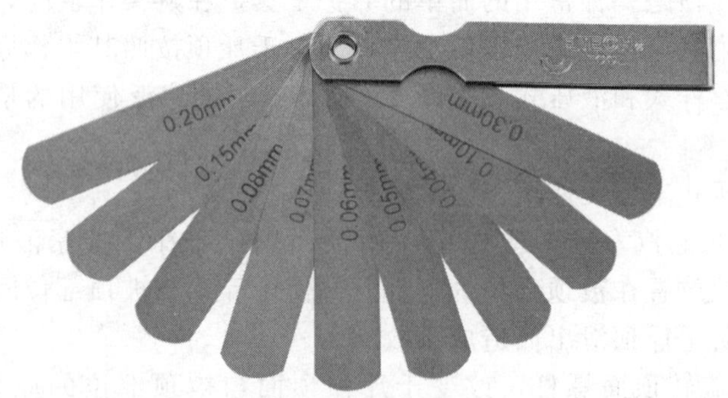

图 5-10　塞尺

稍有阻力时，表明该间隙值接近塞尺片上所标出的数值。如果拉动时阻力过大或过小，则该间隙值小于或大于塞尺片上所标数值。

（2）游标卡尺

游标卡尺是一种比较精密的量具，在测量中用得最多，通常用来测量精度较高的工件，它可测量工件的外部尺寸、宽度和高度，有的还可用来测量槽的深度。按游标的刻度值来分，游标卡尺可分为 0.1mm、0.05mm、0.02mm 三种精度值。游标卡尺的结构如图 5-11所示。

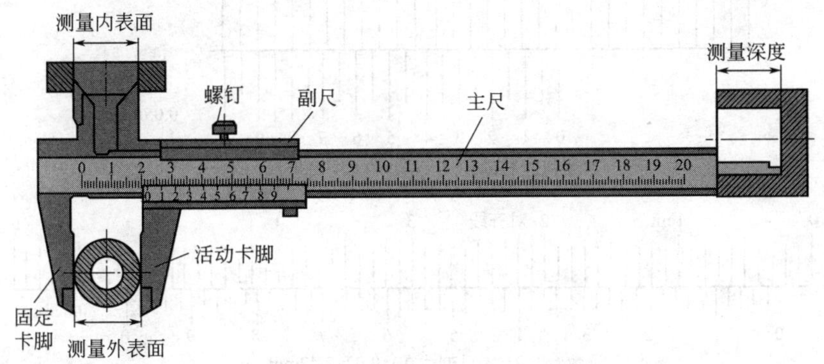

图 5-11 游标卡尺

游标卡尺读数方法如下。

① 根据副尺零线以左的主尺上的最近刻度读出整毫米数。

② 根据副尺零线以右的主尺上的刻度对准的刻线数乘上精度值读出小数。

③ 将整数和小数两部分加起来，即为总尺寸。

游标卡尺实例如图 5-12 所示。

游标卡尺可用来测量工件的宽度、外径、内径和深度，如图 5-13所示。使用时应注意如下事项。

① 使用前，应先擦干净两卡脚测量面，合拢两卡脚，检查副尺零线是否与主尺零线对齐，若未对齐，应根据原始误差修正测量读数。

② 测量工件时，卡脚测量面必须与工件的表面平行或垂直，不得歪斜，且用力不能过大，以免卡脚变形或磨损，影响测量

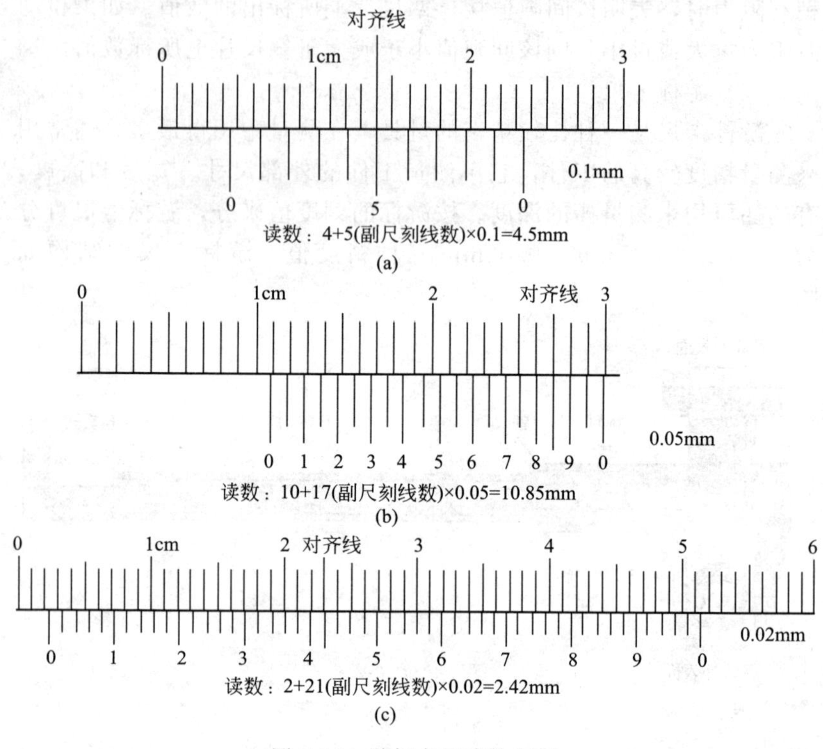

图 5-12　游标卡尺读数实例

精度。

③ 读数时，视线要垂直于尺面，否则测量值不准确。

④ 测量内径尺寸时，应轻轻摆动，以便找出最大值。

⑤ 游标卡尺用完后，仔细擦净，抹上防护油，平放在盒内。

(3) 千分尺

千分尺是用来测量加工精度要求较高的工件的精密量具，其测量精度可达 0.01mm。按照测量范围可分为 0～25mm、25～50mm、50～75mm、75～100mm 和 100～125mm 等多种不同规格，但每种千分尺的测量范围均为 25mm，其结构如图 5-14 所示。

千分尺误差检查方法如下。

① 把千分尺砧端表面擦拭干净。

② 旋转旋钮，使两个砧端夹住标准量规，直到旋钮发出“咔

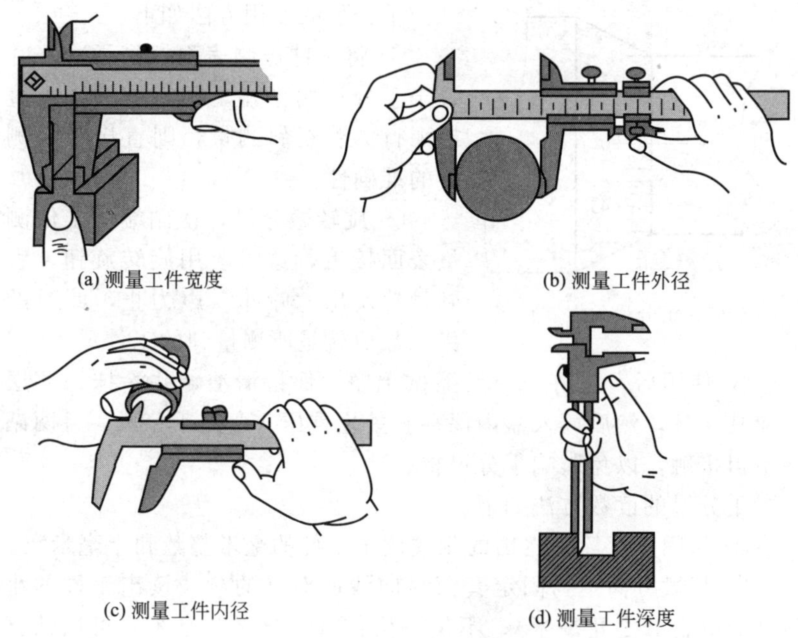

(a) 测量工件宽度　(b) 测量工件外径

(c) 测量工件内径　(d) 测量工件深度

图 5-13　游标卡尺的应用

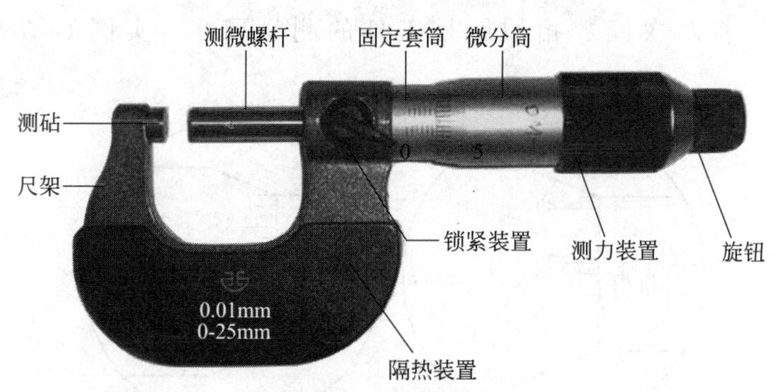

图 5-14　千分尺

咔”声，这时检视指示值。

③ 微分筒前端应与固定套筒的零线对齐。

④ 微分筒的零线应与固定套筒的基线对齐。

⑤ 若两者中有一个零线不能对齐，则该千分尺有误差。千分尺的误差检查如图 5-15 所示。

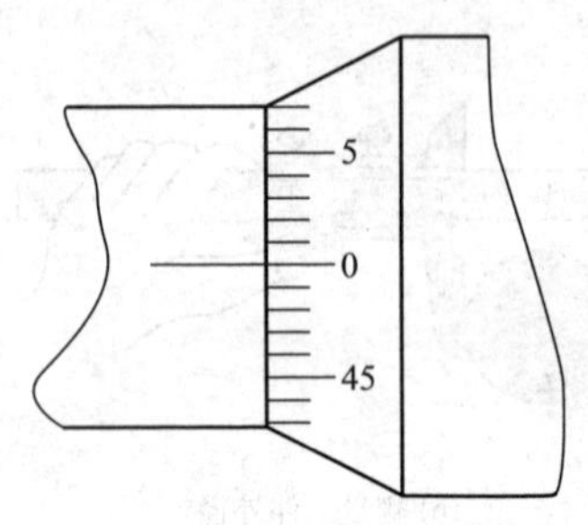

图 5-15 千分尺的误差检查

千分尺的使用方法如下。

① 将工件被测表面擦拭干净，并置于千分尺两砧端之间，中心线垂直或平行。若歪斜测量，则直接影响测量的准确性。

② 旋转微分筒，使砧端与工件测量表面接近，这时改用旋转旋钮，直到棘轮发出“咔咔”声为止，此时的指示数值就是所测量到的工件尺寸。

③ 使用后，应将千分尺擦拭干净，保持清洁，并涂抹一薄层工业凡士林，然后放入盒内保存。禁止重压、弯曲千分尺，且两砧端不得接触，以免影响千分尺精度。

千分尺的读数方法如下。

① 从固定套筒上露出的刻线读出工件的毫米整数和半毫米数。

② 从微分筒上与固定套筒纵向线所对准的刻线读出工件的小数部分（百分之几毫米），不足一格数（千分之几毫米）可用估算读法确定。

③ 将两次读数相加就是工件的测量尺寸，实例如图 5-16 所示。

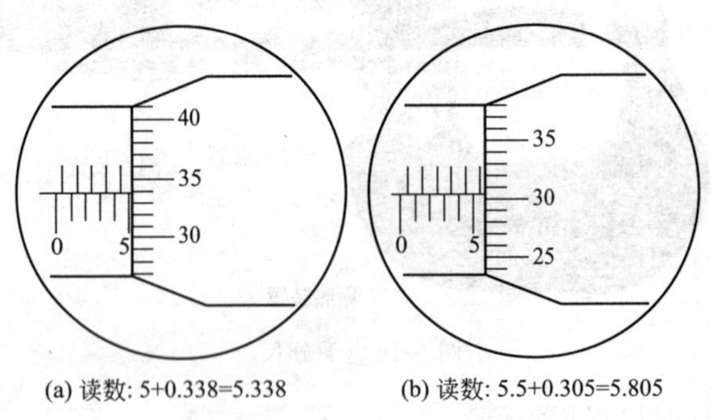

图 5-16 千分尺读数方法

（4）百分表

百分表是一种比较性测量仪器，主要用于测量工件的尺寸误差和形位误差以及配合间隙，如图 5-17(a) 所示。

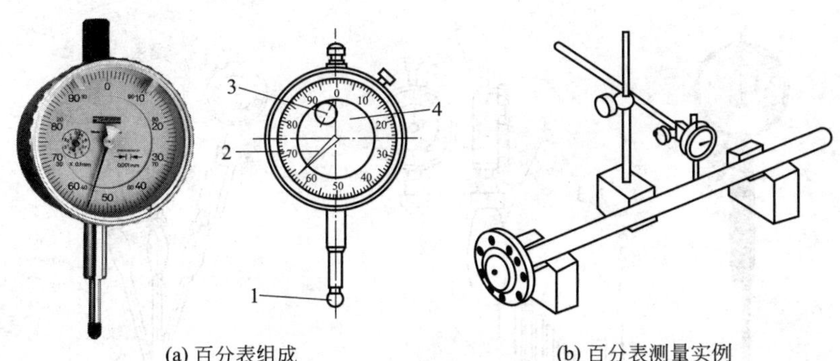

(a) 百分表组成　　(b) 百分表测量实例

图 5-17　百分表

1—量头；2—大指针；3—小指针；4—表盘

百分表的表盘刻度一般分为 100 格，当量头每移动 0.01mm 时，大指针就偏转 1 格（表示 0.01mm）；当大指针旋转 1 圈时，小指针偏转 1 格（表示 1mm）。指针的偏转量就是被测工件的实际偏差或间隙值。

具体使用时，应先将百分表固定在支架上，以测杆端量头抵住被测工件表面，如图 5-17(b) 所示，并使量头产生一定的位移(即指针存在一个预偏转值)；移动被测工件或百分表支架座，观察百分表表盘上指针的偏转量，该偏转量即是被测物体的偏差尺寸或间隙值。使用完后，应擦拭干净，并在金属表面涂抹一薄层工业凡士林，水平放置于盒内，严禁重压。

(5) 内径百分表

内径百分表是一种用于测量孔径的比较性量具。在汽车维修中，主要用于测量发动机气缸和轴承座孔的圆度误差、圆柱度误差或零件磨损情况，其测量精度为 0.01mm。

内径百分表由百分表、表杆、表杆座、活动测杆（量头）、支承架和一套长度不等的连杆等组成，如图 5-18(a) 所示。

内径百分表的使用方法如下。

① 一只手拿住绝热套，如图 5-18(b) 所示，另一只手尽量托住表杆下部，轻轻摆动表杆，使内径百分表测杆与气缸轴线垂直(可通过观察百分表指针摆动情况来判断，当表针指示到最小数值时，即表示测杆已垂直于气缸轴线)。

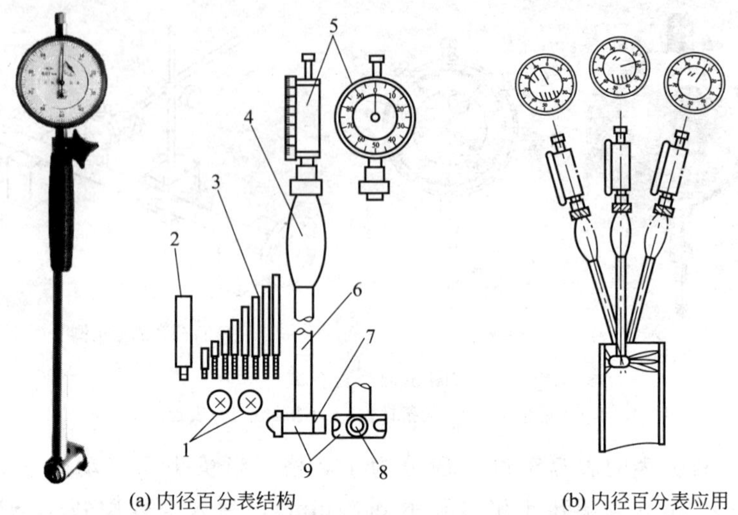

(a) 内径百分表结构　　(b) 内径百分表应用

图 5-18　内径百分表

1—螺母；2—长连杆；3—连杆；4—绝热套；5—百分表；6—表杆；7—表杆座；8—活动测杆；9—支承架

② 内径百分表读数方法与百分表相同，读出百分表表头指示数值。

③ 确定工件尺寸。如果百分表表头的大指针正好指在“0”处，说明被测工件的孔径（缸径）与其校表尺寸相等，若以标准尺寸进行校表，则表示工件尺寸与标准尺寸相同。如果百分表头大指针顺时针方向转离“0”位，则表示工件尺寸小于标准尺寸；反之，则表示大于标准尺寸。通过对不同测量点的测量结果确定圆度误差、圆柱度误差或工件的磨损情况。

第6章 汽车发动机养护

汽车发动机是汽车的核心部分，有人把发动机形容为“汽车的心脏”，由此可见发动机在整个汽车中所占的地位。为了延长发动机的使用寿命，减少发动机的故障发生，应按规定对发动机进行养护。本章以汽油机为例来阐述汽车发动机的养护。

6.1 发动机燃油供给系统养护

燃料供给系统是发动机的核心部分，其工况好坏直接关系到发动机的工作性能。燃料供给系统常见的养护项目包括燃料的选用、空气滤清器的清洁与更换（见5.1.1）、发动机的免拆清洗、油箱及油管连接状况的检查、燃油滤清器的检查和更换、电动燃油泵的检查和调整、喷油器的检查和调整、发动机正时皮带的检查和调整、发动机排气系统的检查等。

6.1.1 燃料的选用

我国目前使用的车用汽油为国五车用汽油标准，于2013年12月18日由国家质量监督检验检疫总局、国家标准化管理委员会组织正式发布并开始实施，过渡期至2017年年底，2018年1月1日起在全国范围内供应国五车用汽油标准车用汽油。

该标准将国五车用汽油牌号由90号、93号、97号分别调整为89号、92号、95号，并在标准附录中增加了98号车用汽油的指标要求。一般情况下，原来加93号汽油的，以后加92号汽油即可，原来加97号汽油的，今后加95号汽油即可。

6.1.2 发动机的免拆清洗

发动机经过一段时间的使用，由于空气中的尘土和汽油中的杂质等会使油路不畅或堵塞，加上燃烧过程中产生的积炭和胶质也会附着在进排气门、进排气道、节气门和燃烧室上，尤其是附着在喷油器的喷油嘴上，导致喷油不畅，雾化不良，从而造成油耗量增加、发动机动力下降、怠速不稳、加速不良和启动困难。因此，有必要对发动机供油系统进行清洗。

汽车免拆清洗保养是相对于传统的汽车保养习惯而言，按照传统的保养习惯，汽车应定期进行保养，即一级保养、二级保养。汽车免拆清洗保养就是在不用对汽车各主要总成、部件解体的情况下，对其进行保养的方法。由于免拆保养时无需拆解发动机部件，从而避免因拆装而造成发动机原始参数改变、性能受损、密封性被破坏、原配件损伤等现象。

目前，市场上对发动机进行免拆清洗的方法主要有清洗剂清洗和免拆清洗机清洗两种。清洗剂清洗就是把清洗剂直接加入油箱中与燃油混合在一起，发动机在运行过程中即可完成对油路和燃烧系统的清洗。免拆清洗机清洗的原理就是利用发动机原有系统的压力及循环网络，用清洗剂替代燃油，从而完成对发动机的清洗。

（1）免拆清洗的时机

对发动机燃油供给系统进行清洗是汽车免拆保养的重点。发动机出现以下情况时，应对燃油系统进行免拆清洗。

① 常在市区行驶的车辆，每行驶 20000km 就应清洗 1 次。

② 冷车启动困难，加速不良，从其他转速回到怠速时常有短时不稳，经常发生爆震。

③ 节气阀开度超过 3°。

④ 氧传感器电压在 0.1～0.95V 间，且变化较慢（正常情况下，该电压在 0.3～0.7V 之间变化），燃油修正值大于 10%。

⑤ 突然因气缸压力而导致发动机不能启动或启动困难，且怀疑积炭可能落在进气门与气门座圈之间。

⑥ 车辆正常使用中，油耗比新车时明显增加。

⑦ 车辆年检或正常护理时，发现尾气排放超标。

（2）发动机燃油供给系统免拆清洗原理

发动机燃油供给系统清洗的专用设备是发动机燃油供给系统清洗机，如图 6-1 所示。设备可清除发动机燃油供给系统各机件、油道等处的积炭、胶质和积垢。其工作原理是，用接头与发动机供油管连接，再加入固定比例的燃油免拆清洗剂，在发动机正常运转状况下，让清洗剂进入燃油供给系统，随着燃油流动、燃烧。燃烧后的清洗剂会将分布在喷油器、燃油泵、油管和燃烧室等处的积炭、胶质与积垢软化、剥离、溶解并使其随废气排出，从而恢复车辆的性能，使启动顺畅、怠速平稳、加油轻快、动力增加，达到省油及降低空气污染的效果。

图 6-1　发动机燃油供给系统清洗机

(3) 发动机燃油供给系统免拆清洗操作方法

① 配制清洗剂与汽油混合液。按规定比例将清洗剂与汽油混合，然后倒入清洗机的油箱内。如在清洗机内配制混合液，其操作方法是将清洗机红色夹子夹在汽车蓄电池的正极上，黑色夹子夹在负极上(或与DC12V的电源相连)，将黑色管与车辆的回油管路连接，将定时器逆时针拨到ON挡，将回油管阀门打开，启动发动机，汽油将通过回油管输入清洗机的储油箱内，直到规定值，关闭发动机，将清洗剂按比例与汽油混合。

② 拆下发动机上的进油管接头。

③ 用合适的管接头将供油管（黄色）与发动机供油系统（进入发动机端）相连，用合适的管接头将回油管（黑色）与发动机回油系统（进入油箱端）相连。

④ 将发动机汽油泵的继电器拆下或将熔丝盒内的熔丝摘除。

⑤ 将发动机上的回油管用一个盲头油管封堵。

⑥ 使泄油阀处于关闭状态。

⑦ 定时器顺时针拔至30min挡以上。

⑧ 压力调节器调到零位，打开流量调节阀。

⑨ 启动发动机使其运转，直到原供油系统所有残余燃油消耗

完，约 1min。

⑩ 开启清洗机电源开关。

⑪ 慢慢旋转调压器和流量计，调节压力和流量，使清洗剂混合液能在不同形式的车辆发动机中均匀平稳地燃烧。

⑫ 观察混合液面，在最后几分钟内关闭清洗机回油管阀门，使其对燃油系统进行最后的高压清洗。

⑬ 定时器回零报警后关闭发动机，关闭清洗机电源，拆下电源线。

⑭ 先打开泄压阀后再拆下各管。

⑮ 拆下供油管和回油管，重新连接供油系统，启动发动机检查有无泄漏。

经上述方法清洗后的发动机燃油供给系统内部的胶质和积炭等将被软化、剥离、溶解，喷油嘴雾化效果将明显改善，燃烧更充分，发动机性能显著提高，油耗降低，废气排放情况改善。

6.1.3 油箱及油管连接状况的检查

油箱应无破损、无泄漏，与车身连接良好。油箱与油管接头无破损、渗漏，紧固可靠，如图 6-2 所示。

图 6-2 油箱及管路连接

目前，各加油站的汽油品质有优有劣，车用了一段时间，油箱里会存有各种杂质，因此要定期进行清洗。

（1）清洁检查油箱外部

清洁油箱外部，检查油箱、油管、接头有无凹瘪和渗漏，并拧紧油箱支架固定螺栓。如果发现有凹瘪和渗漏现象，应拆下损坏部件进行修理。

（2）油箱清洗作业

① 打开燃油箱口，取出滤网筒，吸出燃油箱内部分燃油，箱内留有约 30L 左右的燃油。

② 将清洗干净的压缩空气管（最好是塑料管）从加油管口插入油箱底部，以 2～3 个大气压的气压吹动燃油箱底部的燃油，使之翻腾而进行清洗。

③ 清洗时，可用干净的布块稍微堵住插入油管的加油管口，并不断变换气管下端的位置和方向。

④ 移动时，注意避免碰击油面高度传感器的浮子。

⑤ 吹洗 20min 后，立即放出油箱内的燃油，使悬浮在油中的杂质随燃油一起流出。如果流出的燃油较脏，应以上述的方法再清洗一遍油箱。

⑥ 装复并拧紧放油螺塞。

⑦ 将加油管口的滤网筒清洗干净，装入加油管内。

⑧ 向油箱内加入清洁的燃油，盖好油箱盖，并将油箱外部擦拭干净。

⑨ 从油箱内放出的燃油应经过 72h 的沉淀后才能使用。

6.1.4　汽油滤清器的检查和更换

汽油滤清器的作用是过滤掉汽油在储运以及加注过程中混入的杂质和水分，以免造成对气缸的加速磨损。与机油滤清器情况相似，目前多数车型使用的为纸质滤芯不可拆洗式的一次性汽油滤清器，其更换周期一般为 40000km，更换时要注意滤清器壳上标有进出油门箭头标记，更换时切勿装反。一般来说，汽油滤清器大多装在油箱的出油管上，如图 6-3 所示。

不同车型汽油滤清器的更换步骤基本相似，具体如下（图 6-4）。

（1）拆卸

① 拆下蓄电池上的搭铁线（了解此车是否安装防盗系统，如有，需了解防盗码）。

② 打开加油口盖，释放燃油蒸气压力，然后再拧上加油口盖。

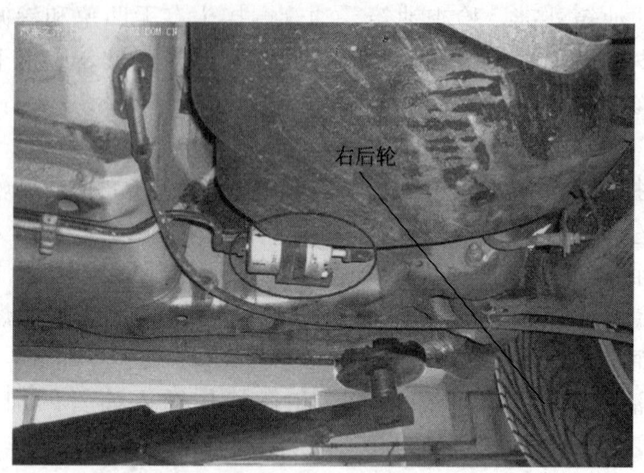

图 6-3 汽油滤清器位置

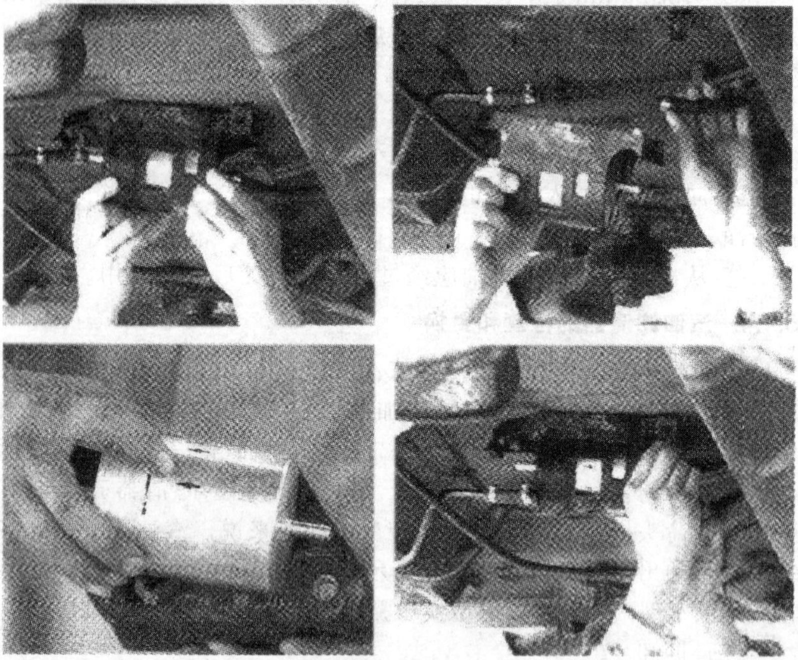

图 6-4 更换汽油滤清器

③ 用举升器将车辆举起到合适位置。

④ 从汽油滤清器上拆下进油管和出油管（注意防止汽油流出

污染环境）。

⑤ 拆下汽油滤清器。

（2）安装

① 将汽油滤清器固定在底板上，注意滤清器上标注的液流方向（滤清器上的箭头为汽油流向）。

② 连接进油管和出油管（确保安装到位），用卡箍将油管与滤清器连接稳妥。

③ 将车辆降到地面上。

④ 连接蓄电池搭铁线。

⑤ 启动发动机，检查滤清器的油管接头处有无泄漏。

6.1.5　电动燃油泵的检查和调整

电动燃油泵是燃油供给系统的组成之一，其主要作用是给电控燃油喷射系统提供具有一定压力的燃油。电动燃油泵安装位置分为内置式和外置式。内置式是指燃油泵安装在油箱中，具有噪声小、不易产生气阻、不易泄漏、管路安装较简单等优点。外置式是指燃油泵串接在油箱外部的输油管路中，优点是容易布置、安装自由度大，但噪声大，易产生气阻。

（1）电动燃油泵的结构与工作原理

电动燃油泵是由小型直流电动机进行驱动的油泵，电动机与油泵连成一体，密封在同一壳体内。燃油泵多安装在汽油箱内，其安装简单，不易产生气阻及漏油。图 6-5 所示为滚柱式电动燃油泵结构。

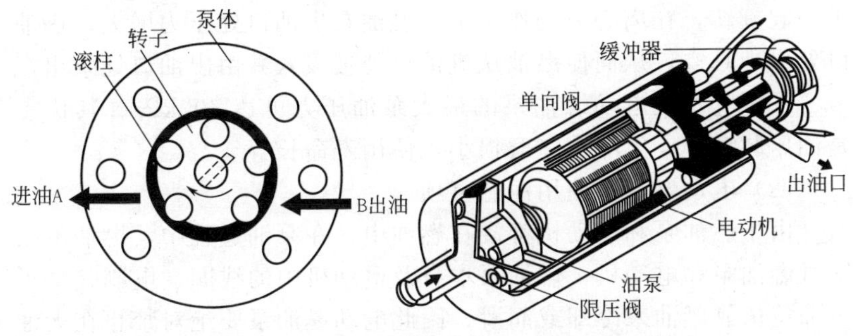

图 6-5　滚柱式电动燃油泵结构

① 滚柱式电动燃油泵　工作原理如下。

工作时，电动机带动燃油泵转子旋转，在离心力的作用下，位于转子槽内的滚柱外移并靠紧在泵体的腔壁上，由于泵体内表面为不等厚的结构，在滚柱随转子旋转的过程中，滚柱、转子与腔壁之间的容积不断变化，即向进油口处旋转时容积逐渐变大，离开进油口向出油口处旋转时容积逐渐变小，燃油经进油口处的滤网被吸入泵内，逐步加压后，经过电动机周围的空间由出油口泵出。

此外，在燃油泵的出油口处设有单向阀和缓冲器。当电动机停转、燃油泵不工作时，单向阀可阻止燃油倒流回油箱并保持一定燃油压力，以便再次启动。缓冲器是用来减小出油口处油压脉动噪声的。

滚柱式电动燃油泵的最大泵油压力可达 400kPa 以上。如由于滤清器堵塞而造成燃油泵出油口端油压过高时，可自动顶开设在出油口侧的限压阀，使一部分燃油回到进油口一侧，以保护电动燃油泵不被损坏。

滚柱式电动燃油泵的不足之处是工作时运转噪声大，供油压力不稳定，而且容易磨损。故今后将趋向于改用平板叶片式电动燃油泵。

② 平板叶片式电动燃油泵　其结构与滚柱式电动燃油泵大体相似，所不同的只是转子部分。平板叶片式电动燃油泵的转子不是圆柱形的，而是一块圆形平板，并在其外缘上开有小槽，以形成均匀分布的叶片，如图 6-6 所示。

工作时，电动机带动燃油泵运转，转子外缘上小槽内燃油随转子一起旋转，在离心力的作用下，燃油泵出油口处压力增大，进油口处出现真空，从而使燃油从进油口处被吸入并由出油口处泵出。

平板叶片式电动燃油泵的最大泵油压力可达 600kPa。其优点是油压脉动小，无噪声，磨损小，使用寿命长等。

（2）电动燃油泵使用注意事项

由于燃油泵和电动机都浸在燃油中，在泵油过程中，燃油不断穿过燃油泵和电动机，燃油泵本身及电动机中的线圈、电刷、轴承等部位依靠燃油来冷却或润滑，因此电动燃油泵要绝对禁止在无油的情况下运转，以免烧坏。

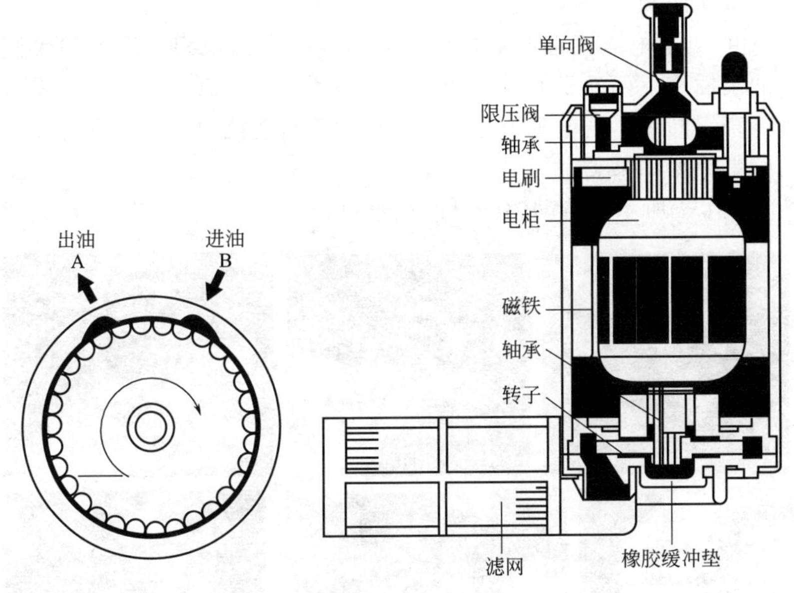

图 6-6　平板叶片式电动燃油泵

(3) 电动燃油泵工作情况的检查

① 将点火开关接通，不启动发动机，用手触摸电动燃油泵，应能感到 2s 的转动。

② 燃油泵不转动，应检查中央线路板上的燃油泵熔丝。

③ 熔丝正常，将发光二极管测试灯的一端接地，另一端接熔丝插座，暂短启动发动机，测试灯应闪亮。试灯不亮，应检查线路。

④ 熔丝和线路无故障，应检查继电器。

⑤ 检查时，关闭点火开关，取下燃油泵继电器，用万用表电阻挡测量 30 和 87 插脚间的电阻，阻值应为无穷大。

⑥ 将 12V 直流电压接在 85 和 86 插脚上，此时应听到继电器“咔嗒”的吸合声。

⑦ 用万用表检测 30 和 87 插脚间的电阻，阻值应接近零，否则更换继电器。

⑧ 熔丝或继电器无故障，检测燃油泵的供电。检测时关闭点火开关，拔下燃油泵插座，用万用表电压挡测量插座两插孔间的电

压，电压应高于 11V。

⑨ 供电电压正常，检查燃油泵电动机绕组电阻，用万用表测量油泵插座上两端子间的电阻，阻值应为 5～10Ω。若电阻为无穷大，绕组断路。若电阻为零，电动机内部有短路故障。这两种故障均应更换燃油泵。

图 6-7 所示为电动燃油泵的检查过程。

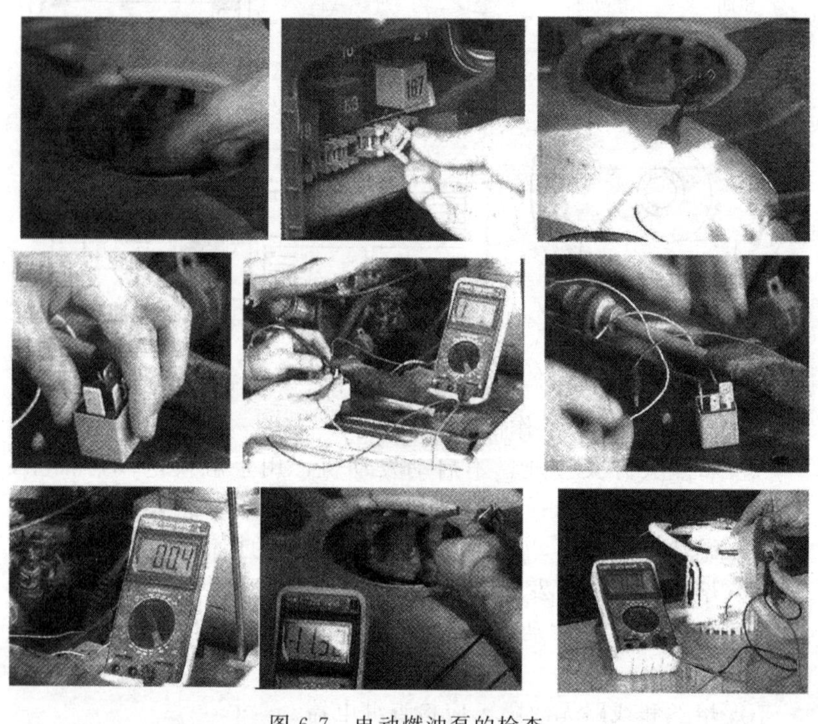

图 6-7 电动燃油泵的检查

6.1.6 喷油器的检查和调整

喷油器的工作是由 ECU 发出的脉冲信号控制的。通电时，喷油器喷嘴打开，把一定压力的燃油以雾状喷入进气管，并与空气混合，在各缸进气行程时被吸入气缸。喷油器实际上是一个电磁阀，由衔铁与针阀制成一个整体，当 ECU 发出脉冲信号时，衔铁与针阀一起被吸起，一定压力的燃油从喷嘴喷出，当电磁线圈断电时，磁力消失，针阀与衔铁在弹簧的弹力下回位，关闭喷嘴，ECU 输出的脉冲时间长，阀嘴打开时间长，喷油器喷油量大，反之喷油量小。

（1）喷油器结构

喷油器一般分为轴针式和球阀式两种。轴针式喷油器主要由喷油器外壳、滤网、电接头、电磁线圈、衔铁、针阀及上、下密封圈等组成，如图 6-8 所示。当喷油器的电磁线圈无电流通过时，针阀在弹簧的作用下将喷油器的喷嘴关闭，喷油器不喷油。当电磁线圈通电时，线圈产生磁场，电磁吸力将衔铁吸起上移，与衔铁一体的针阀同时上移，喷油器的喷嘴打开，燃油从精密的环形喷嘴以雾状喷出。

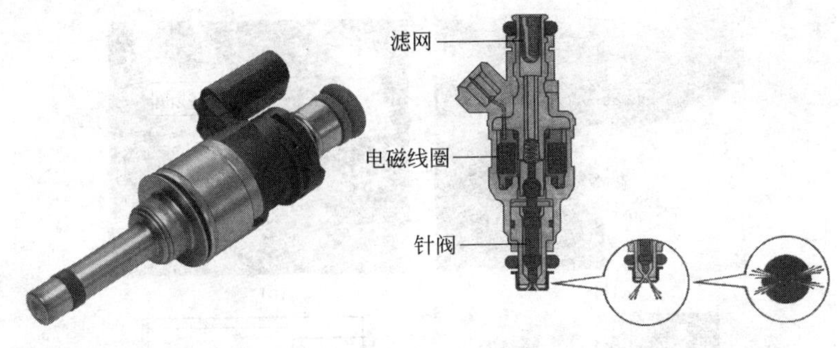

图 6-8　喷油器结构

球阀式喷油器与轴针式喷油器的主要区别在于阀针的结构。球阀式的阀针是由钢球、导杆和衔铁用激光束焊接成整体的结构。

（2）喷油器工作情况的检查

① 检测喷油器时，启动发动机，怠速运转，用手触摸喷油器，应有脉动的感觉。

② 检测喷油器电磁线圈时，将发动机熄火，拔下喷油器线束插头，用万用表电阻挡测量接线的电阻，20℃时，阻值应为 12～16Ω，否则应更换喷油器。

③ 检测喷油器的信号时，将发光二极管接到喷油器导线插头上，启动发动机，试灯应闪烁。不亮或不闪烁，则表明控制回路有故障，可检查喷油器至 ECU 的线路和 ECU 输出信号是否有故障，也可用示波器检测波形，对控制电路进行检查。

④ 检测喷油器的喷油量，检测时用导线分别将喷油器与蓄电池相连接，并用量杯测量一定时间内的喷油量。一般为 50～70mL/15s，每个喷油器都应重复测量 2～3 次。相互间的喷油量差值应小于 10%。否则对喷油器进行清洗或更换。

⑤ 清洗喷油器是经常性的工作，用超声波清洗仪清洗喷油器时，取下喷油器口连接供电插头。

⑥ 将喷油器放入清洗器中。

⑦ 打开清洗机开关，开始清洗，清洗过程需要 10min，通常清洗 2 遍。

喷油器的检查及清洗如图 6-9 所示。

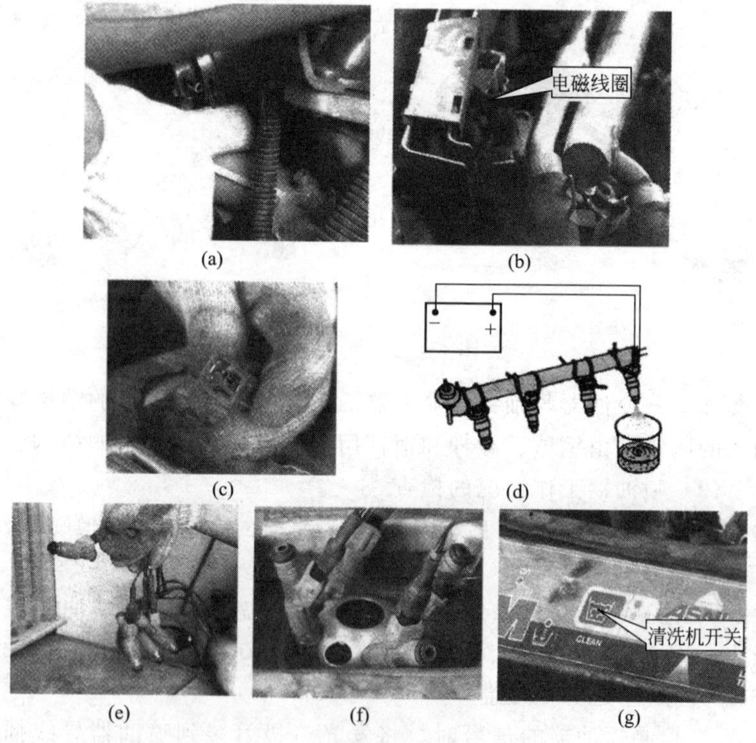

图 6-9 喷油器的检查和清洗

6.1.7 发动机正时皮带的检查和调整

汽车曲轴通过皮带驱动凸轮轴转动，控制气门的开启关闭，同时也通过带传动带动发电机转动，提供全车用电。一般来说，汽车发动机用带主要有 V 带、多楔带和同步带，如图 6-10 所示。

图 6-10　发动机带传动类型

同步带传动是利用带齿与带轮的啮合来传递动力的一种新型的传动方式，它兼有齿轮传动、链传动和带传动的各种优点，是目前广泛使用的一种带传动形式。同步带可以解决使用链条时发生的高速状态下传动效率降低、需注入润滑油等问题和使用齿轮时驱动部和从动部之间距离受限制等问题。同时同步带将玻璃纤维作为抗张体，无胶带的伸长情况发生，另外，同步带耐热、耐油、耐磨性出色，在运转速度和温度变化很大的条件下，也能保证很高的传动效率，在高速旋转过程中，也能稳定安全地发挥其性能。

（1）风扇皮带的检查和调整

① 用手指按压皮带的中部，挠度应为 12mm 左右。如果不符合要求，应进行调整。

② 调整时，先拧松发电机紧固螺母和螺栓。

③ 调整松紧螺栓。

④ 使发动机皮带松紧度符合要求，最后拧紧紧固螺母。

⑤ 调整好后，检查风扇皮带是否有裂纹、磨损，如果有应更换皮带。同时，翻转皮带，能够达到 90°，不能过松或过紧。

风扇皮带的检查和调整如图 6-11 所示。

（2）正时皮带的检查和调整

① 先将发动机护罩的四个内六角螺母卸下。

② 取下护罩，再拆下正时皮带护罩。

③ 用拇指和食指捏住凸轮轴齿轮和中间轴齿轮之间同步带的中间位置，转动皮带，刚好达到 90°为合适。

④ 正时皮带的张紧度必须适中，过紧或过松都必须进行调整，最后检查皮带是否有裂纹、毛边、磨损等。如果磨损严重或已行驶

80000km，应更换。

⑤ 最后装好正时皮带护罩和发动机护罩。

正时皮带的检查和调整如图 6-12 所示。

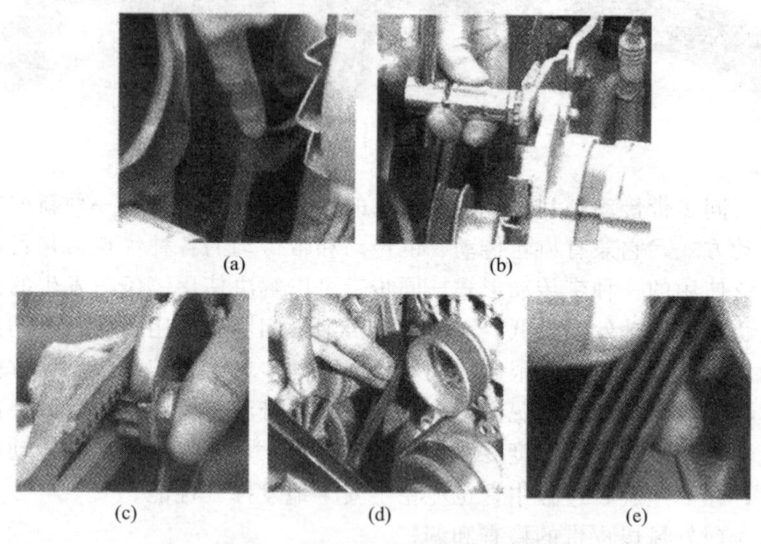

(a) (b)

(c) (d) (e)

图 6-11　风扇皮带的检查和调整

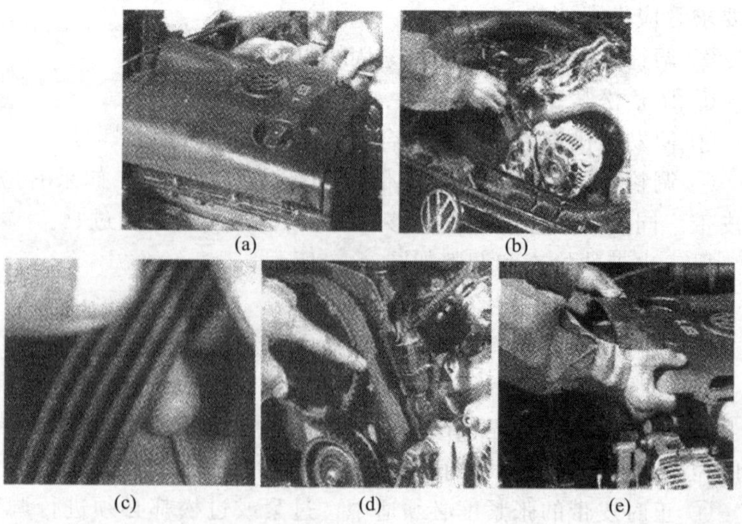

(a) (b)

(c) (d) (e)

图 6-12　正时皮带的检查和调整

6.1.8 发动机排气系统的检查

图 6-13 所示为发动机排气系统，应检查排气管有无破损，接口处有无漏气现象，排气管与车身之间连接是否良好，排气管的螺栓紧固力矩是否符合规范。当然也要检查靠近排气系统的车身部位，查看是否有断裂、损坏、缺失或错位的零部件以及开裂的接缝、开孔和松动的接头或其他可能导致散热不畅、排气系统烟尘进入车内的情况。

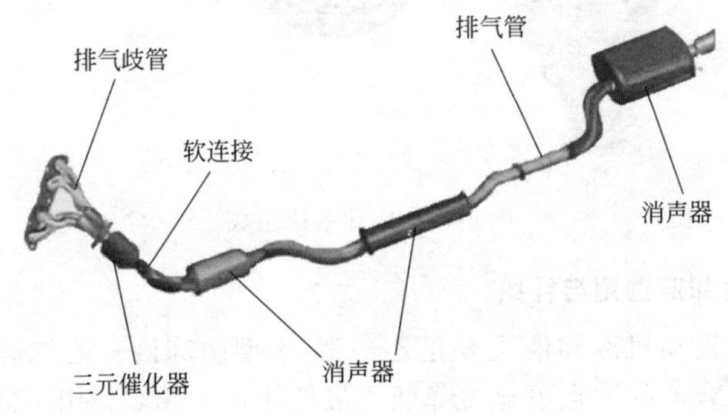

图 6-13　发动机排气系统

6.2 发动机冷却系统养护

发动机冷却系统用于把受热零件吸收的部分热量及时散发出去，保证发动机在最适宜的温度状态下工作。按照冷却介质不同，冷却系统可以分为风冷式和水冷式。水冷式冷却系统是以冷却液作为冷却介质，把发动机受热零件吸收的热量散发到大气中去。目前汽车发动机上采用的水冷式冷却系统大都是强制循环式，利用水泵强制水在冷却系统中进行循环流动。它由散热器、水泵、风扇等组成，如图 6-14 所示。

冷却系统经过长时间的使用（加上用普通水或质量不高的防冻液），会在冷却系统（散热器、缸体的水套）中产生大量的水垢、铁锈等，使冷却效率降低。因此，使用普通水或质量不高的防冻液的冷却系统，每 6 个月应清洗 1 次，使用合格防冻液的冷却系统的发动机，应在更换防冻液或大修发动机时，彻底清洗 1 次冷却系统。

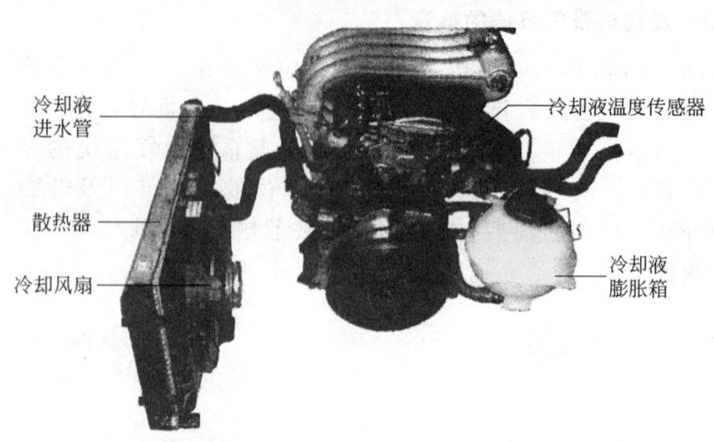

图 6-14 冷却系统组成

6.2.1 冷却液选用与补给

目前发动机冷却液主要是乙二醇-水型防冻液。乙二醇与水混合后，混合液的冰点可显著降低，最低能达－68℃。用不同比例的乙二醇和水可以配制成不同冰点的防冻液。乙二醇-水型防冻液的沸点高，挥发损失少，在使用中只需补充蒸发掉的水即可。它的冰点低，热容量大，冷却效率高，黏度小，流动性好，但乙二醇-水型防冻液有毒性，对金属有腐蚀作用，并对橡胶有轻度的侵蚀。

（1）乙二醇-水型防冻液的牌号

根据石化行业标准 SHO521—92 生产的乙二醇-水型防冻液按冰点不同，有－25、－30、－35、－40、－45 和－50 六个牌号。防冻液产品可以制成浓缩液，由用户加清洁水稀释后使用，也可制成一定冰点的成品直接使用。

（2）乙二醇-水型防冻液的使用方法

① 根据当地冬季最低气温选用适当牌号的防冻液，冰点至少应低于最低气温 5℃。如果是浓缩液，应按产品说明书的规定比例加清洁水稀释。

② 乙二醇-水型防冻液一般可使用 2～3 年。入冬前，如有必要可检查、调整防冻液的密度，添加防腐剂，并将防冻液的冰点调到该牌号的最高冰点水平。

③ 乙二醇-水型防冻液不仅有较低的冰点，防止冬季冻结，而且可提高沸点，防止在夏季沸腾，因此可四季使用。

④ 使用防冻液前应检查冷却系统，保证无渗漏。加注时不要过满，一般只加到冷却系统总容量的 95%，以免温度升高后膨胀溢出。

（3）防冻液的检查和补给

防冻液使用期限较长，一般为 1～2 年（长效防冻液可达 2～3 年），其呈碱性，pH 值一般在 7.5～11.0 之间，发现 pH 值低于 7.0 或高于 11.0 时应及时更换。

① 在热车状态下观察膨胀水箱中防冻液的液面高度。

② 防冻液在上下标线之间，防冻液量合适。如果低于下标线，应补充防冻液。

③ 补充时，一定要等到发动机冷却。绝不可以在热车状态下拧开水箱盖，以免热水窜出烫伤人。

④ 水冷却后，打开防冻液膨胀水箱盖，添加相同型号的防冻液至下标线。

防冻液的检查和补给如图 6-15 所示。

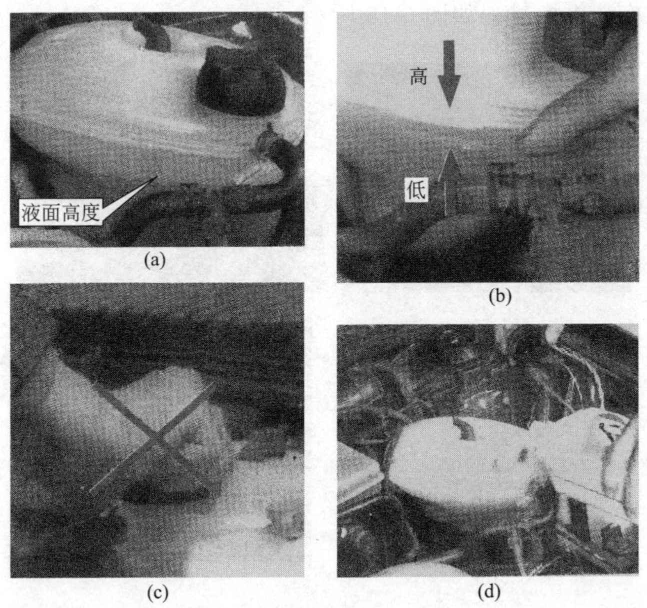

图 6-15　防冻液的检查和补给

（4）防冻液的更换

① 防冻液在更换前一定要对发动机冷却系统进行一次认真的清洗。这是因为防冻液中加有除垢剂和清洗剂，使用前如果没有对发动机冷却系统进行认真的清洗，直接加入防冻液后，发动机冷却系统中原有的水垢与防冻液接触后脱落，使防冻液变浊、变稠，甚至变色、变味，严重时堵塞水管、水道或沉淀在散热器下部弯管接头部位，造成散热不良，防冻液不能循环，致使发动机温度过高。为防止这些现象的发生，在加注防冻液前，应使用质量分数为10％的烧碱水溶液浸泡散热器 1h，再将冲洗液排放掉，然后用软化水反复冲洗 2～3 次，以清除发动机冷却系统中原积存的水垢，冲洗完后才能加注防冻液。

② 发动机冷却系统清洗之后还要对冷却系统有无渗漏进行认真检查，如有渗漏应在排除后才能加注防冻液。

③ 添加防冻液至规定位置。

④ 启动发动机，排出冷却系统中的空气，再添加防冻液至规定的位置。

防冻液更换过程如图 6-16 所示。

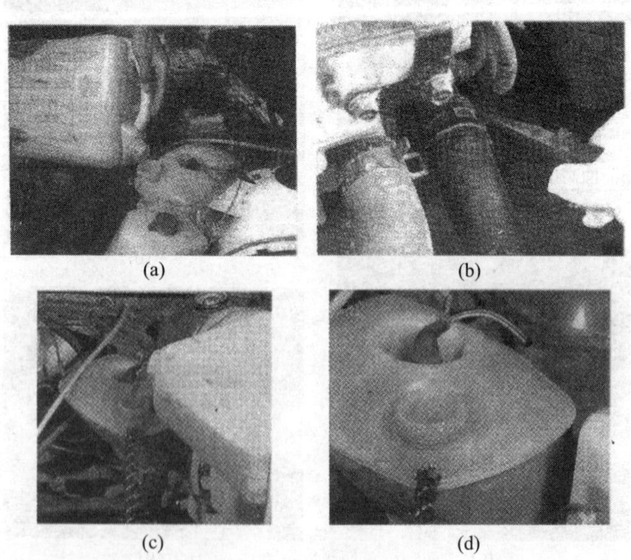

(a) (b) (c) (d)

图 6-16 防冻液更换过程

（5）防冻液更换注意事项

① 加注时不能让防冻液溅在车身漆面上，以防损伤漆膜。

② 加注时不能让防冻液溢流到高温状态下的发动机零件上，以免引起燃烧。

③ 防冻液（乙二醇）有一定毒性，对人的皮肤有刺激作用，手接触防冻液后要及时清洗；使用中严禁用嘴吮吸；防冻液溅入眼内更应及时用清水冲洗处理。

6.2.2 散热器的检查和清洗

（1）散热器的检查

就车检查散热器时，应先清除其表面的灰尘，如有油污，应用汽油洗净。然后从外部查看散热器上、下水室及芯子，不得有渗漏现象，散热器框架不得有断裂和脱焊现象。散热器芯上如果嵌有杂物，可用细钢丝进行清理。如果散热器片有倒伏应予扶正。检查散热器安装固定情况，散热器应牢固可靠，前后晃动应无松动现象。散热器与冷却风扇叶片间距离应保持适当，否则应予以调整。

发动机工作时，冷却液在散热器芯内流动，空气在散热器芯外通过，热的冷却液由于向空气散热而变冷。散热器上还有一个重要的小零件，就是散热器盖，这个小零件很容易被忽略。随着温度变化，冷却液会热胀冷缩，散热器因冷却液的膨胀而内压增大，内压达到一定时，散热器盖开启，冷却液流到膨胀水箱内；当温度降低，冷却液回流入散热器。如果膨胀水箱中的冷却液不见减少，散热器液面却有降低，那么，散热器盖就没有工作。

（2）散热器的使用与保养

① 散热器不应与任何酸、碱或其他腐蚀性物质接触。

② 为了避免散热器的腐蚀，务必使用正规厂家生产且符合国家标准的长效防锈防冻液。

③ 在安装散热器的过程中，不要损坏散热片和碰伤散热器，以保证散热能力和密封性。

④ 散热器内完全更换防冻液时，要先将发动机缸体的放水阀拧开，有防冻液流出时，再关上，从而避免产生气泡。

⑤ 在日常使用中应随时检查液位，要停机降温后补给防冻液。加注时，将水箱盖慢慢打开，作业人员身体应尽量远离加注口，以

防高压蒸汽由加注口喷出造成烫伤。

⑥ 在冬季为防止结冰造成芯子破裂，如长期停车时，应将水箱盖和放水开关打开，将防冻液全部放出。

⑦ 备用的散热器所处环境应保持通风、干燥。

⑧ 视实际情况用户应 1～3 个月将散热器芯体完全清洗一次。清洗时，用清水沿反进风向侧冲洗。

（3）散热器的清理

清洗散热器操作简单，首先拆下前格栅。由于不同车型结构不同，格栅拆除后，散热器的裸露面积各不一样，清洗难度各不相同。拆除格栅后，可以看到散热器，如果散热器表面有树枝、树叶等较大的杂物，可以用手先进行清理，如果没有则可以直接借助气泵进行清理。气泵清理时，应尽量用气泵从机舱内侧向外清理，这种方法可以使清理出来的灰尘杂物直接被吹到车外，而不会飞进机舱内部。如从内部无法将气泵伸进去，只能从外向里清理时，应避免损害其他部件。

另外，清理时应尽量不用水枪清洗，因为水枪本身压力较大，稍不注意容易将散热片打歪，反而会影响散热效果。发动机散热器应定期检查、清理（如半年或换季时），以保持散热器清洁。

散热器清洗过程如图 6-17 所示。

(a) (b)

图 6-17 散热器清洗过程

6.2.3 节温器的检查

节温器装在冷却水循环的通路中，根据发动机负荷大小和水温的高低自动改变水的循环流动路线，以调节冷却系统的冷却强度。节温器有蜡式和乙醚皱纹筒式两种，目前多数发动机采用蜡式节温器。蜡式节温器在橡胶管和感应体之间的空间里装有石蜡，为提高导热性，石蜡中常掺有铜粉或铝粉，其结构如图 6-18 所示。

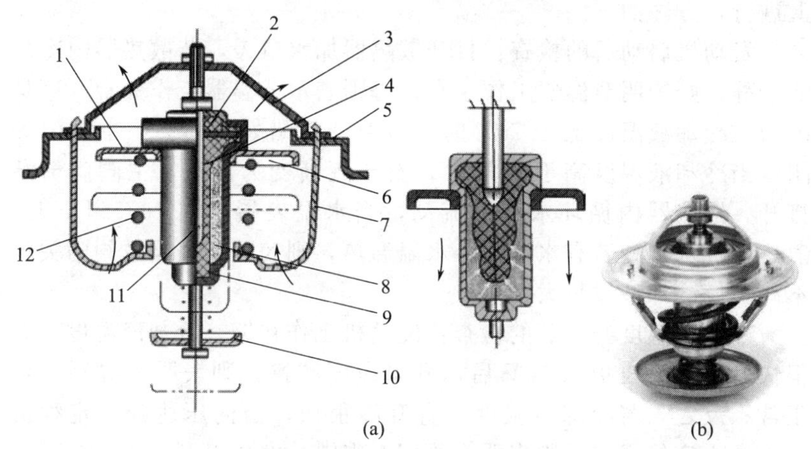

图 6-18　蜡式节温器结构

1—主阀门；2—密封垫；3—支架；4—胶管；5—阀座；6—通气孔；7—下支架；8—石蜡；9—感应体；10—旁通阀；11—推杆；12—弹簧

（1）节温器工作过程

发动机工作温度低于 76℃时，因石蜡呈固态，弹簧和主阀门推向上方，使之压在阀座上，主阀门完全关闭，而旁通阀上移，离开阀座，小循环通路打开，自发动机气缸盖出来的冷却液经旁通阀直接进入水泵，由于冷却液只在水泵和水套之间循环，不经过散热器，且流量小，冷却强度低。

当发动机温度达到 76～85℃时，石蜡逐渐变成液态，其体积膨胀，迫使胶管收缩，向上顶开推杆面，由于推杆固定在支架上不能移动，只能迫使节温器外壳弹簧向下移动并带动主阀门向下，主阀门逐渐开启，旁通阀逐渐关闭，大、小循环同时进行。

当发动机温度高于 85℃时，主阀门完全打开，旁通阀门完全关闭，冷却液全部流经散热器进行大循环，此时冷却液流动线路长，流量大，冷却强度高，使水温快速降低。

（2）节温器的检查

当发动机开始冷车运转时，水箱的上水室进水管处如还有冷却液流出，则说明节温器的主阀门不能关闭；当发动机冷却液温度超过76℃时，水箱的上水室进水管处无冷却液流出，则说明节温器主阀门不能正常开启，这时就需要进行修理。节温器的检查可在车上进行，方法如下。

发动机启动后的检查：打开散热器加水口盖，若散热器内冷却液平静，则表明节温器工作正常，否则表示节温器工作失常。这是因为在冷却液温度低于76℃时，节温器石蜡处于固态，主阀门关闭，当冷却液温度高于76℃时，石蜡逐渐变为液态，主阀门渐渐打开，散热器内循环水开始流动，当水温表指示在76℃以下时，散热器进水管处若有水流动，水温温热，则表明节温器主阀门关闭不严，使冷却液过早大循环。

冷却液温度升高后的检查：发动机工作初期，冷却液温度上升很快，当水温表指示76℃后，升温速度减慢，则表明节温器工作正常；反之，若冷却液温度一直升高很快，当内压达到一定程度时，沸水突然溢出，则表明主阀门有卡滞，突然打开。

在水温表指示76～85℃时，打开散热器盖和散热器放水开关，用手试冷却液温度，若烫手，说明节温器工作正常；若散热器加水口处冷却液温度低，并且散热器上水室进水管处无水流出或流水甚微，说明节温器主阀门无法打开。

6.2.4 冷却系统的清洗

（1）简单清洗

洗涤时，应放净旧冷却液，将发动机冷却系统加满清水，启动发动机运转5min后放出。放出的水若比较污浊，应重复上述步骤直至水清为止。

（2）彻底清洗

当发动机散热性能不好、发动机冷却系统水垢过多时，可使用专用的散热器清洗剂进行清洗。冷却系统洗涤步骤如下。

① 启动发动机，使其温度达到正常的工作温度。

② 关闭点火开关，放净冷却液。

③ 将混有清洗剂的清洗液加入到冷却系统中。

④ 启动发动机，使发动机温度达到正常工作温度并怠速运转20～30min。

⑤ 关闭点火开关，放出清洗液。

⑥ 用干净的水冲洗冷却系统 5min。

⑦ 将发动机内注满干净的水，启动发动机使其运转 10min 后将其放出。

⑧ 如果排出的液体较脏，应继续反复清洗直至水清为止。

6.3　发动机润滑系统养护

发动机运转时，各运动零件相互接触表面在做高速相对运动时会产生摩擦。这种摩擦不仅会增加发动机内部功率消耗，加速零件表面磨损，而且还会因摩擦而产生的热量使零件受热膨胀，导致其配合间隙减小，甚至使零件表面熔化，使发动机不能正常运转。为了减轻磨损，减小摩擦阻力，延长使用寿命，发动机上设置了润滑系统。润滑系统将清洁的润滑油不断地供给各运动零件的摩擦表面。

润滑系统一般由机油泵、油底壳、机油滤清器、机油散热器、各种阀、传感器和机油压力指示灯等组成，图 6-19 所示为发动机润滑系统油路。油底壳内的润滑油经集滤器滤掉粗大的机械杂质后，被机油泵压入机油滤清器后分三路送出。第一路经主油道后送

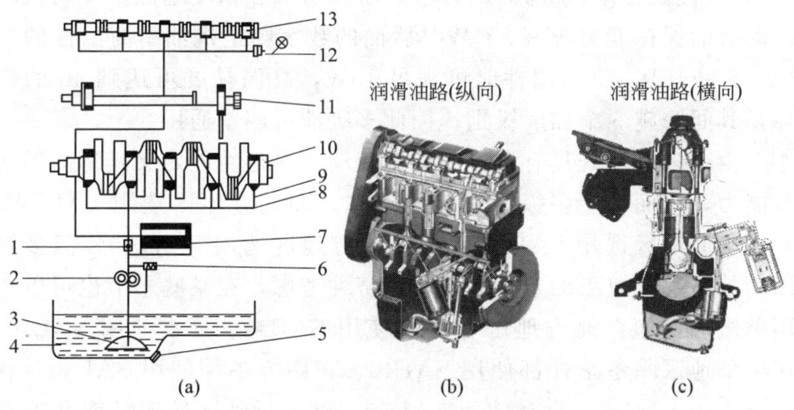

图 6-19　发动机润滑系统油路

1—旁通阀；2—机油泵；3—集油器；4—油底壳；5—放油塞；6—安全阀；7—机油滤清器；8—主油道；9—分油道；10—曲轴；11—中间轴；12—压力开关；13—凸轮轴

入曲轴主轴承分油道，润滑主轴承，经曲轴内油道润滑连杆大端轴承，再经连杆内油道润滑连杆小端轴承后，回到油底壳；第二路从主油道进入凸轮轴的轴承后再润滑气门机构，然后流回油底壳；第三路，在主油道油压太高或流量太大的情况下，润滑油冲开安全阀，分流回油底壳。

6.3.1 选用机油

发动机润滑油作为发动机的润滑剂，俗称为机油，不仅仅起到润滑、抗磨损作用，还有冷却、清洁、防锈、防腐蚀、防氧化等作用。润滑油品质的好坏对发动机的正常运转有着非常重要的影响。

（1）机油的分类和牌号

目前润滑油的分类大多采用 SAE、API 两种标准分类。

① SAE 标准 SAE（Society of Automotive Engineers）是美国汽车工程师学会，SAE 标准是指机油的黏度采用 SAE 等级划分，SAE 等级除代表油品的黏度等级之外，又有单级油和多级油之分。单级油如 5W、30、40，只符合 SAE 机油黏度分类中的某单一级别，对适用的环境温度有严格要求，如 SAE40 适用的最低气温为 0℃。多级油则能同时满足多个黏度级别，如 SAE15W/40（“W”代表冬季），前面的数字越小说明低温黏度越低，发动机冷启动时的保护能力越好，“W”后面的数字则是机油耐高温性的指标。SAE15W/40 低温性能可满足 15W，高温黏度可达到 40 的指标，其间跨越 5 个黏度级别，因此多级油可四季通用。

由于多级油既具有良好的低温流动及泵送性能，又具有高温润滑能力，因而选用多级油是最佳之选，如北方地区选用 SAE5W/30，中原地区选用 SAE15W/40，南方地区选用 20W/50，但多级油的价格要比单级油贵很多，从经济性考虑，在某些季节也可以选用单级油，如在北方地区春秋季使用 SAE30，夏季使用 SAE40，在中部地区除冬季外都使用 SAE40，在南方冬季使用 SAE30，春秋季使用 SAE40，夏季使用 SAE50。对于行驶区域遍及南北的汽车则必须使用多级油，如 SAE15W/40。

按 SAE 标准划分的机油冬季用油有 6 种，夏季用油有 4 种，冬夏季通用油有 16 种，具体见表 6-1。

表 6-1　SAE 标准划分的机油牌号

季节	机油牌号	说明
冬季用油牌号	0W、5W、10W、15W、20W、25W	数字越小,黏度越小,适合的环境最低温度越低
夏季用油牌号	20、30、40、50	数字越大,黏度越大,适合的环境最高温度越高
冬夏季通用油牌号	5W/20、5W/30、5W/40、5W/50、10W/20、10W/30、10W/40、10W/50、15W/20、15W/30、15W/40、15W/50、20W/20、20W/30、20W/40、20W/50	代表冬季部分的数字越小、代表夏季部分的数字越大者黏度越高,适用的气温范围越大

② API 标准　API（American Petroleum Institute）是美国石油学会，API 标准是指划分机油质量的等级，它采用简单的代码来描述发动机机油的工作能力。

API 发动机机油分为两类：S 系列代表汽油发动机用油（我国用 Q 表示汽油）；C 系列代表柴油发动机用油。当 S 和 C 两个字母同时存在，则表示此机油为汽柴通用型。如 S 在前，则主要用于汽油发动机；反之，则主要用于柴油发动机。

随着科学技术的发展，机油质量等级也在不断更新，使用标准也在不断提高，逐渐淘汰低级别油。从最初的 SA 级一直到现在的 SN 级，每递增一个字母，机油的性能都会优于前一种，机油中会有更多用来保护发动机的添加剂。字母越靠后，质量等级越高，国际品牌中机油级别多是 SF 级以上的。从 SA 到 SN 为 12 个等级(其中 SI 和 SK 级空缺)，SA 级别最低，SN 级别最高，目前常用的为 SJ、SL、SM 和 SN 几个级别，在选择机油等级时，一般自然吸气发动机最好用 SL 级，缸内直喷发动机，最好用 SM 以上级别的机油。

(2) 机油的选用

选用机油时，应先确定机油的质量等级，然后选择黏度牌号。选择黏度牌号时，一要根据发动机所处的最低环境温度，选择的机油牌号应能保证在最低的环境温度下发动机的顺利启动；二要根据发动机负荷大小及自身环境温度，使发动机工作中能够始终保持适宜的油膜厚度，具有良好的润滑状态。所以选用合适黏度的机油对发动机是很重要的，并不是SAE数字越大越好，要根据当地的气温和汽车级别来确定。

常见冬夏季通用机油牌号适用温度及适用地域见表6-2。

表6-2 常见冬夏季通用机油牌号适用温度及适用地域

机油牌号	适用气温范围/℃	适用地域
5W/30 10W/30	−30～30 −25～30	新车及北方冬季
10W/40	−25～40	大部分地区适用
15W/40	−20～40	南方地区
20W/50	−15～50	南方热带地区及磨损严重的旧车

6.3.2 检查机油品质和压力

（1）机油品质的检查

机油在使用一段时间后，由于机械杂质的污染、来自外界的灰尘、运转机件磨损下来的金属屑以及零件受侵蚀而形成的金属盐会使机油变质。下面介绍几种简易鉴别方法。

① 油流观察法　取两个量杯，其中一个盛有待检查的机油，另一个空放在桌面上，将盛满机油的量杯举高离开桌面30～40cm并倾斜，让机油慢慢流到空杯中，观察其流动情况。质量好的机油油流应细长、均匀、连绵不断，若出现油流忽快忽慢，时而有大块流下，则说明机油已变质。

② 手捻法　将机油捻在拇指与食指之间反复研磨，较好的机油手感有润滑性、磨屑少、无摩擦，若感到手指之间有砂粒之类较大的摩擦感，则表明机油内杂质多，不能再用，应更换机油。

③ 光照法　用螺钉旋具将机油蘸起，与水平面成45°，对照阳光，观察油滴情况。在光照下清晰地看到机油中无磨屑为良好，可继续使用，若磨屑过多，应更换机油。

④ 油滴痕迹法　取一张干净的白色滤纸，滴数滴机油在滤纸上。待机油渗漏后，若表面有黑色粉末，用手触摸有阻涩感，则说明机油里面杂质已很多，好的机油无粉末，用手摸上去干而光滑，并且呈黄色痕迹。

（2）机油压力的检查

如果汽车仪表盘上装有机油压力表，可通过机油压力表检查发动机不同工况下的机油压力。发动机在常用转速范围内，机油压力应为 200～400kPa，若中等转速下的机油压力低于 145kPa，怠速低于 50kPa，就应检查机油压力。

如果汽车仪表盘上装有油压过低指示灯（机油状态指示灯），怠速工况时指示灯应熄灭。如果油压过低指示灯闪烁，就表明机油压力过低，应检查。机油状态指示灯如图 6-20 所示。

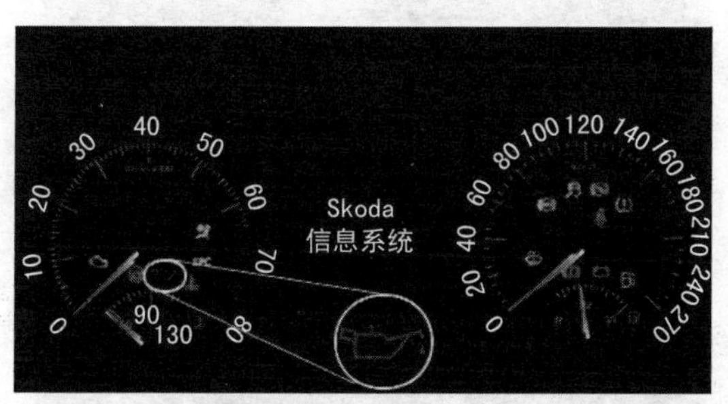

图 6-20　机油状态指示灯

机油压力基本检查步骤如下。

① 断开机油压力开关的插头，并拆下主油路上的油压传感器，如图 6-21 所示。

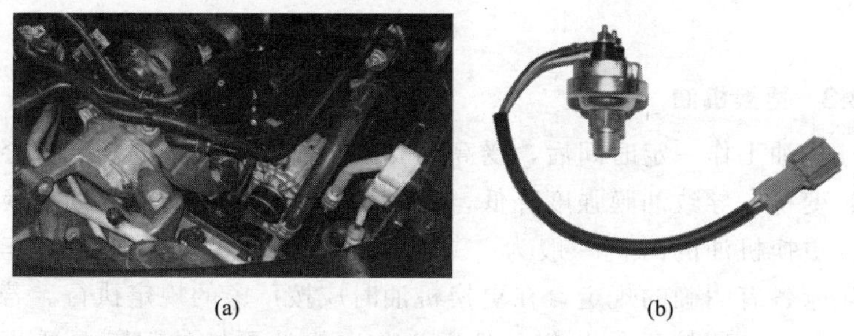

(a)　(b)

图 6-21　拆下机油压力传感器

② 将机油压力表接到主油路中，机油压力表如图 6-22 所示。

③ 将发动机运行到 80℃左右，转速达到 2000r/min，油压应超过 260kPa，如图 6-23 所示。

④ 重新安装好机油压力传感器，并运行发动机，检查连接处是否漏油。

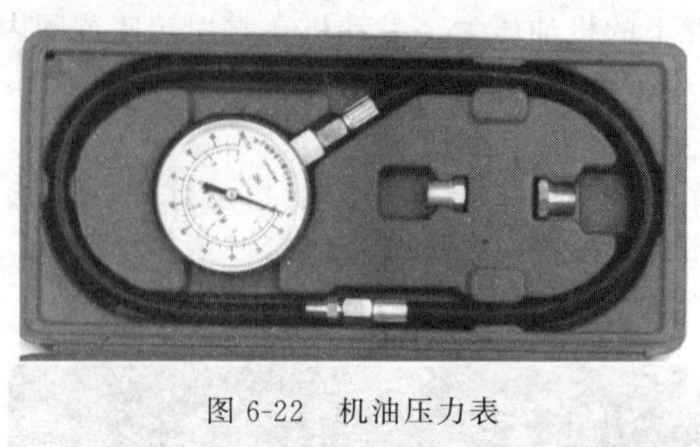

图 6-22 机油压力表

图 6-23 机油压力检测

6.3.3 更换机油

机油工作一定时间后，受高温和漏入机油中废气的影响，会氧化、变稀，导致油膜强度降低，润滑性能下降，为此应定期更换机油。更换机油的时机一般为 7500～12000km，不同车型的汽车生产厂家各有明确的规定，在更换机油时应按厂家的规定执行。若汽车长期在负荷较重的苛刻条件下工作，机油更换的间隔要适当缩短。如果汽车在 1 年中行驶里程达不到上述里程，应每年更换 1 次机油。如果使用质量较高的机油，换油间隔可适当延长（按机油生产厂家的建议执行）。更换机油的操作步骤如下。

① 将车辆停放在平坦的地面上，启动发动机并使其处于热状态，然后熄火，将车辆升起。

② 拧下油底壳上的放油螺塞，趁热放出机油。

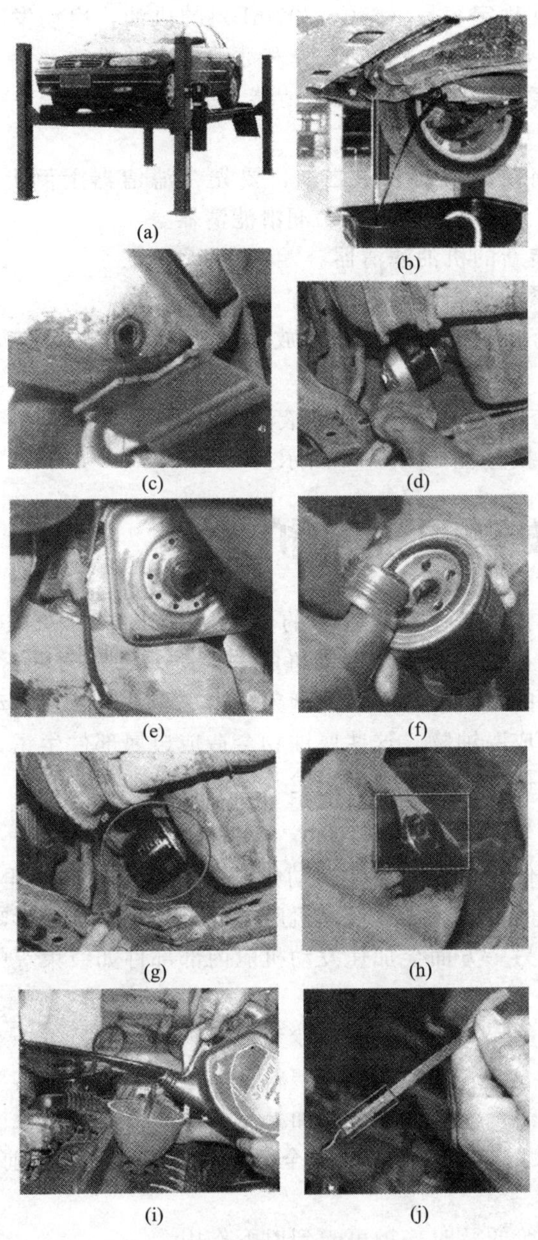

图 6-24　机油更换过程

③ 加注规定容量（650～700mL）的机油，启动发动机怠速运转 3～5min，熄火后放出油底壳和滤清器内的机油。

④ 用专用工具拆卸机油滤清器，放净机油。

⑤ 擦干净机油滤清器座。

⑥ 在将新滤清器装上之前，要先在滤清器上倒上一点机油，并且涂匀在滤清器的表面上，润滑滤清器。

⑦ 安装新的机油滤清器。

⑧ 拧紧油底壳的放油螺塞。

⑨ 换好机油滤清器、拧上放油螺塞后，按规定容量加注新鲜的机油。

⑩ 检查油底壳内的机油油液高度，应符合规定。

机油更换过程如图 6-24 所示。

6.4 发动机舱养护

汽车行驶过程中，空气中的尘土从发动机舱下部进入发动机舱，会附着在发动机舱及发动机的表面。如果发动机不及时维护，会在发动机的密封处产生漏油现象，尘土与油混合在发动机表面漏油部位会形成腐蚀物，这些腐蚀物会造成金属部件生锈，腐蚀发动机，因此要按规定期对发动机舱及发动机外部进行养护。

6.4.1 发动机舱养护的作用

汽车在使用过程中，在发动机表面会覆盖一些灰尘、油污等，影响发动机的散热，导致发动机舱温度过高，一方面影响发动机的使用寿命，另一方面会加速发动机舱内部部件如线束等的老化，构成安全隐患。

发动机舱保养主要是利用专业保养工具和产品，针对整个发动机外部，如线路表面、橡胶、塑料、电池连接头、外露金属等部分进行深度清洁，清洁完成后再加上一层保养剂，可以保证发动机工作性能，保障车辆行驶的安全性。发动机舱养护前后对比如图 6-25所示。

发动机舱的及时养护可起到以下作用。

① 能全面清洗发动机外部及整个发动机表面，如线路表面、

(a) 保养后

(b) 保养前

图 6-25　发动机舱养护前后对比

塑料、橡胶、电池连接头、外露金属部位等，使发动机的热量快速散发。

② 在发动机舱表面涂一层保养剂，使发动机表面不易粘灰尘和油污，而且便于清洗。

③ 保护发动机舱内的线路、油管，防止橡胶件老化、开裂，防止金属生锈、沾染污垢。

④ 减少酸雨和腐蚀性物质对发动机外部各部件的损伤，提高元件的使用寿命。

6.4.2　发动机舱养护的方法

发动机舱的养护主要包括发动机外部灰尘的清除、发动机外部油污的清除、发动机锈迹的清除。

（1）发动机外部灰尘的清除

对于发动机外部灰尘，可以用自来水冲洗。在冲洗前应先用塑料袋将发动机上的电器如发电机、分电器、高压线等包扎好，以防止清洗时这些电器进水，造成损坏。另外，如果发动机空气滤清器通风口是朝外的，也必须用塑料袋包上或用毛巾堵住，以防进水。然后使用 0.2～0.3MPa 压力的自来水冲洗发动机外部的灰尘、泥土和污渍。注意在清洗过程中，发动机机体温度应低于 50℃。

（2）发动机外部油污的清除

如果发动机外部有油污，可用发动机外部清洗剂或高效发动机油污清洗剂进行清洗。具体方法是先摇匀发动机外部清洗剂，并将其均匀地喷洒于发动机的外部，15min 后用清水冲洗。如果油污较重，可配合使用小毛刷刷洗。如果发动机表面存在严重的油污、沥青或漏油现象时，可用超能开蜡剂喷涂于油污、沥青处，停留 3～5min 后，再用细小的刷子或干净的软布擦拭干净。

（3）发动机锈迹的清除

如果发动机生锈，可使用锈斑消除剂消除各种锈迹。具体做法是先清洗发动机，然后将锈斑消除剂喷涂在锈迹处，约 10min 左右，使用小毛刷或软布将锈迹轻轻除去，并用清水冲洗干净。

6.4.3 发动机舱养护的步骤

清洗发动机舱需要的养护工具主要有吹尘枪、高效清理枪和高效干洗枪，如图 6-26 所示。

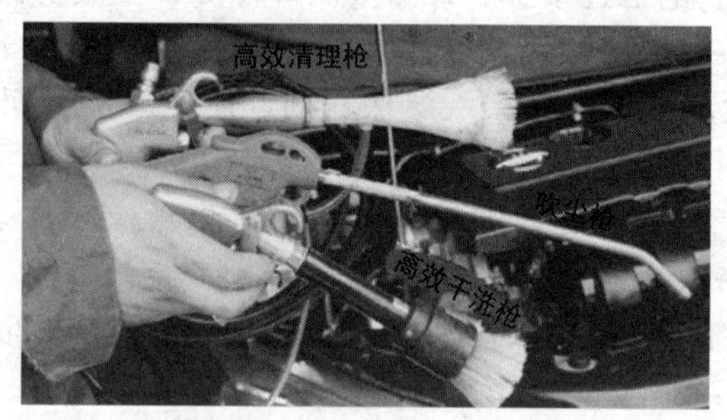

图 6-26 发动机舱养护工具

发动机舱养护的一般步骤如下。

① 在施工之前，要先为汽车做好保护。使用专用的大毛巾对前挡风玻璃进行遮挡，左、右翼子板和中网也都应进行遮盖。目的是防止施工中软管刮伤漆面，以及清洗出来的油污、灰尘落在漆面上。然后利用吹尘枪把发动机舱表面的灰尘先初步清理 1 次，如图 6-27所示。

② 将发动机清洗液按一定比例进行调兑，通过高效清理枪对发动机舱进行清洁（图 6-28）。高效清理枪和平时使用的高压水枪不一样，是对汽车发动机零部件清洁的专用工具。普通自来水在清理枪内进行离子雾化，达到更好的清洁效果，而且能避免发动机舱内零件的氧化与进水。

③ 在确认完全清理干净后，就要对发动机舱进行风干处理。首先，要利用高效干洗枪把发动机舱表面的水分初步吹干，然后用

吹尘枪把水分进一步吹干，最后再用擦车巾把剩余的水分擦掉，如图 6-29 所示。

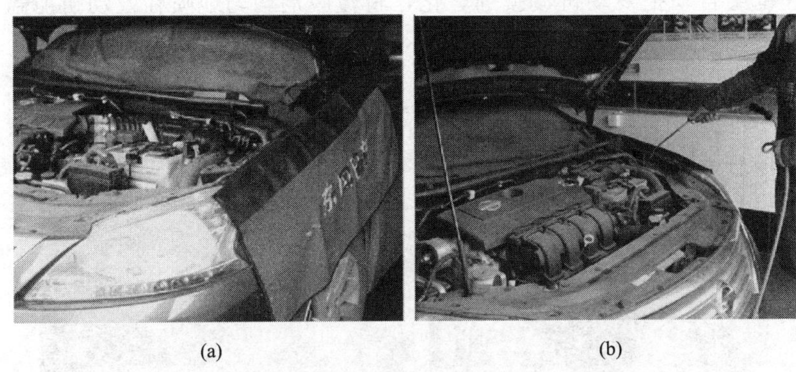

(a)　　(b)

图 6-27　吹尘枪初步清除灰尘

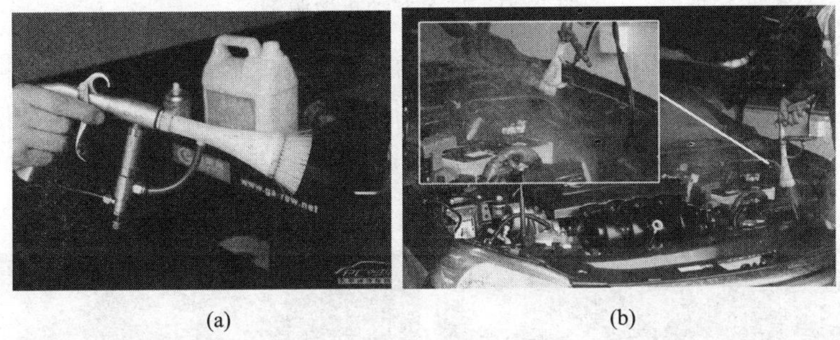

(a)　　(b)

图 6-28　高效清理枪清洗发动机舱

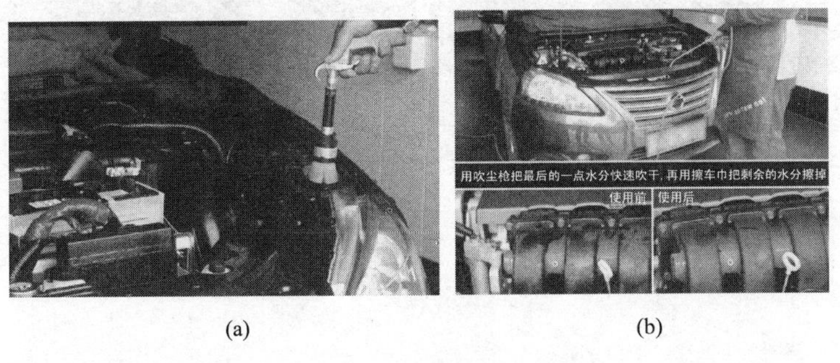

(a)　　(b)

图 6-29　发动机舱风干处理

④ 清洗之后，需要使用发动机覆膜剂对发动机进行护理。将高效清理枪的其中一条管道放入到发动机覆膜剂的瓶子里，高效清理枪会自动把发动机覆膜剂雾化，将覆膜剂均匀地喷在发动机舱盖和发动机舱内，如图 6-30 所示。

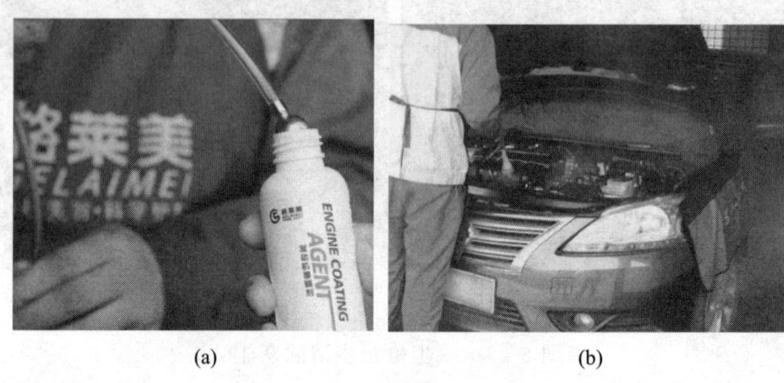

(a)　　(b)

图 6-30　喷涂发动机覆膜剂

⑤ 均匀喷洒过发动机覆膜剂的发动机就像上了一层油一样，盖上发动机盖，启动发动机 3～5min，让发动机部件充分吸收覆膜剂。等待约 5min 后，覆膜剂被充分烘干，完全吸附在发动机外部，形成保护膜的效果如图 6-31 所示。

(a)

(b)

图 6-31　发动机保护膜效果

第 7 章 汽车底盘养护

汽车底盘包括传动系统、行驶系统、转向系统和制动系统，是除轮胎之外最接近地面的重要部件总成，接受发动机的动力，使汽车产生运动，并保证汽车按照驾驶员的操纵正常行驶，对全车起支承作用，对路面起附着作用，并缓和道路冲击和振动，起提供刚性与承载性的作用。在车辆行驶过程中，底盘承受扭矩的同时，也承受路面溅起的积水带来的腐蚀、路面沙粒的冲击。为此，汽车底盘需要的保护比汽车的漆面更加苛刻与重要。

7.1 汽车底盘养护

汽车底盘养护主要有底盘封塑和底盘装甲。

7.1.1 底盘封塑

底盘封塑是一项底盘护理工艺。它将一种高附着性、高弹性、高防腐、高防潮的柔性橡胶树脂厚厚地喷涂在底盘上，使之与外界隔绝，以达到防腐、防撞的效果，同时还可以隔除一部分来自底部的噪声。图 7-1 所示为汽车底盘封塑后的效果。

图 7-1 汽车底盘封塑后的效果

底盘封塑不同于以前的底盘防锈处理。普通的防锈处理是在汽车底盘涂上一层油脂来隔除水分，当汽车行驶一定的里程后，油脂会不断蒸发、黏附灰尘，防锈效果会渐渐消失，黏附的灰尘、油污还会造成新的腐蚀。底盘封塑能牢固地附着在底盘上，可以彻底隔绝酸雨、除雪剂。

底盘封塑的程序如下。

① 用高压水枪冲洗底盘。

② 用举升器举升车辆，用压缩空气吹干底盘，并擦拭干净。

③ 将全车底边、排气管、油管、转向系统等临近封塑的部位用报纸包裹好，如图 7-2 所示。

④ 调试车辆底盘专用塑胶，用风枪均匀喷涂塑胶，厚约 2mm，如图 7-3 所示。

图 7-2 遮盖好被保护部件

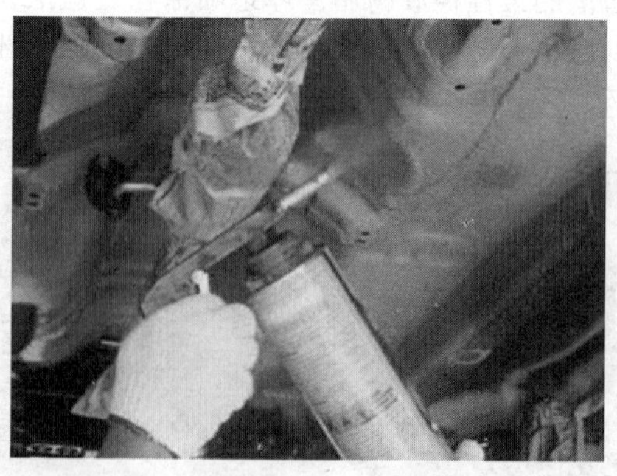

图 7-3 底盘封塑

需要说明的是，在现代汽车规模化生产过程中，汽车已经具备汽车底盘封塑所达到的功能，一般无需再进行汽车底盘封塑处理。如果汽车的使用环境特别恶劣，经常在潮湿、带有腐蚀气体或液体的环境中行驶，那么就有必要再进行底盘的封塑。在气候常年干燥的北方，如果不是在海边地区使用，一般就没有必要进行底盘封塑。

7.1.2　底盘装甲

汽车底盘装甲是在汽车底盘上做一层比底盘封塑更坚固耐用的保护，它要在底盘上喷涂一层比底盘封塑更高级的材料。底盘装甲采用橡胶密封剂取代了原来以油漆、沥青等为主要基材的材料基础结构。根据各种材料各自不同的物化特性，开发出多种组合型产品，使此类产品同时具备了高密闭性、防水防锈、耐酸耐碱、耐热耐寒、弹性耐磨、无毒环保等优良特性，从而克服了传统材料在防护强度、稳定性等方面的不足。

底盘装甲涂层的主要成分是橡胶和聚酯材料的混合配方，施工厚度为 3mm，局部 4～5mm。底盘装甲除具有封塑的功能外，还有显著的隔声降噪作用。

底盘装甲操作流程如下。

① 清洗底盘。施工前需拆卸 4 轮，然后把车底附着的泥沙、油污、锈迹和其他杂物清理掉。新车由于底盘非常干净，进行装甲的效果是最好的。

② 局部包裹。底盘装甲并非底盘全部装甲，像排气管、底盘上缠绕的电线、转向操纵机构的杆件等在喷涂时都需要进行包裹。

③ 仔细喷涂。仔细包裹好关键部位，开始喷涂。高压喷枪里喷出的是一种黑色的胶质物，均匀覆盖在车辆底盘上，只需几分钟，黑色胶质物就可以凝固。在前一次喷涂干燥过程中，就可以进行下一次的喷涂。

④ 完全干燥。如果天气晴朗干燥，汽车喷涂 2～4h 后就能投入使用，但完全干燥还需等待 3 天。干燥后的保护膜可以很好地黏附在清洁的汽车底盘上，具有极强的耐磨性和耐腐蚀性。

汽车底盘装甲前后效果如图 7-4 所示。

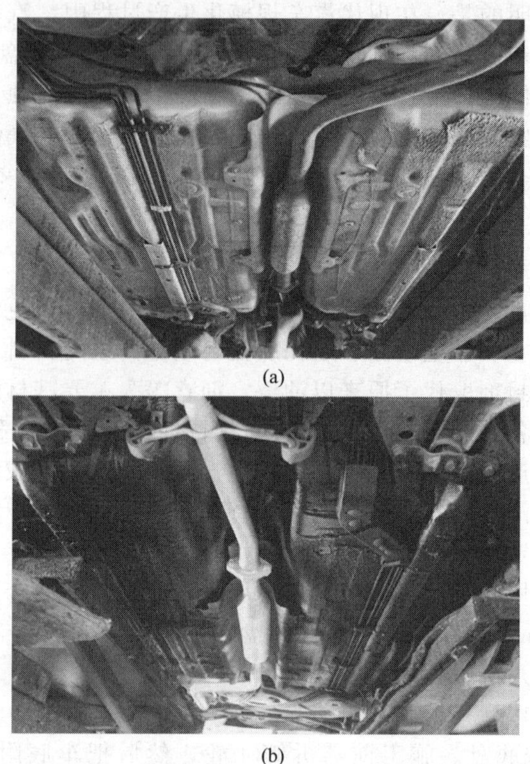

(a)

(b)

图 7-4 汽车底盘装甲前后效果（排气管镀铝）

简单判断底盘装甲质量好坏的方法：一是看表面凹凸感，均匀且凸点大，则隔声抗撞击能力强；二是用力掐样板或已做好的汽车底盘，凹痕能迅速恢复的，则具备抗砂石撞击的能力；三是从不同角度弯曲样板，看是否会断裂，判断其柔韧性和附着力；四是把做好的样板或把车放在太阳底下暴晒，看是否会变软变黏。

7.1.3 底盘封塑和底盘护甲区别

汽车底盘封塑与底盘装甲主要有以下两点不同。

（1）功能不同

底盘封塑的功能是保护汽车底盘裸露钢板防止砾石击打，且可防止腐蚀；底盘装甲除具有封塑的两项功能外，还有显著的隔声降噪作用，因为装甲后在底盘上形成近 0.5cm 厚的橡胶和聚酯材料混合涂层。这种涂层具有高弹性，有效减弱了砾石直接打在金属上发出的噪声。

（2）物理成分与施工厚度不同

底盘封塑涂层的主要成分是聚酯材料，施工厚度为 2mm；底盘装甲涂层的主要成分是橡胶和聚酯材料混合物，施工厚度为 3mm，局部为 4～5mm。

7.2 传动系统养护

汽车传动系统的作用是将发动机输出的动力和转矩传递给驱动轮。传动系统的主要养护内容包括离合器的养护、变速器的养护、万向传动装置的养护、驱动桥的养护。

7.2.1 离合器的养护

离合器位于发动机与变速器之间。其主动部分与发动机的飞轮连接，从动部分与变速器连接。在汽车从起步到行驶的整个过程中，驾驶员可根据需要踩下和松开离合器踏板，使发动机和变速器暂时分离和逐渐接合，以切断或传递发动机向变速器输出的动力。

汽车离合器类型较多，按其工作原理的不同可分为摩擦式和液力式，其中摩擦式应用广泛。摩擦式按从动盘的数目不同可分为单盘式和双盘式。按压紧弹簧的形式不同又可分为螺旋弹簧式和膜片弹簧式。膜片弹簧式离合器应用得比较广，如图 7-5 所示。

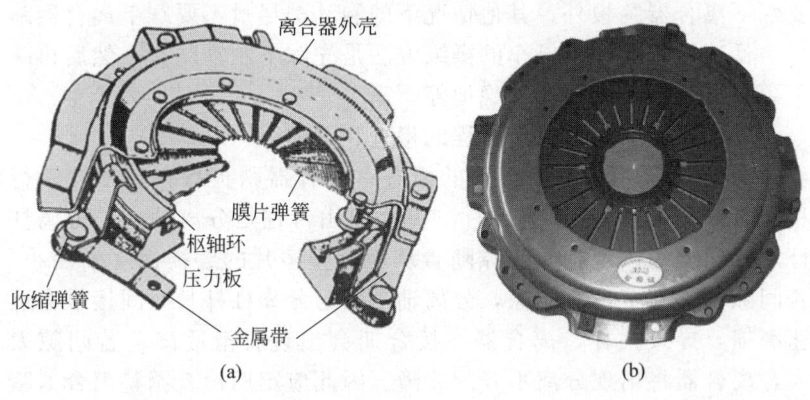

图 7-5 膜片弹簧式离合器

摩擦式离合器由主动部分、从动部分、压紧机构和操纵机构组成。

（1）驾驶时离合器的保养

① 无事不要踩离合器　汽车上的离合器在正常行车时，是处在接合状态的，离合器应无滑转。在开车时，除汽车起步、换挡和低速刹车需要踩下离合器，其他时间都不要踩离合器。

② 不要把脚长时间放在离合器踏板上　行车时把脚长时间放在离合器踏板上，很容易造成离合器打滑、离合器片烧蚀等现象，严重时甚至使离合器压盘、飞轮端面烧蚀拉伤，导致离合器压紧弹簧退火等故障。同时，还会导致费车、费油，增加行车费用。

③ 起步时的正确操作　起步时离合器踏板的操作要领是一快、二慢、三联动。即在踏板抬起开始时快抬，当离合器出现半联动时（此时发动机的声音有变化），踏板抬起的速度稍慢，由联动到完全接合的过程，将踏板慢慢抬起。在离合器踏板抬起的同时，根据发动机阻力大小逐渐踩下油门踏板，使汽车平稳起步。

④ 换挡时的正确操作　在行车中换挡时，操纵离合器踏板应迅速踩下并抬起，不要出现半联动现象，否则会加速离合器的磨损。另外，操作时要注意与油门配合。为使换挡平顺，减轻变速器换挡机构和离合器的磨损，提倡使用两脚离合器换挡法。这种方法虽然操作较复杂，却是省车、省油的好方法。

⑤ 刹车时的正确操作　在汽车的行车中，除低速制动停车需要踩下离合器踏板外，其他情况下的制动都尽量不要踩下离合器踏板。低速行车中制动停车的操纵方法是先踩下制动踏板，然后再踩下离合器踏板，使汽车平稳地停下来。

（2）离合器踏板自由行程的检查和调整

① 离合器踏板自由行程的检查　离合器踏板行程包括自由行程和有效行程，如图 7-6 所示。其中自由行程是分离轴承与分离杠杆之间间隙的体现，此间隙随着从动盘摩擦片的磨损而逐渐变小。若间隙太小甚至没有间隙，分离轴承因与分离杠杆长时间接触会迅速磨损，导致损坏，离合器在接合期会出现打滑故障；若间隙太大，离合器将出现分离不开的故障。因此应定期检查调整离合器踏板的自由行程。

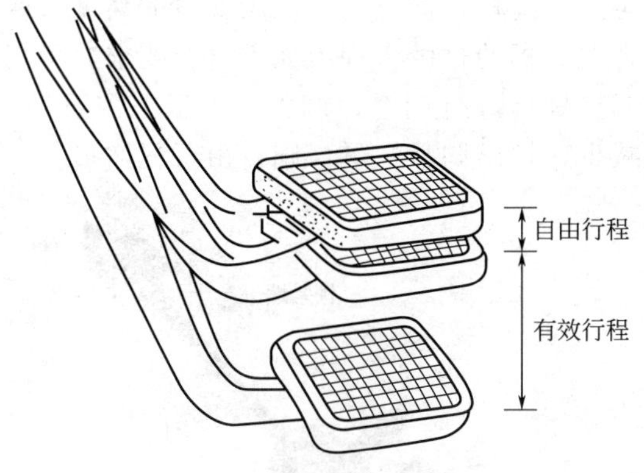

图 7-6　离合器自由行程

检查离合器踏板自由行程时，用直尺支在驾驶室底板上，其倾斜度以直尺与踏板踩下时的弧线相切为准，量出踏板完全放松时的高度，用手轻推离合器踏板，感觉阻力增大时，停止推压，测量其踏板高度。两次测量之差，即为离合器踏板自由行程。

检查离合器的分离状况时，通常可用变速器换挡试验，具体操作方法是启动发动机，踩下离合器踏板换挡，如果换挡困难或换上低速挡未抬离合器踏板就发生起步、熄火现象，即为离合器分离不彻底。

踩下并放松离合器踏板，检查离合器操纵机构及踏板回位弹簧的回弹力，应活动自如，无松旷且踏板回位正常。若明显松旷或不能复位，应调整或更换回位弹簧，并视情况拆检液压操纵系统。

② 离合器踏板自由行程的调整

a. 液压操纵式离合器踏板自由行程的调整　一般是调整主缸推杆的长度，先将主缸推杆锁紧螺母旋松，然后转动主缸推杆，从而调整踏板自由行程，调整后应将锁紧螺母旋紧，如图 7-7 所示。

b. 机械绳索式离合器踏板自由行程的调整　旋松离合器钢索上的锁紧螺母，旋动调整螺母，使离合器踏板的自由行程达到规定值，最后旋紧锁紧螺母。

图 7-8 所示为富康轿车机械绳索式离合器踏板自由行程的调整，该车离合器踏板自由行程为 5～15mm，有效行程不小于 140mm。检查时，先测出离合器踏板在完全放松时的高度，再测

量踩下踏板感到分离杠杆被分离轴承压上时的高度，两次测量的行程差即为离合器踏板的自由行程。如不符合要求，可用离合器分离叉拉杆上的调整螺母进行调整，调整时，根据需要拧入调整螺母，则自由行程减少，拧出调整螺母，则自由行程增加。

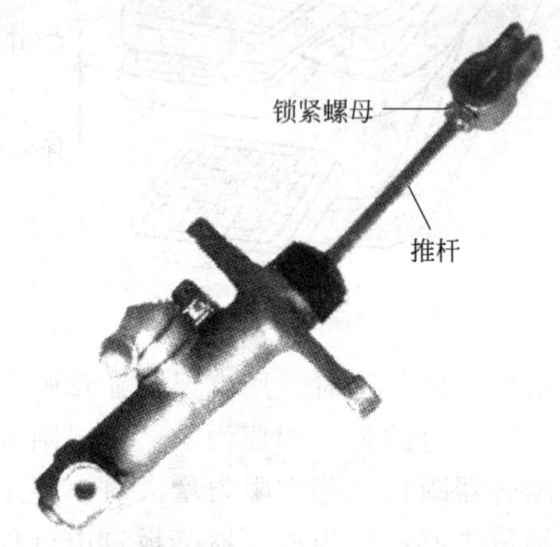

图 7-7 液压操纵式离合器踏板自由行程的调整

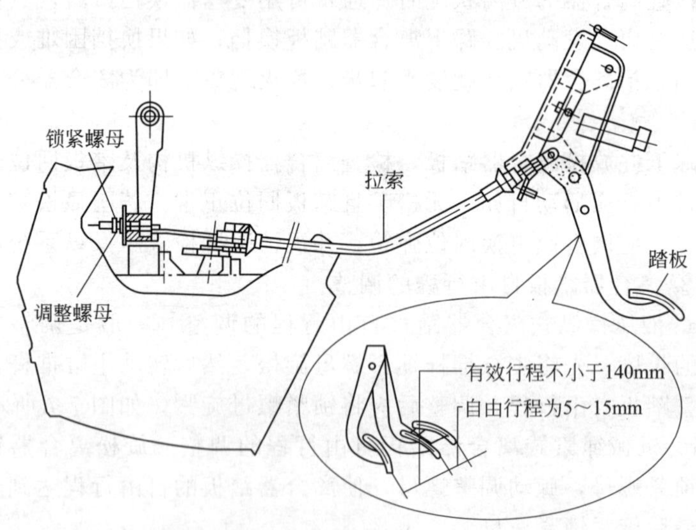

图 7-8 富康轿车机械绳索式离合器踏板自由行程的调整

（3）离合器油液液位和泄漏检查

检视离合器油管有无破损、老化、漏油，若有应更换油管。检视储油罐内的油面是否在规定位置，储油罐一般位于离合器总泵上，如图 7-9 所示。

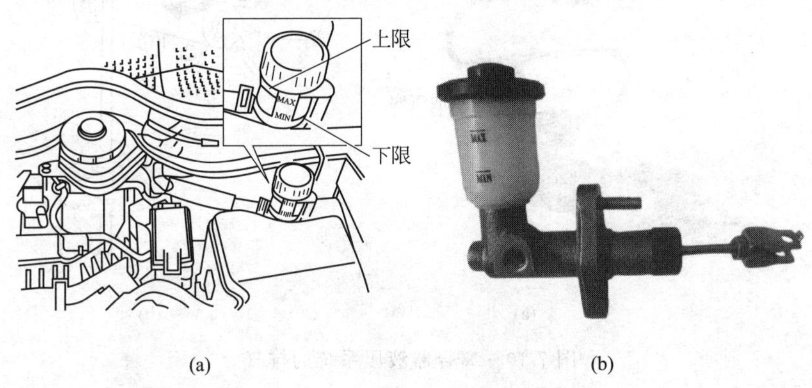

(a)　(b)

图 7-9　离合器油液液位和泄漏检查

（4）离合器液压系统的排气

离合器踏板自由行程调好后，若分泵推杆行程过小，说明液压系统中或管路中渗入了空气，缩短了推杆的行程。此时，应排除液压系统中所渗入的空气，否则会造成离合器分离不彻底的故障。排除空气的方法如下。

① 取下工作缸放气塞胶套，在放气塞上接一根长度适宜的胶管，把胶管的另一端放在盛有适量制动液的容器中的液面以下。

② 检查储液罐内的液面是否在规定位置。

③ 一人踩动离合器踏板数次，然后用力将踏板踩下至最大行程，并保持不动。

④ 另一人松开放气塞，油液及空气从胶管中流出，然后拧紧放气塞。

⑤ 如此重复操作数次，直至从胶管中流出的油液内没有空气为止。

⑥ 拧紧放气塞，取下胶管，装回放气塞胶套。

⑦ 往储液罐内添加制动液至规定位置。

离合器液压系统的排气如图 7-10 所示。

7.2.2　手动变速器的养护

对于手动变速器维护保养来说，主要是对变速器润滑油进行检

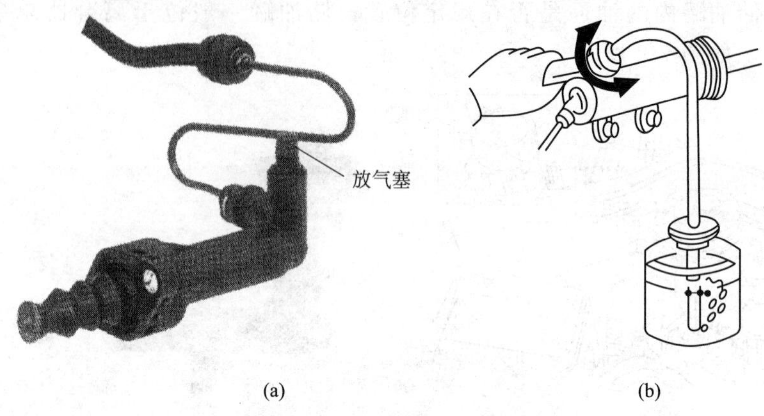

图 7-10 离合器液压系统的排气

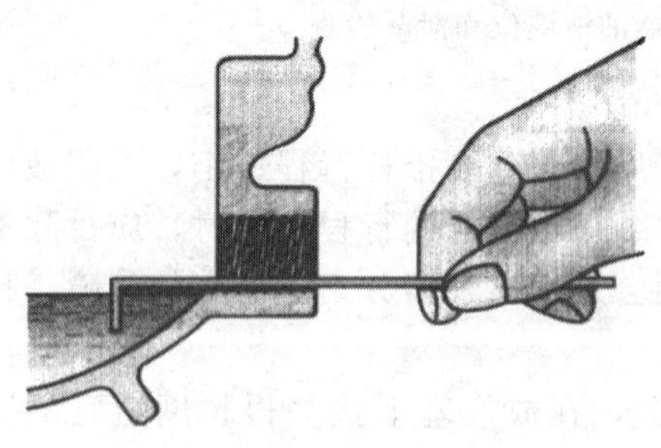

图 7-11 变速器油位置的检查

查和更换。

(1) 手动变速器油的检查

① 用举升器举升车辆，并使之安全固定。

② 用适当扳手拧松加油口塞，用手拧下。

③ 放入 L 形油标尺，检查变速器油是否在末端部位，如图 7-11 所示。

④ 如果变速器油高度达不到规定位置，添加规定油至 L 形油标尺末端。

⑤ 先用手拧紧加油口塞，然后用扳手按规定力矩拧紧。

⑥ 操纵举升器，将车辆放到地上。

(2) 手动变速器油的更换

① 拧下油位检查孔螺塞。

② 检查油位，如油量不足，应补充油液至规定位置。

③ 检查油液质量，用手指碾压油液，如果油液稠度降低，说明失效，如果油液中有杂质或变黑，说明油液变质，应更换。

④ 更换油液时，启动车辆，行驶一段距离，使油液升温。

⑤ 趁油液还处在温热状态，拧下放油口塞，放净油液，将放油口塞拧牢固。

⑥ 用加油机加入符合规定的油液，直到油液从观察孔溢出。

⑦ 最后安装好检查孔螺塞。

变速器油的更换如图 7-12 所示。

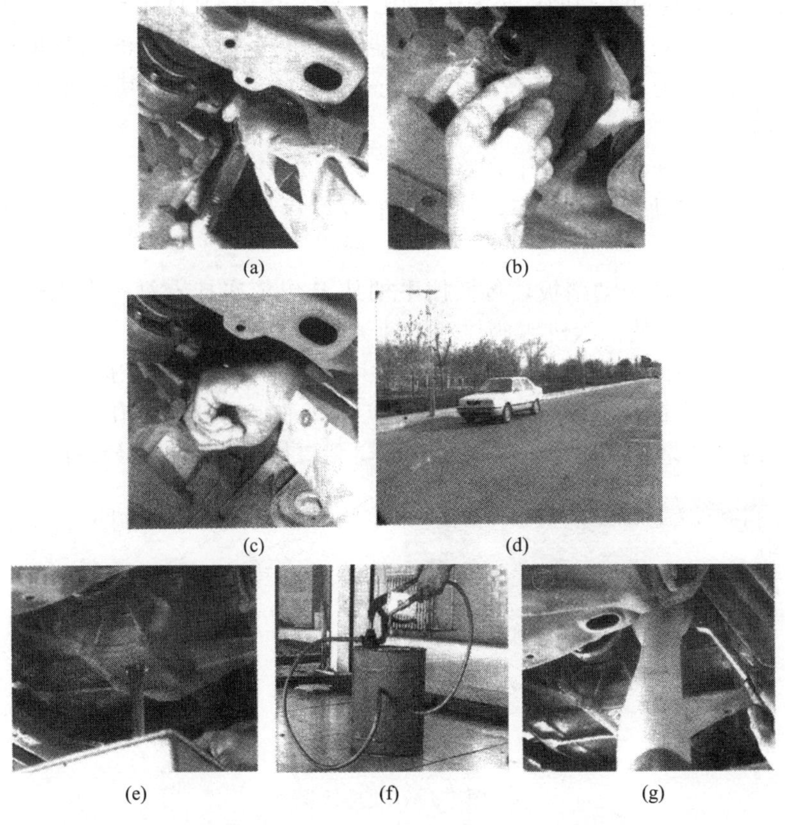

图 7-12　变速器油的更换

7.2.3 自动变速器的养护

（1）油面高度的检查

自动变速器油面的高低对自动变速器的工作有很大的影响。油面过低时空气可能进入油泵内部循环并与油液发生混合导致油气混合，产生气阻现象，使油压难以建立或油压过低导致离合器和制动器打滑。油面过高同样会使油气混合，因为行星齿轮在过高的液面下转动，过分的搅动会使空气混入到油液中，产生泡沫、过热或氧化等现象。这些问题会使阀门、离合器、伺服机构等部件因压力不够而出现故障。

自动变速器油面的检查分热机和冷机两种方式。如图 7-13 所示，自动变速器油的标尺有 COOL（冷态）和 HOT（热态）两个范围。COOL 是供更换自动变速器油作参考用，检查液面高度时应以热态为准，液面高度必须处于 HOT 的范围。其检查方法如下。

① 将车辆停放在平直路面上。

② 启动发动机热车，使冷却液温度达到 80～90℃，发动机保持运转状态。

③ 踩住制动踏板，将换挡手柄从 P 位依次挂入每一个挡位后回到 P 位，使油液进入阀体和变速器壳体。

④ 抽出油尺，用干净的抹布擦净后重新插入，接着拔出检查。

⑤ 检查时应注意，油面高度应达到油尺的热态范围（HOT）之内。如果超出或未达到规定范围，则要排出和添加部分油液。

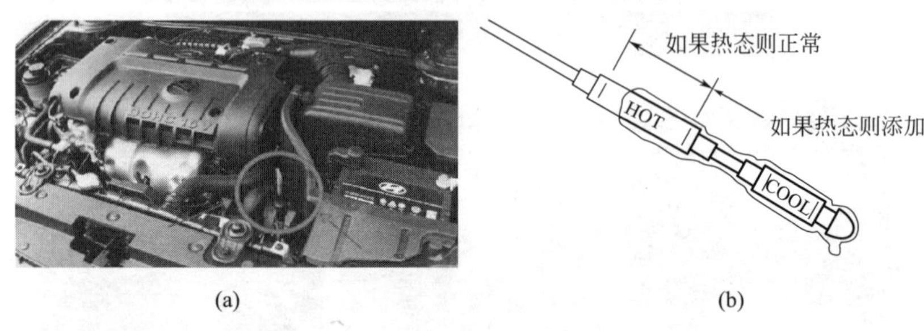

图 7-13　油尺标识

有一些自动变速器（如雷诺、部分宝马、标志、雪铁龙等）没有油尺，这些变速器是通过溢油法检查油面高度的，这种类型变速器油位的检查与普通手动变速器齿轮油位检查相似，通过 ATF 检查塞来检查油面高度，如图 7-14 所示。具体检查过程如下。

① 检查时使汽车车身保持水平，发动机运转时通过打开空调提高发动机怠速转速，以保证自动变速器油泵向油道泵油充足。

② 踩下制动踏板，并将换挡手柄置入各挡位停顿片刻，保持发动机怠速运转，将换挡手柄置于 P 挡或 N 挡，从变速器油底壳卸下处于高处的加油螺塞，如果有 ATF 油液连续溢出即为合适。

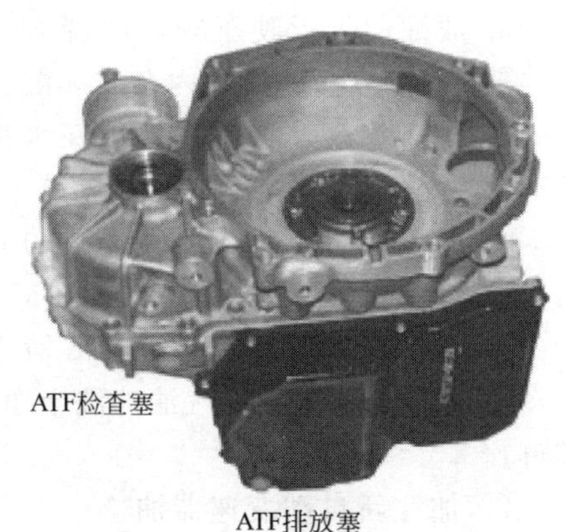

图 7-14　无油尺的液面高度检查

③ 如果油液没有连续溢出，应加注 ATF 油液，直到连续溢出为止。在发动机运转状态时，以 100N・m 的力矩拧紧加油螺塞。

④ 在向自动变速器加注油液时若有吸气声，则表明有空气进入，这样会产生油沫，应关闭发动机等一段时间，让 ATF 油液稳定后再加注。

⑤ 油温对油位的影响很大。自动变速器油液受热后，体积会膨胀，使液面升高，因此在不同油温下，相同油量的油面高度也不同，必须注意对检查时的温度要求。

（2）油质的检查

正常情况下，油液应清爽，并保持原来的粉红色。如果变脏、变色或有粉末，说明自动变速器内部有损坏。油液的品质可用检测仪器进行检查。如无检测仪器，可从外观上判断，如用手指捻一捻油液，感觉一下黏度，用鼻子闻一闻有无特殊的气味。若发现油液变质，应及时换用新油。

（3）油温的检查

油温是影响自动变速器油和自动变速器使用寿命的一个重要因素，油温过高将使油液黏度下降，性能变坏，产生油膏沉淀物和积炭堵塞细小孔道，阻滞控制滑阀，降低润滑、冷却效果，破坏密封件等，最终导致故障。影响油温的主要因素有液力变矩器故障，离合器、制动器打滑或分离不彻底，单向离合器打滑及油冷却器堵塞等。

（4）油液的更换

① 放掉旧自动变速器油

a. 放油前先行驶车辆，使自动变速器油预热到正常的工作温度（50～80℃）（确保油内杂质和沉淀物随油一起排出）。

b. 停车熄火，将汽车停放在水平路面上，选挡操纵手柄拨至停车位 P 位置，并拉紧驻车制动器。

c. 拆下自动变速器油底壳上的放油螺塞，将油底壳内的油液放净。

d. 视情况拆下油底壳，彻底清洗油底壳和过滤器滤网，并将自动变速器油冷却器用汽油冲洗干净，然后再将油底壳和放油螺塞装好。

② 加注新自动变速器油

a. 从自动变速器加油口注入规定牌号的自动变速器油至规定的油面高度，应在油尺刻度线的下限附近。

b. 启动发动机，在发动机怠速运转情况下，移动选挡操纵手柄经所有挡位后回到停车位 P 位置，此时如油面低，应继续加油至规定油面高度。

c. 让汽车行驶至发动机和自动变速器达到正常工作温度，再次检查热状态时油面高度是否在油尺刻度线的上限附近，并调整油面高度。

7.2.4 万向传动装置的养护

（1）前驱车辆驱动轴的养护

① 驱动轴的检查　前驱车辆驱动轴如图 7-15 所示。检查驱动轴 5 是否有扭曲和裂纹，头部花键是否变形；检查防护套 2、6，防尘套 11、22、28 是否损坏或老化；检查支承轴承 23 是否能自由转动，无噪声无磨损；检查支承轴承支架 25 是否有裂纹。必要时更换损坏的零件。

② 内、外万向节的检查　检查外座圈及内球座的滚道是否有麻坑或因损伤而发卡。若万向节因磨损使间隙过大，换挡时有撞击现象，则必须更换万向节，大修时必须更换万向节的润滑脂。

（2）后驱车辆传动轴的检查与润滑

① 检查传动轴的技术状况　传动轴在使用中如果出现异响，通常是由万向节缺少润滑油、万向节内球及球的轨道磨损等原因所造成的。因此，应拆检传动轴，必要时更换万向节。

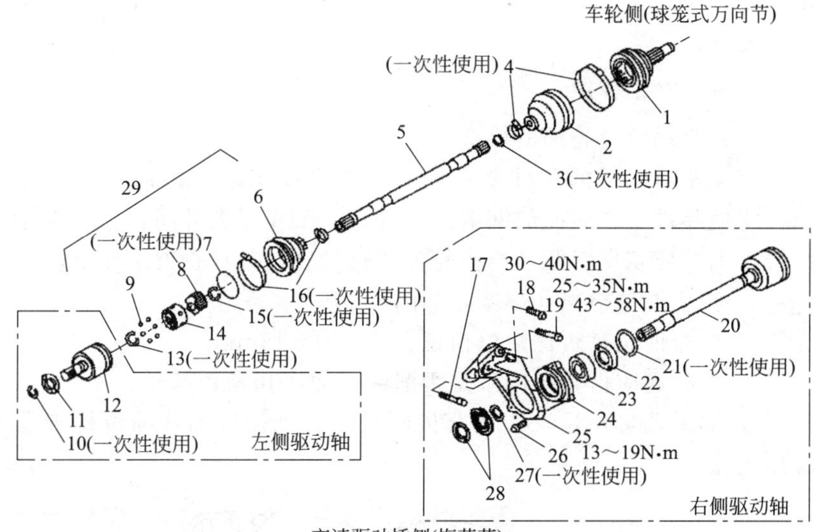

图 7-15　驱动轴组成

1—外万向节；2,6—防护套；3—圆形卡环；4,16—卡箍；5—驱动轴；7—卡环 A；8—内圈；9—滚珠；10—圆形卡环；11,22,28—防尘套；12—滑动接头室；13—卡环 C；14—滚珠架；15—卡环 B；17～19,26—螺栓；20—滑动接头（带外伸轴）；21—卡环 E；23—支承轴承；24—支承轴承保护圈；25—支架；27—卡环 D；29—内万向节

② 检查传动轴和万向节防尘套　如防尘套破损，将使润滑油流失，尘土污染物等进入万向节内，导致万向节磨损加剧，早期损坏。因此，在汽车维护时应认真检查传动轴防尘套是否破损，发现传动轴防尘套破损时，应拆检传动轴万向节，如果发现万向节磨损应更换。如果仅为万向节脏污，可更换防尘套。

③ 润滑　在万向节、中间支承等有滑脂嘴的地方，要按有关规定定期加注润滑脂。向万向节加注润滑脂的操作方法是：将黄油枪出油口紧压在滑脂嘴上，不断操作黄油枪，使润滑脂在压力作用下通过滑脂嘴进入十字轴内部油道，继而到达十字轴的 4 个轴颈端面充满各滚针轴承，同时将滚针轴承内残留变质的润滑脂及杂质从油封处挤出，待各个轴承内变质的润滑脂及杂质全部挤出后（见到新鲜润滑脂被挤出），作业完成。如作业时润滑脂不能被压入到轴

承内，则应更换滑脂嘴或拆卸十字轴清洗油道，再行加注，以确保行车安全。

7.2.5 驱动桥的养护

（1）驱动桥齿轮油的检查

驱动桥对润滑的条件要求较高。如果使用中润滑油不足或变质，将使零件工作表面的润滑条件劣化，工作温度升高，加速齿轮磨损，因此应定期对驱动桥齿轮油进行检查，其检查方法如下。

① 拧下油位检视孔螺塞，如图 7-16 所示。

② 检查油位是否比油位检视孔边低 0～15mm。

③ 同时还应检查各部位是否漏油，通气孔是否畅通。

④ 如果油量不足，应补充齿轮油，直到齿轮油从油位检视孔溢出为止。

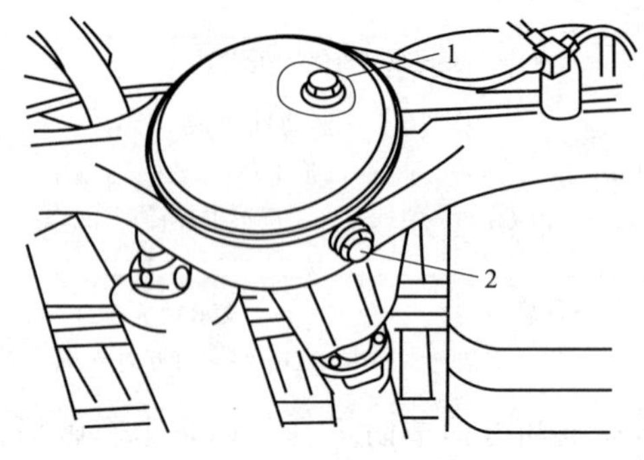

图 7-16 驱动桥检视孔

1—检视孔螺塞；2—放油螺塞

（2）驱动桥齿轮油的更换

① 启动汽车行驶一段距离，使驱动桥内齿轮油升温。

② 找到驱动桥放油螺塞和油位检视孔螺塞，清除油位检视孔螺塞周围的泥土和灰尘，并擦拭干净。

③ 先拧下油位检视孔螺塞，再拧下放油螺塞，将旧齿轮油放净。

④ 放油螺塞装回拧紧后，从油位检视孔处加注符合要求的齿轮油至油液从孔下边缘流出为止。

⑤ 拧紧油位检视孔螺塞。

⑥ 启动发动机，运行数分钟，检查是否漏油。

7.3　行驶系统养护

行驶系统由车架、车桥、车轮和悬架组成，具有以下主要功能。

① 将汽车构成一个整体，支撑汽车全部重量。

② 将传动系统传来的转矩转化为汽车行驶的驱动力。

③ 承受并传递路面作用于车轮上的各种反力和力矩。

④ 减少振动、缓和冲击，保证汽车平顺行驶

行驶系统常见的维护项目有前轮前束的检查和调整、轮胎的养护、悬架的养护。

7.3.1　前轮前束的检查和调整

前轮安装时，同一轴上两端车轮的旋转平面不平行，前端略向内束，这种现象称为前轮前束。左右轮后方距离 A 与前方距离 B 之差（$A-B$）称为前束值。当 $A-B>0$ 时，前束值为正，反之则为负，如图 7-17 所示。

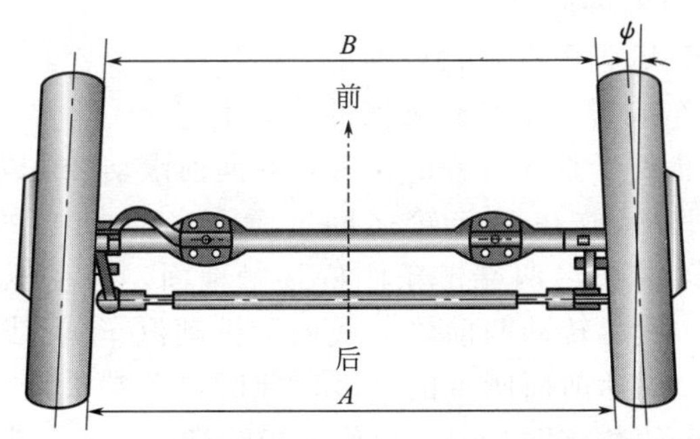

图 7-17　前轮前束

前轮前束是为了补偿前轮外倾和行驶阻力所引起的车轮外张而产生的不良后果而设置的，对汽车油耗、行驶稳定性和轮胎磨损有较大的影响，所以应认真检查和调整。

（1）前轮前束的检查

① 利用卷尺检查

a. 将前轮架起使其刚刚离开地面时（两轮同等高度）能转动车轮。

b. 用划针在规定的前轮测量处（胎面中心线上）做标记，两边标记离地面的高度为车前轮中心水平高度。为缩小测量误差，记号应做得精确。

c. 量出标记间的距离。

d. 再将车轮转过半圈，标记转到后面（离地面的高度同前），再量出其距离。

e. 用后边的数值减去前边的数值即为前束。

前轮前束检查如图 7-18 所示。

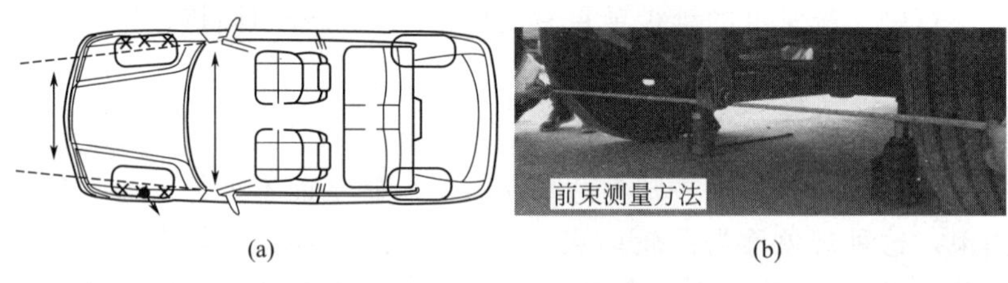

(a) (b)

图 7-18 利用卷尺检查前轮前束

② 利用前束尺检查

a. 轮胎气压应正常，轮毂轴承及横拉杆球节松紧度应合适。

b. 将汽车放置在水平且硬实的路面上。

c. 使前轮处于直线行驶的位置，并向前滚动 2m 以上。

d. 将前束尺放在两前轮之间（置于前轴轴心的高度），如图 7-19所示。前束尺两端链条刚好接触地面，移动标尺，使“0”点对准指针。然后转动两前轮（或向前推动汽车），使前束尺随车轮转到后面，到达前面所置的高度，此时链条端头刚好接触地面，前束尺上所示的数字即为前束数值（指针指向“＋”为正前束，指向“－”为负前束）。

（2）前轮前束的调整

经检查，如果前轮前束不符合规定，可通过改变横拉杆的长度进行调整。将横拉杆锁紧螺母松开，转动左、右横拉杆，调节左、右横拉杆的长度，即可调整出所需要的前束数值。前束值过大，必须缩短横拉杆，反之则放长横拉杆直到符合规定为止，调整好后将锁紧螺母拧紧，如图 7-20 所示。

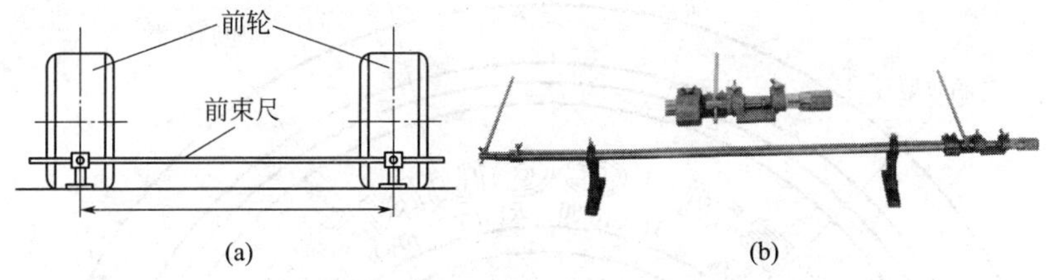

图 7-19 利用前束尺检查前轮前束

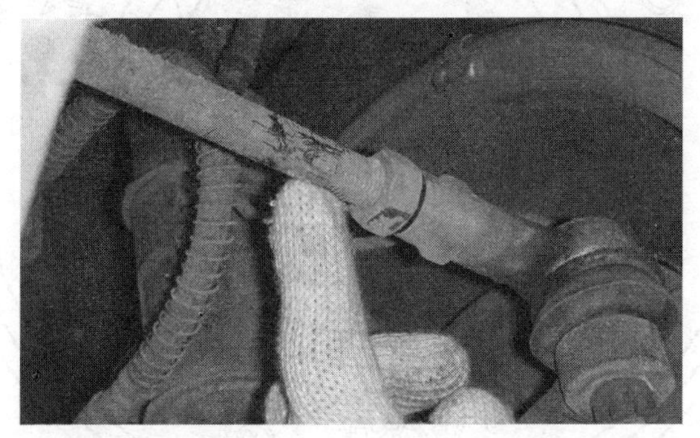

图 7-20 调整前轮前束

7.3.2 轮胎的养护

轮胎是汽车的重要部件和运行材料，由于轮胎的使用水平不同，其寿命相差很大。轮胎的技术状况可直接影响汽车的安全性和燃油经济性。因此，加强轮胎的日常维护，对降低汽车运输成本、提高经济效益具有重要意义。

（1）轮胎上的标记

了解轮胎侧面的字母、数字或英文的含义，对于轮胎的使用和保养具有很大的帮助。下面以东洋轮胎为例，介绍轮胎上的标记，如图 7-21 所示。

下面从规格标记开始，按照顺时针方向作一介绍。

31×10.50R15LT——“31”是轮胎的直径（in）；“10.50”是轮胎的宽度（in）；“R”代表子午线轮胎；“15”是轮胎的内径（in）；“LT”是轻型载重。

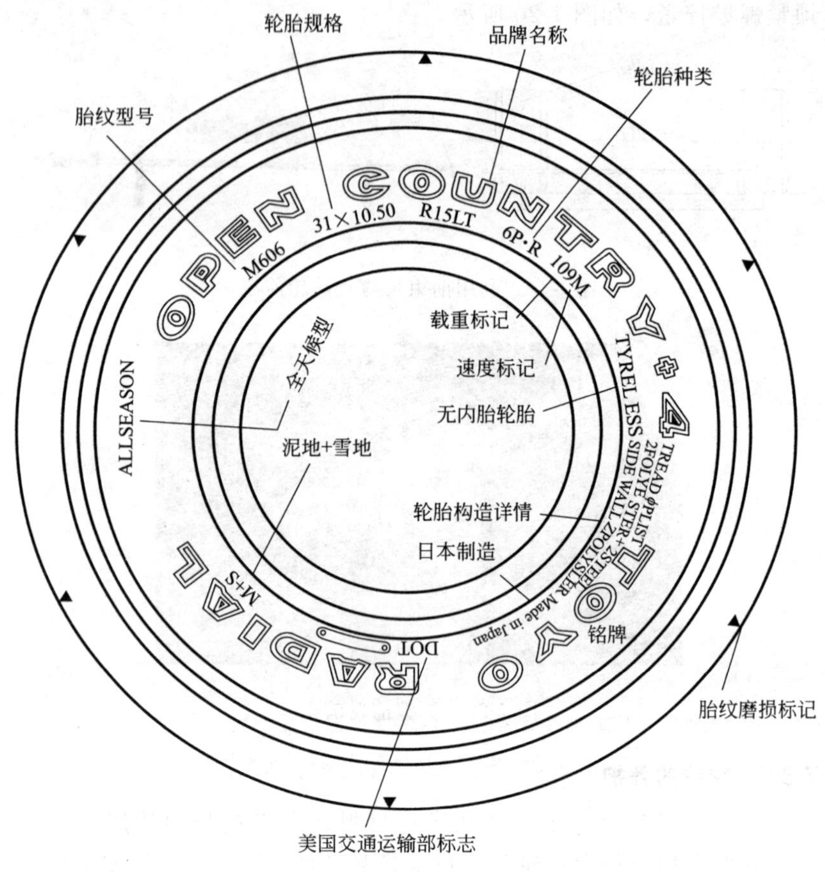

图 7-21 轮胎标记

6P · R——轮胎为 6 层级。

109M——“109” 是载重代号，表示该轮胎可承受 1030kg；“M” 是速度代号，表示该轮胎的最高时速不能超过 130km/h。

TYRELESS——无内胎轮胎。

TREAD ϕPLIEST 2FOLYE STER＋2STEEL——由两层帘布和两层钢丝层构成。

SIDEWALL ZPOLYSLER——胎侧由两层帘布层构成。

Made in Japan——日本制造。

DOT——美国交通运输部标志。

M+S——轮胎的胎纹适用于泥地和雪地。

M606——胎纹型号。

规格标记外圈上的“OPEN COUNTRY”是品牌名称。

“TOYO”是轮胎的铭牌，也就是东洋轮胎。

“ALL　SEASON”指属于全天候型。

最外圈有6个小“▲”则是胎纹磨损标记。

每个轮胎生产厂家的轮胎标记略有不同，但基本内容是一样的。

（2）轮胎规格含义

轮胎规格常用一组字母和数字表示，如图7-22所示。

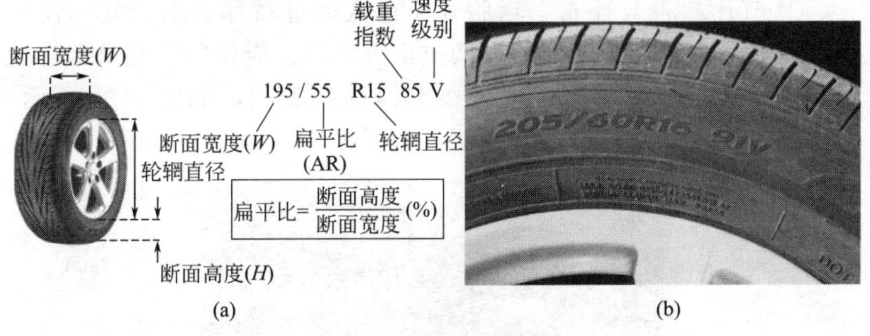

图7-22　轮胎规格

例如轮胎规格“205/60R16 91V”，各字母和数字的含义分别如下。

“205”表示轮胎断面宽度为205mm。

60表示扁平比为60%。

R表示轮胎为子午线轮胎。

16表示轮辋直径为16in。

91表示载重负荷指数为91，最大负荷615kg。

V表示最高速度为240km/h。

轮胎出厂时都会在侧面标记上生产日期。如图7-23所示，可以看出轮胎的生产信息，后边的四位“3513”就代表轮胎的生产日期，为2013年第35周生产，也就是2013年9月初生产的。

图 7-23　轮胎生产信息

（3）轮胎的检查

① 气压检查与补充　轮胎气压过低或过高都会缩短轮胎使用寿命，甚至造成行驶中爆胎而酿成重大事故。应按厂家要求保持轮胎的标准气压，一般胎压值可在车门框处看到，如图 7-24 所示。如果轮胎气压过低，应进行充气。

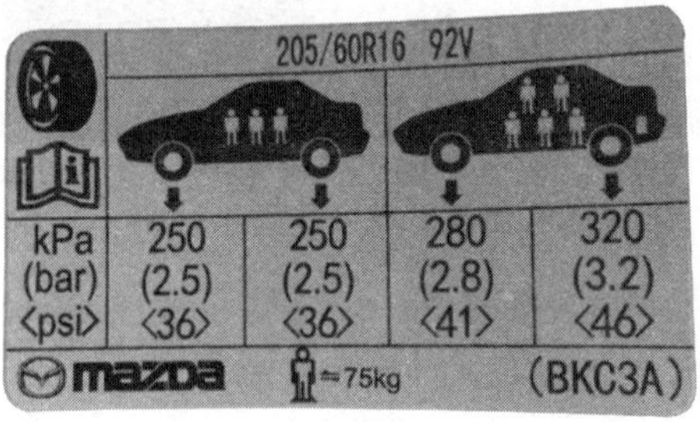

205/60R16 92V				
kPa (bar) <psi>	250 (2.5) <36>	250 (2.5) <36>	280 (2.8) <41>	320 (3.2) <46>
mazda	≈75kg			(BKC3A)

图 7-24　胎压值（主驾门框上的胎压要求）

充气时应注意如下问题。

a. 注意安全。充气过程中应随时用气压表检查气压，以免因充气过多，造成爆胎。

b. 注意胎温。刚停驶的车辆，必须等轮胎散热后再充气，因车辆行驶时胎温会上升，对气压有影响。

c. 注意检查气门嘴。气门嘴和气门芯如果配合不平整，有凸出凹进的现象及其他缺陷，都不便充气和测量气压。

d. 注意清洁。充入的空气不能含有水分和油液，以防内胎橡胶变质损坏。

e. 注意充气标准。不能超标准充气，否则会促使帘线过度伸张，引起其强力降低，影响轮胎的寿命。

② 胎面检查　经常检查轮胎胎面有无破损，沟槽间有无异物嵌入。如轮胎表面有裂纹、变形等缺陷，应及时更换，如有异物嵌入，应及时清除。

③ 花纹深度检查　可以用轮胎花纹深度规检查轮胎花纹深度，如图7-25所示。如轮胎花纹磨损达到磨损极限时，则必须更换。轿车和挂车的花纹深度不得小于1.6mm，其他车辆转向轮花纹深度不得小于3.2mm。

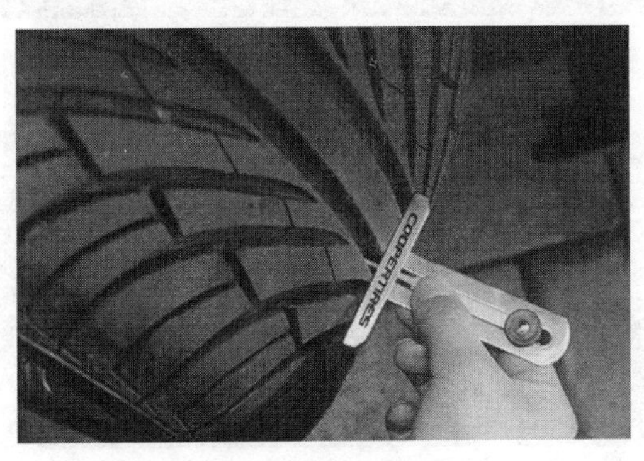

图7-25　轮胎花纹深度检查

无深度规时可采用一个简便方法来测定轮胎花纹深度，使用一元硬币进行检查。如图7-26所示，将一元硬币背面朝上且菊花根部一侧放入胎面凹槽处，如胎面能覆盖到菊花图案一部分，说明轮胎花纹深度足够，可以继续使用，如能清楚地看见完整的菊花图案，说明轮胎花纹深度已经不足，需更换新轮胎了。

另外也可根据轮胎上的磨损标记来判断是否需要更换轮胎，如图7-27所示。在胎壁接近胎冠的地方，仔细观察可看到小“▲”符号，一般情况下，每一条轮胎上每隔60°就在它的胎侧上有一个小“▲”符号，共有6个小“▲”符号，在小“▲”符号所对着的胎冠部分，花纹下刻有稍微高出花纹沟槽底部的凸台，代表花纹的磨损残留深度极限。花纹磨损后沟槽变浅，就会露出凸台，当花纹高度与凸台一样时，表示花纹沟槽深度还有 1.6mm，必须更换轮胎。

图 7-26　简便方法检查轮胎花纹深度

图 7-27　轮胎上的磨损标记

另外，如果所使用的轮胎是雪地胎，在轮胎上还有雪地胎的磨损残留深度极限标记，一般的雪地胎，当雪地胎的花纹磨损超过一半时，就失去了雪地胎的作用。

④ 轮胎的换位　经常换位有助于保证轮胎的均匀磨耗，从而延长轮胎的使用寿命。通常前驱的车辆每行驶 6000～10000km 时应进行换位，四轮驱动车辆需要在每行驶 6000km 时换位。常用的轮胎换位方法如图 7-28 所示。

7.3.3 悬架的养护

（1）检查减振器

① 目视减振器是否漏油，如果有漏油现象，如图 7-29 所示，应更换。

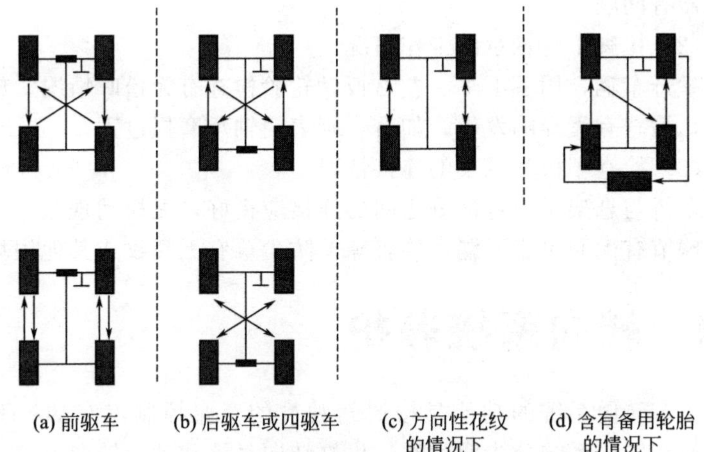

图 7-28　轮胎换位

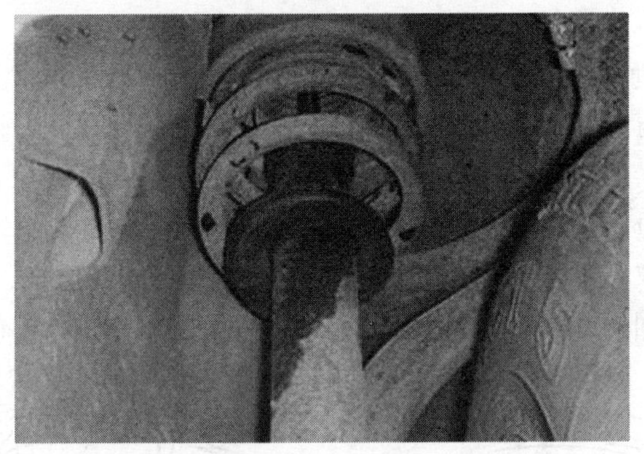

图 7-29　减振器漏油

② 使汽车在道路条件较差的路面上行驶 10km 后停车，用手摸减振器外壳，如果不够热，说明减振器内部无阻力，减振器不工作。此时，可以加入适当的润滑油，再进行试验，若外壳发热，则说明减振器内部缺油，应加注润滑油；否则，说明减振器失效，应予以更换。

③ 用力按下保险杠，然后松开，如果汽车有 2～3 次跳跃，则说明减振器工作良好。

④ 当汽车缓慢行驶紧急制动时，若汽车振动比较剧烈，说明

减振器有问题。

（2）检查车轮轴承的工作情况

举升车辆，用手上下、左右扳动轮胎检查有无松旷情况，旋转车轮，检查有无异响发生，如有，则表明轴承磨损过大。

（3）检查车桥和悬架的连接情况

车桥与悬架系统各部分之间的连接应良好，无松动现象。检查悬架球节有无润滑脂泄漏，检查球节防尘罩有无裂纹或其他损坏。

7.4 转向系统养护

汽车转向系统的功能是按照驾驶员的意愿控制汽车的行驶方向。汽车转向系统分为两大类：机械转向系统和动力转向系统。其常见的养护项目有转向盘自由行程检测、液压助力转向系统养护及转向操纵机构养护。

7.4.1 转向盘自由行程检测

转向盘自由行程是指汽车转向轮保持直线行驶位置静止不动时，转动转向盘所测得的游动角度。

转向盘自由行程采用专用检测仪进行检测，简易的转向盘自由行程检测仪如图 7-30 所示，主要由分度盘和指针组成。分度盘和指针分别固定在转向盘轴管和转向盘边缘上，固定方式有机械式和

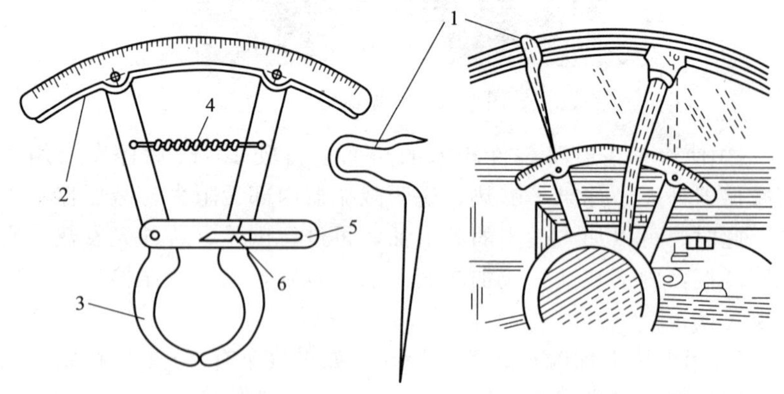

图 7-30 简易的转向盘自由行程检测仪

1—指针；2—分度盘；3—夹臂；4—弹簧；5—连接板；6—紧定螺钉

磁力式两种。

检测步骤如下。

① 把车辆停放在平坦的地面上，两前轮保持直线行驶方向。

② 将转向盘自由行程检测仪分度盘卡在转向盘轴管上，指针固定在转向盘边缘上并指向分度盘。

③ 将转向盘向左或向右转动至稍有阻力感时，指针对好分度盘的零位，再反向转动至稍有阻力时止，此时指针在分度盘上的读数即为自由行程角度。

7.4.2 液压助力转向系统养护

(1) 液压助力转向系统油压的检查

① 将带有手动阀的压力表（指示刻度不能低于10MPa）接到动力转向系统液压回路中，如图7-31所示。

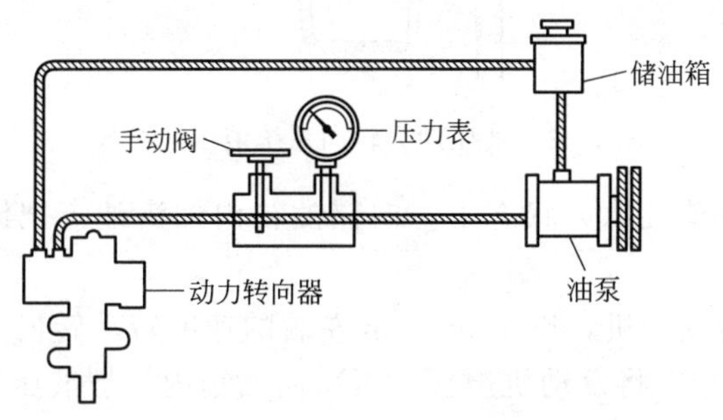

图7-31　液压助力转向系统油压检查

② 将油温升到80℃，保持发动机怠速运转，关闭手动阀时最小压力应为7.35MPa（注意检查过程最好不要超过10s）。如果油压过低，应更换油泵刮片。

③ 将手动阀打开，发动机在1000r/min和3000r/min时，压力表指示应低于490kPa。如压力过高，应修理或更换流量控制阀。

④ 把转向盘向左或向右转到底，怠速时的最低压力为7.3MPa。压力过低时为转向助力器内部密封不良，应进行修理或更换。

(2) 液压助力转向系统液压油的更换

当发现助力转向系统液压油变黑，有气泡和乳化现象时，应更换液压油，液压油更换后还应排除动力转向系统中的空气，其操作方法如下。

① 将汽车前轮顶离地面，从储油箱上拆下回油管，使液压油流入容器内。

② 启动发动机并怠速运转，左右转动转向盘，并尽量转到底，排出动力转向系统内的液压油，如图 7-32 所示。

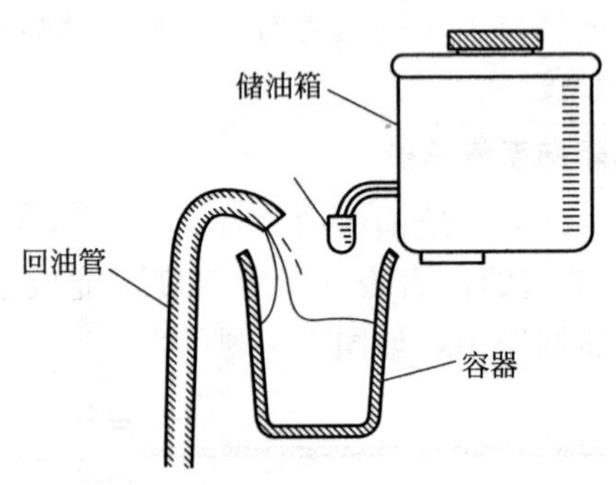

图 7-32　液压助力转向系统液压油更换

③ 在发动机熄火状态下，向储油箱内加满油，把储油箱回油口堵死。

④ 启动发动机，以 100r/min 左右的速度转动转向盘，当回油管出油时，立即将发动机熄火，再次向油箱内补加液压油。并重复上述过程 4～5 次，直到动力转向系统中没有空气为止，将回油管连接牢固。

⑤ 发动机运转时，左右转动转向盘 3～4 次，液压油应无气泡。发动机运转和停止时，油平面相差不能大于 5mm，否则应重复放油排出系统中的空气。

（3）液压助力转向系统的清洗

对助力转向系统进行清洗可除去助力转向系统中的有害杂质、漆膜和其他沉积物，消除助力转向系统内的磨损和噪声，恢复油封弹性，防止系统渗漏的发生，防止冷车时的转向困难，其操作方法如下。

① 打开动力转向储油箱盖，抽出一部分动力转向油。

② 将动力转向系统清洗剂倒入储油箱内，盖好储油箱盖。

③ 启动发动机，左右转动转向盘，让清洗剂流到各部位，清洗时间为 15～30min。

④ 关闭发动机，准备好一根透明的塑料管（管内径应略大于动力转向液罐的回流管外径，长约 2m）和一个油盆，然后拆开动力转向储油箱的回流管，将其与透明的塑料管接在一起，塑料管的开放端放入油盆内。

⑤ 启动发动机，并不断地向动力转向储油箱内倒入动力转向液（注意不能等储油箱内无液时再倒入，以防混入空气），同时观察透明的塑料管流出的动力转向液的色泽，至动力转向液的颜色变得透红（与新的动力转向液颜色相同）时，立即关闭发动机。

⑥ 迅速接好转向储油箱的回流管，再将动力转向液加注到规定范围为止。

⑦ 启动发动机，查看有无渗漏部位。

7.4.3 转向操纵机构养护

（1）转向操纵机构的主要检查内容如下。

① 检查转向轴旋转是否顺利、灵活。

② 检查转向轴上轴、下轴和转向轴管是否弯曲、破裂或变形。

③ 检查转向轴接头是否有破裂、变形、失灵或间隙过大等现象。

④ 检查转向横拉杆端头防尘罩是否破裂。

⑤ 检查横拉杆球节内的游隙。

（2）前轮最大转向角的检查与调整

检查前轮的最大转向角时，应在前轮前束调整正常的前提下进行，检查步骤如下。

① 将两前轮置于前轮转向角检查仪上，并使前轮处于直线行驶状态。

② 轻轻向左（或向右）将转向盘打到底，记录内侧车轮和外侧车轮的转向角。

③ 再以直线状态向右（或向左）将转向盘打到底，同样记录内侧车轮和外侧车轮的转向角。

④ 内侧车轮和外侧车轮的转向角应符合规定要求。

⑤ 如果前轮的最大转向角不符合规定要求时，则应进行调整。

其调整方法如图 7-33 所示。只要根据需要转动转向中央杠杆上的两个止动螺栓，即可达到改变前轮最大转向角的目的。但应注意，左右两边转向横拉杆的长度调整后一定要相等。

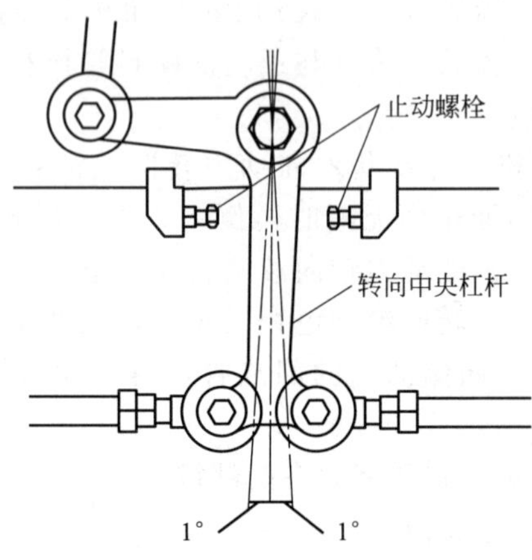

图 7-33　前轮最大转向角调整

7.5　制动系统养护

汽车制动系统的功用是按照需要使汽车减速或在最短的距离内停车，下坡行驶时限制车速，保证汽车停放可靠，不致自动滑溜。

汽车制动系统主要由制动能源装置、制动器、制动驱动装置及制动控制装置组成，如图 7-34 所示。

根据汽车制动系统的功用不同，汽车制动系统可分为以下几种。

① 行车制动系统　该系统在行车过程中要经常使用，它是一套使行驶中的汽车减速甚至停车的专门装置。

② 驻车制动系统　又称手动制动系统，它是一套使已停止的汽车驻留原地不动的装置。

③ 急制动系统　在行车过程中，行车制动系统可能会失效，这时，应急制动系统则派上用场，它是一套在这种情况下仍能保证汽车实现减速和停车的装置。

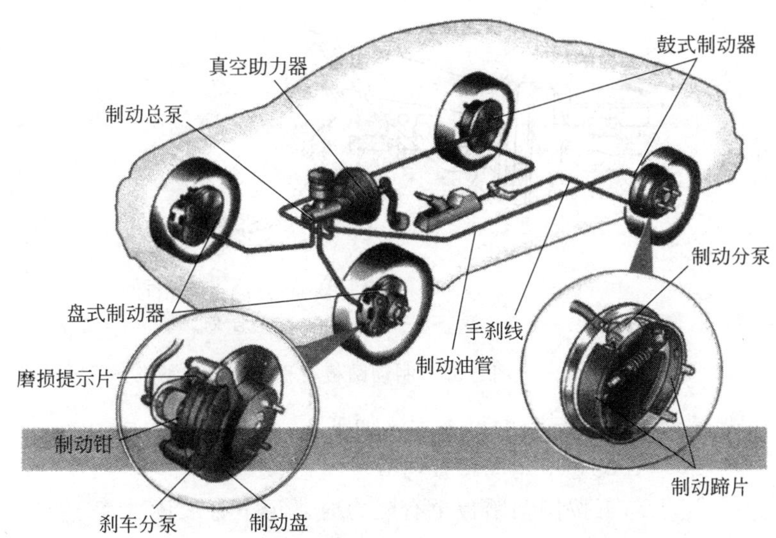

图 7-34　汽车制动系统组成

④ 辅助制动系统　是汽车下长坡时用以稳定车速的一套装置。经常行驶在山区的汽车，单一行车制动系统在稳定车速时可能会因制动器过热而降低制动效能，甚至完全失效。

行车制动系统按制动力源又分为液力式（靠驾驶员施加于制动踏板的力作为制动力源，如液力制动装置）和动力式（用发动机的动力作为制动力源，如气压制动装置），动力式又分为气压式、真空液压式和空气液压式。按传动机构的布置形式可分为单回路制动系统（采用单一的传动回路制动系统，当回路中有一处损坏而漏气、漏油时，整个制动系统失效）和双回路制动系统（行车制动器的传动回路分属两个彼此独立的回路，当一个回路失效时，还能利用另一个回路获得一定的制动力）。

制动系统养护的主要项目有制动踏板自由行程的检查与调整、驻车制动装置的检查与调整、动力装置的检查、制动液的检查与更换、制动器的检查。

7.5.1　制动踏板自由行程的检查与调整

制动踏板行程可分为自由行程和有效行程，如图 7-35 所示。自由行程是为保证不发生制动拖滞、彻底解除制动而设置的。

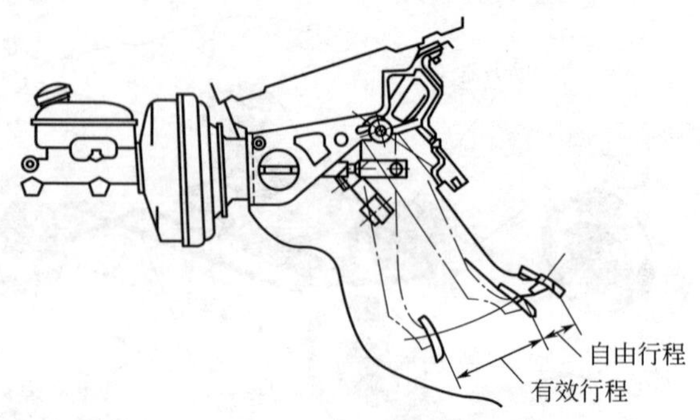

图 7-35 制动踏板行程

制动踏板自由行程的检查方法如下。

① 取一直尺立于制动踏板与驾驶室底板之间。

② 用手向下按制动踏板至有阻力时，记下直尺读数。

③ 然后放松踏板，再看直尺读数，如图 7-36 所示。

④ 两次读数之差即为制动踏板自由行程。

制动踏板自由行程一般为 15～20mm，检查后，如发现不符合规定，要进行自由行程的调整，具体调整时，应按车型规定的数值进行。

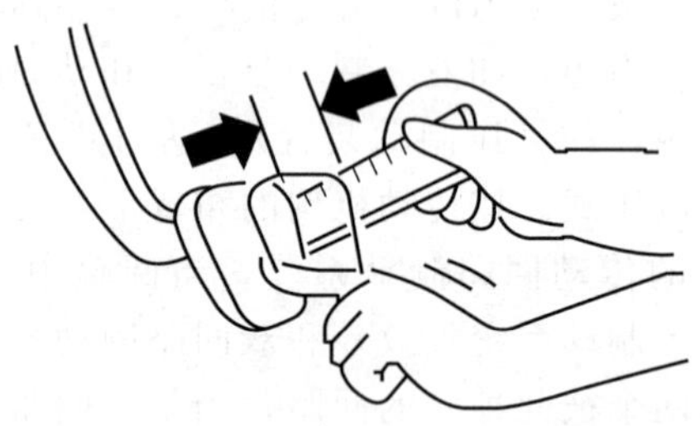

图 7-36 制动踏板自由行程的检查

当制动踏板自由行程不合适时，可松开总泵推杆的锁紧螺母，拧动推杆，通过改变其长度进行调整。调整完毕后，再拧紧锁紧螺母。图 7-37 所示为制动总泵。

以桑塔纳轿车为例，其制动踏板的自由行程是指踩下踏板时，推杆接触到制动总泵活塞时的踏板移动量。检查时，可用手轻压踏板，测量至手感变重时的踏板行程，其行程应不大于

45mm。测量制动踏板踩下的有效行程应达到 135mm，制动踏板的总行程应不小于 180mm。如果检查不合格，可通过调整推杆长度的方法改正。

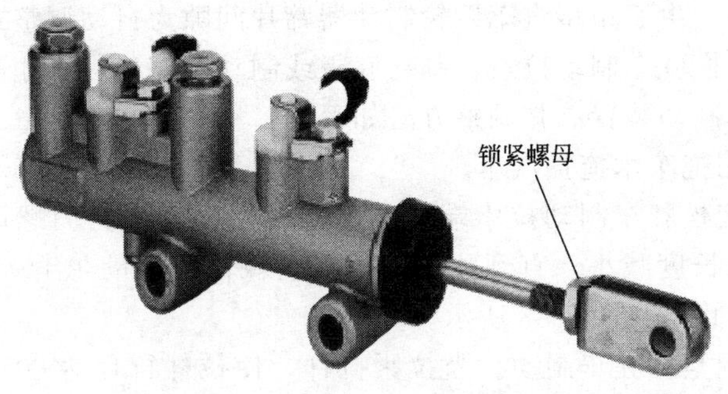

图 7-37　制动总泵

7.5.2　驻车制动装置的检查与调整

驻车制动装置的主要功用：一是保证汽车稳定停车，防止溜车；二是在紧急情况下，临时替代行车制动器。

（1）检查

① 驻车制动效能的检查　将汽车开到坡度较大、路面状况良好的斜坡上，踩下行车制动踏板，挂空挡（自动变速器处于 N 位），将驻车制动杆位拉到确定的工作点位置。然后慢慢松开行车制动踏板，如果汽车没有发生滑动，说明驻车制动的效能良好。由于制动器内存在间隙，有时在松开踏板后，汽车会轻微滑动，然后才停住，只要这个滑动的距离小，驻车制动的效果也属正常。检查时，上坡和下坡应各进行 1 次。

② 灵敏度的检查　检查驻车制动灵敏度，对斜坡起步特别重要。检查时，使汽车慢速行驶在没有坡度的路面上，然后缓缓地提拉驻车制动杆，感觉一下制动杆的灵敏度和接合点。

③ 拉索长度的检查　小型汽车普遍采用驻车制动杆和拉索对后轮进行制动，即驻车制动与行车制动采用同一套制动器。随着汽车使用时间的增长，拉索会产生一定量的塑性变形，造成驻车制动行程过大，因此当车轮制动器蹄片间隙调整好后，还应检查驻车制动拉索的长度。

（2）调整

当汽车在较小的坡道上拉紧驻车制动时，汽车仍后溜，或汽车在拉紧驻车制动的情况下，能以二挡起步时，则应对驻车制动装置进行调整。由于小型汽车后轮制动器蹄片间隙为自动调整式，因此只有当更换驻车制动拉索、制动底板或制动摩擦片后，才需要检查调整驻车制动装置。其调整方法如下。

① 用拖车木掩护汽车。

② 旋松驻车制动拉索端部调整螺栓上的两个紧固螺母，使调整螺栓的长度减小，直到驻车制动手柄棘轮行程量在 4～7 个齿的范围内为止，如图 7-38 所示。

③ 调整好驻车制动。当拉紧拉杆，使拉杆行程达 60%（如拉到底 9 个响，而拉 5 个响）时，汽车应能在 20%斜度的纵坡上可靠停住。

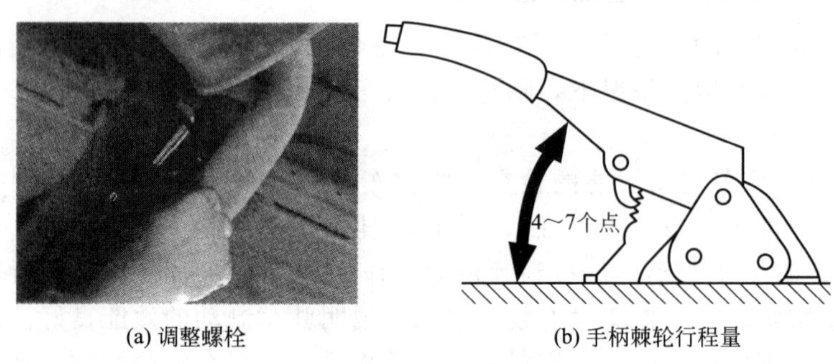

(a) 调整螺栓　　(b) 手柄棘轮行程量

图 7-38　驻车制动装置的调整

目前许多车辆采用脚刹驻车制动装置（图 7-39），其调整方法如下。

① 先将车辆停放在平坦的地方，松开脚刹驻车制动，这时制动钢丝是松弛的，便于调紧张紧螺母。

② 找到脚刹驻车制动器上的调整螺母，一般有两个，上面的一个是固定螺母，下面的一个是张紧螺母，如图 7-40 所示。

③ 用扳手拧松固定螺母（拧松即可），如图 7-41 所示。

④ 根据驻车制动的松紧情况调整张紧螺母，张紧程度根据实际需要进行调节，并随时踩驻车制动器确认调整程度，如图 7-42 所示。

图 7-39　脚刹驻车制动装置

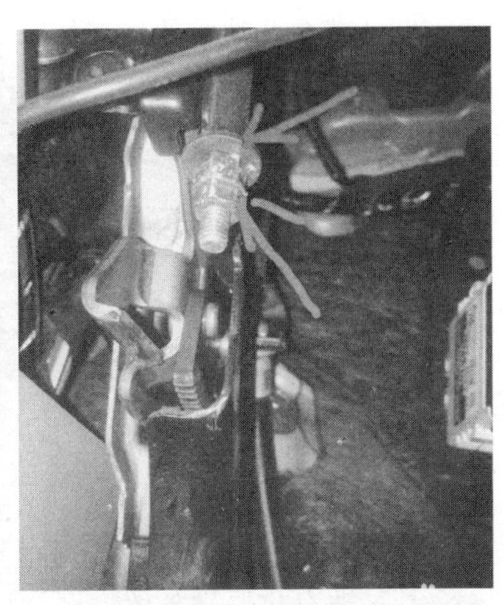

图 7-40　调整螺母

图 7-41　拧松固定螺母

图 7-42　调整张紧螺母

7.5.3　动力装置的检查

（1）制动总泵及油管的检查

检查总泵壳体是否有裂纹或总泵周围是否有制动液。如有少量液滴，则表明存在泄漏，检查与制动总泵相连的制动软管有无裂纹和外层磨损，是否泄漏，检查油管是否损坏、有裂纹、弯曲和腐蚀。制动总泵及油管的检查如图 7-43 所示。

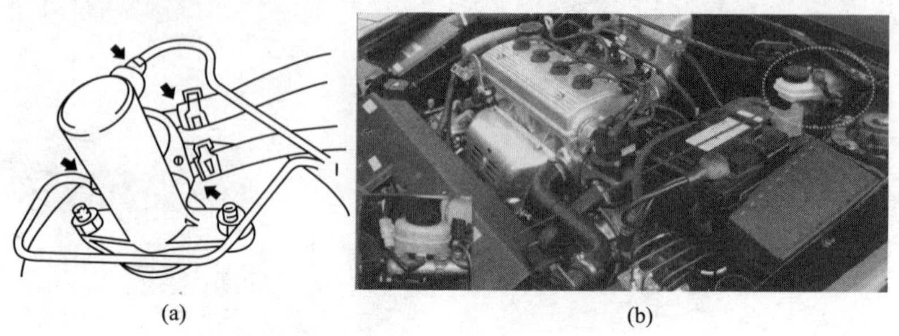

图 7-43 制动总泵及油管的检查

（2）真空助力器的检查

真空助力器通过发动机进气管获得真空度力源并储存在真空罐中，在使用中如果发现真空助力器不起作用（制动踏板沉重发硬），应检查真空助力器。在没有故障时，不要随便拆卸真空助力器，以免造成损坏。真空助力器与制动总泵总成安装位置如图 7-44 所示。

① 检查气密性

a. 启动发动机。

b. 发动机运行 1～2min 后，停止运转。

c. 用相同的制动力踩制动踏板几次，并观察踏板行程。如果第 1 次踏板下沉很深，第 2 次和第 3 次踩下踏板时其行程减小，表示气密性良好。

d. 如果踏板行程不变，表明气密性较差。

② 检查工作情况

a. 发动机停止运行后，用相同的力踩制动踏板几次，确认踏板行程未改变。

b. 启动发动机的同时，踩制动踏板，如果踏板行程有少许增大，则表明操作良好，如踏板行程无变化，则表明有故障。

7.5.4 制动液的检查与更换

制动液质量优劣直接关系到车辆行驶的安全性，因此制动液的检查与更换是汽车养护的重要工作，做好制动液的检查与更换工作，对行车安全具有重要的意义。

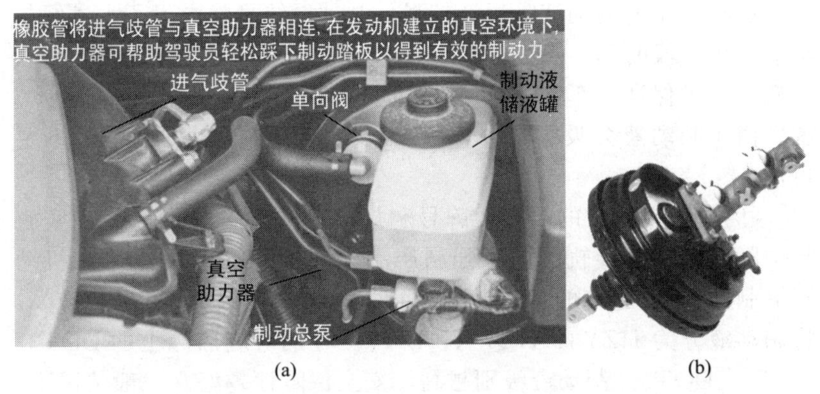

(a) (b)

图 7-44 真空助力器与制动总泵总成安装位置

(1) 汽车制动液的分类和牌号

① 国外制动液的规格标准 常用的进口制动液有 DOT3、DOT4 两种。DOT 是美国汽车安全标准规定标称，其数字越大，级别越高。DOT3 与 DOT4 的不同之处主要在于平衡回流沸点不同，DOT4 比 DOT3 更耐高温。平衡回流沸点是指机动车刹车制动液在测定条件下开始沸腾的温度，是评价制动液高温抗气阻性能的指标，也是决定汽车在高温条件下制动可靠性和质量等级的主要指标，该温度越高，其制动液的高温性能越好，不易产生气阻，制动就越安全可靠。

DOT3 和 DOT4 性能指标见表 7-1。

表 7-1 DOT3 和 DOT4 性能指标

工作情况	平衡回流沸点	
	DOT3	DOT4
干	205℃以上	230℃以上
湿	140℃以上	155℃以上

DOT3 和 DOT4 制动液是非矿物油系，是以聚二醇为基础和乙二醇及乙二醇衍生物为主的醇醚型合成制动液，再加润滑剂、稀释剂、防锈剂、橡胶抑制剂等调和而成，也是各国汽车所用最普遍的一种制动液。

这种常用的制动液吸湿性较强，制动系统虽然进不了水，但制动液使用一段时间后会吸收相当的水分。制动液中水分越多，沸点越低。为了保证行车安全，制动液应定期更换，一般2年需更换一次。由于制动液会吸收水分，所以放置多年已开封的制动液不要再用。

② 国产制动液的品种、牌号和规格　2004年1月，我国实施与国际通用标准接轨的国家强制产品标准GB 12981—2003《机动车辆制动液》，原来的JG标准不再采用。按照GB　12981—2003，将制动液分为HZY3、HZY4、HZY5。分别对应国际上的DOT3、DOT4、DOT5。制动液级别越高，安全保障性越好。一般情况下，微型、中低档汽车适宜选用符合HZY3标准的制动液，而中高档车建议选择HZY4标准的制动液。当然，微型、中低档汽车选择HZY4也没有任何问题，而且更好。HZY5标准的制动液主要用于军工和赛车运动方面，一般在民用方面采用得较少，适用于沙漠等苛刻条件。

图7-45　制动液

（2）制动液的选购

使用劣质制动液的危害很多，劣质的制动液平衡回流沸点不达标，这样的产品易产生气阻，造成刹车失灵，而且劣质的制动液运动黏度不合格，低温时黏度过高会使刹车迟缓，高温时黏度过低又导致润滑性差，零件磨损严重。所以选购制动液时在以下两个方面要注意：一闻，闻气味，达标制动液闻起来是甜的味道，劣质制动液闻起来是甲醇的臭味，或者人工香精的味道；二试，试黏稠度，合格制动液具有明显的黏性，看起来很像稀释后的蜂蜜，倒在玻璃板上扩散速度慢，劣质制动液黏度和水一样稀，倒少量在玻璃板上扩散速度快，用手指也可以感觉到不黏稠。常见制动液如图7-45所示。

（3）制动液的检查

① 先检查制动液液面位置，制动液应在最大与最小标线之间，

如发现制动液略有下降，应添加相同牌号的制动液。

② 检查制动管路有无泄漏，接头是否漏油，如有，涂抹密封胶，检查管路是否有破裂、磨损、扭曲等现象。

制动液的检查如图 7-46 所示。

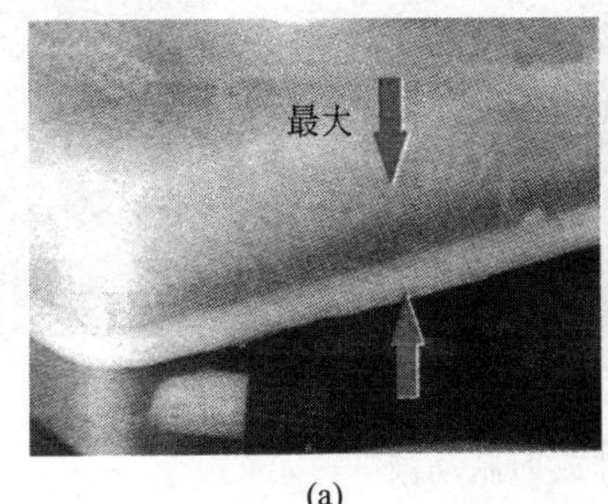

(a)

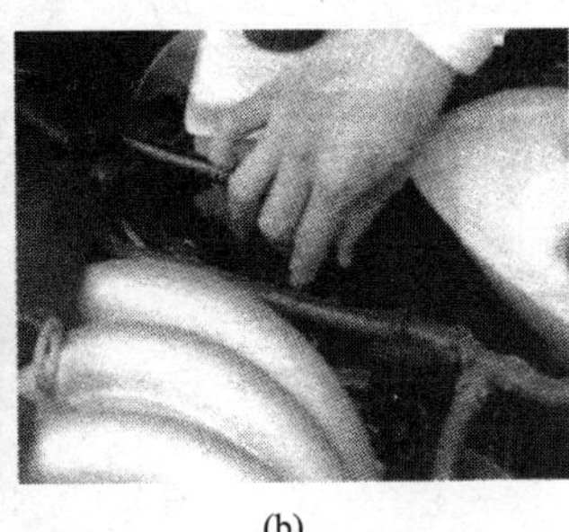

(b)

图 7-46　制动液的检查

(4) 制动液的更换

① 应更换制动液的情况。

a. 汽车正常行驶 40000km 或制动液连续使用超过 2 年，制动液很容易由于使用时间长而变质，所以要注意及时更换。

b. 当制动液中混入或吸入水分，或者发现制动液有杂质或沉淀物时，应及时更换或认真过滤，否则会造成制动压力不足，从而影响制动效果。

c. 如果不小心将汽油、柴油或机油混入采用合成制动液的制动系统时，由于油液之间的不相容性，也会降低制动效果。

d. 车辆制动出现跑偏时，要对制动系统进行全面检查。若发现分泵皮碗膨胀过大，说明制动液质量可能存在问题。这时应选择质量比较好的制动液予以更换，同时更换皮碗。

e. 换季时，尤其在冬季，若发现制动效果下降，有可能是制动液的级别不适应冬季气候，此时若更换新制动液，就要选择在低温下黏度偏小的制动液。

② 排放旧制动液。

a. 启动发动机并保持怠速运转。

b. 将制动储液罐的加液口盖拧下。

c. 在分泵放气螺钉上套上一根透明塑料管，如图 7-47 所示。

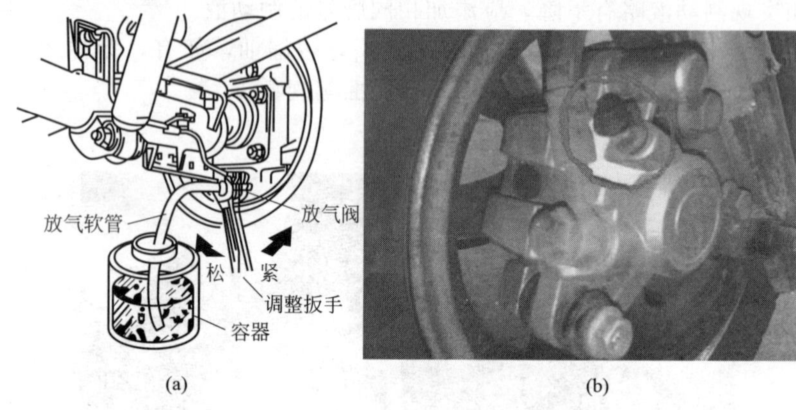

图 7-47 排放旧制动液

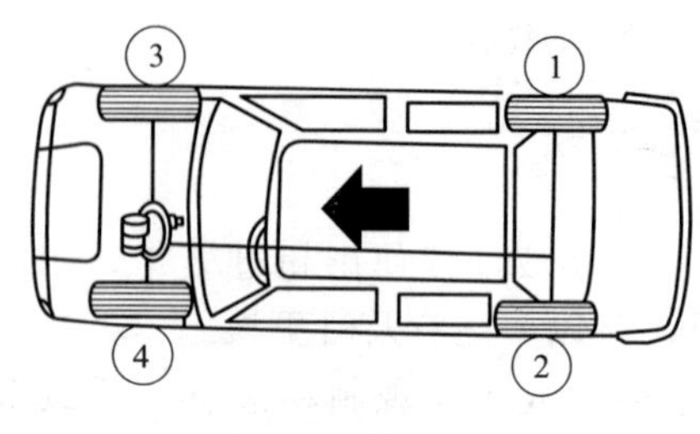

图 7-48 排气顺序

d. 拧松放气阀，连续踩下制动踏板，直到制动液不再流出为止。

③ 排放液压管路内的空气。

a. 离主缸最远的轮缸先排放，依次移至最近的轮缸，如图 7-48所示。

b. 排气作业由两人配合进行。一人在驾驶室内连续踩制动踏板，使踏板位置升高并踩下踏板保持不动，另一人在车下拧松放气阀，使管路中的空气和制动液一同排出。

c. 当踏板位置降低时，立即拧紧放气阀。如此反复多次，直到塑料管内没有气泡排出为止，然后拧紧放气阀并装好防尘套，按上述方法依次对其他轮缸进行排气。

d. 在排气时应一边排除空气，一边检查和补充制动液，以免空气重新进入制动管路，直到空气完全排放干净为止，将储液罐的制动液补充到规定位置。

④ 补充制动液。

当排气作业结束后，将储液罐制动液补充到上限位置，装好储液罐盖并擦净油污。试车检验制动性能，同时检查各部位有无漏油现象。如在检查过程中制动踏板发软，则表明制动系统内有空气。

7.5.5　制动器的检查

（1）盘式制动器检查

下面以卡罗拉 GL1.6 轿车为例，讲解盘式制动器的检查步骤。

① 拆卸前轮，排净制动液。拆卸接头螺栓和衬垫，并从制动器制动缸总成上分离前软管，如图 7-49 所示。

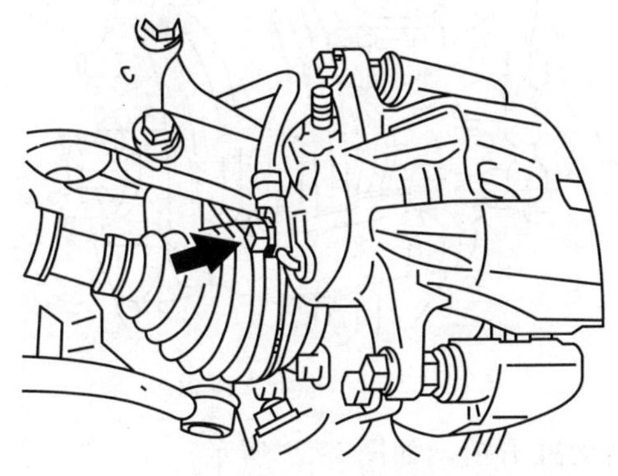

图 7-49　拆卸与制动器相连的制动软管

② 固定盘式制动器制动缸滑销，并拆下固定螺栓和盘式制器制动缸总成，如图 7-50 所示。

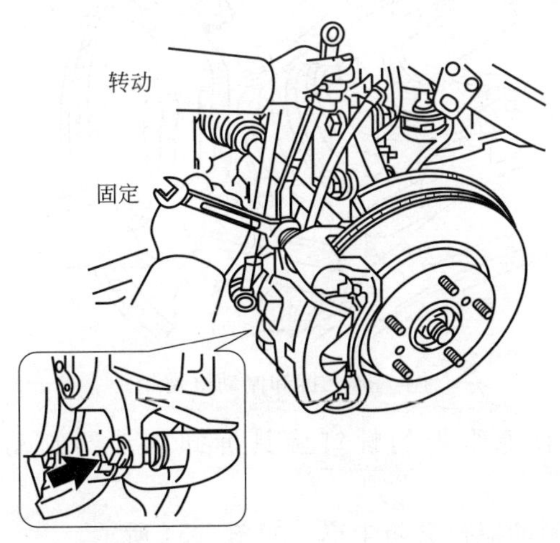

图 7-50　拆下制动缸总成

③ 从制动缸固定架上拆下制动器衬块。从制动器衬块上拆下消声垫片。从制动缸上拆下制动器衬块的支撑板，并在支撑板上做好识别标记，如图 7-51 所示。

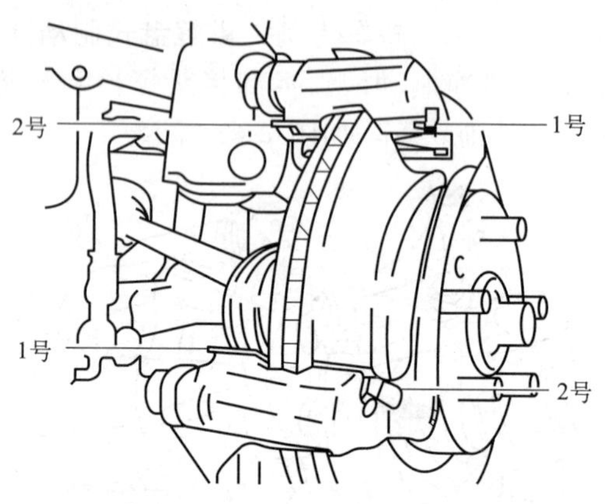

图 7-51 拆下支撑板

④ 拆卸制动缸滑销，如图 7-52 所示。

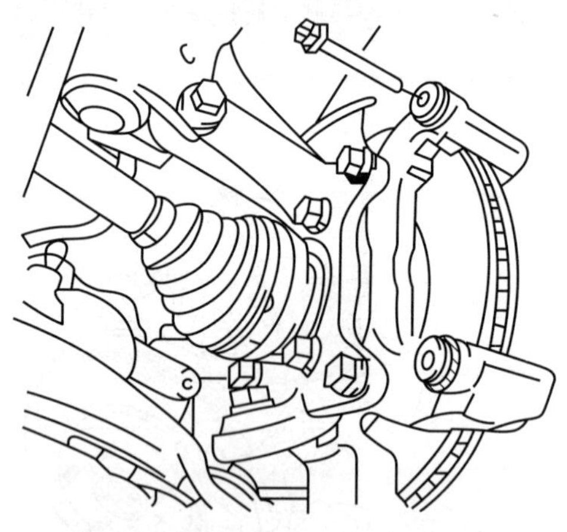

图 7-52 拆卸制动缸滑销

⑤ 用缠有绝缘带的螺钉旋具拆卸制动器制动缸滑套，如图 7-53所示。

⑥ 拆卸制动器衬套防尘罩，如图 7-54 所示。

⑦ 拆卸制动缸固定架，如图 7-55 所示。

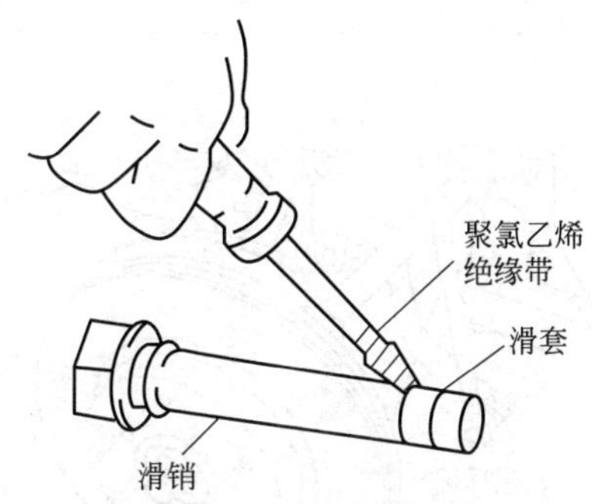

图 7-53　拆卸制动缸滑套

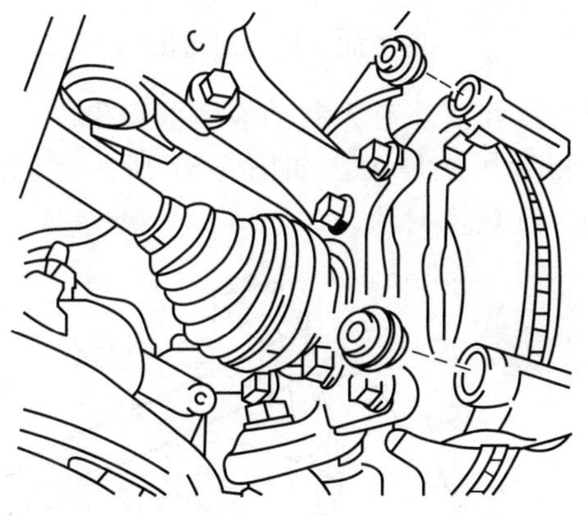

图 7-54　拆卸防尘套

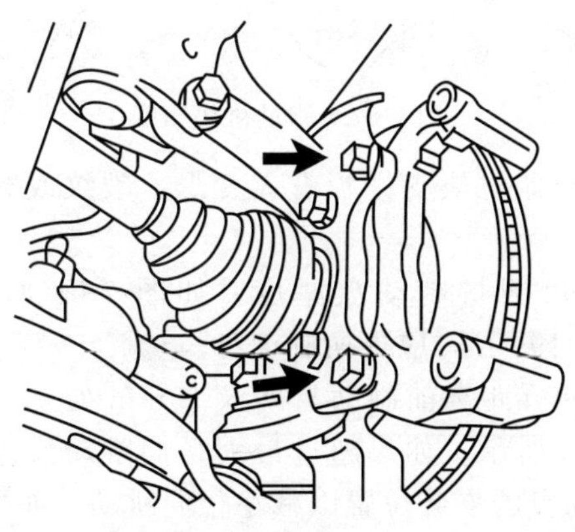

图 7-55　拆卸制动缸固定架

⑧ 在制动盘和轮毂上做好装配标记，然后拆卸制动盘，如图 7-56所示。

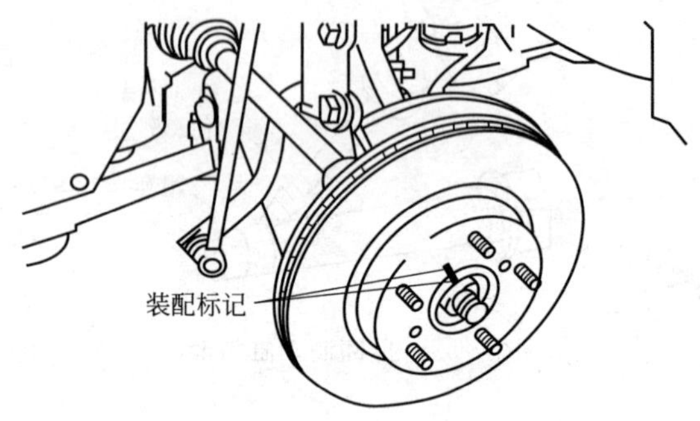

图 7-56 拆卸制动盘

⑨ 检查制动缸和活塞有无制动液泄漏现象。

⑩ 用直尺测量衬块厚度，如图 7-57 所示，标准值为 12mm，如果小于 1mm，则更换衬块。

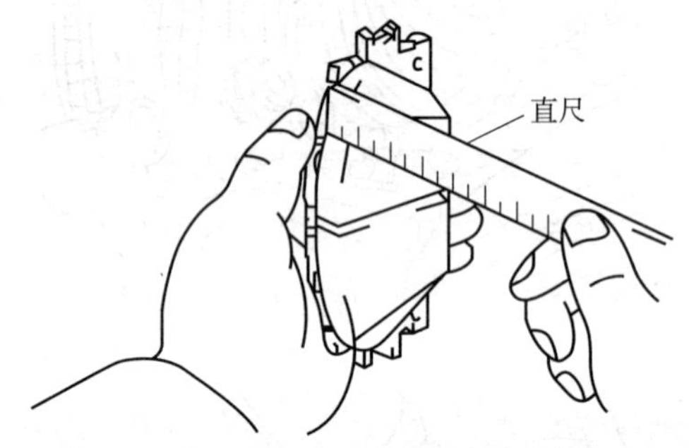

图 7-57 测量衬块厚度

⑪ 检查制动器衬块支撑板有无变形、裂纹或磨损，并清除锈迹和污垢。

⑫ 用千分尺测量制动盘厚度，如图 7-58 所示，标准值为 22mm，如小于 19mm，应更换制动盘。

⑬ 用百分表在距离前制动盘外缘 10mm 处测量制动盘的径向跳动，如图 7-59 所示。如果超过最大径向跳动值（0.05mm），改变车桥轮毂制动盘的安装位置以减小径向跳动。如果安装位置改变后仍超过最大值，则研磨制动盘，如果制动盘厚度小于最小值，则

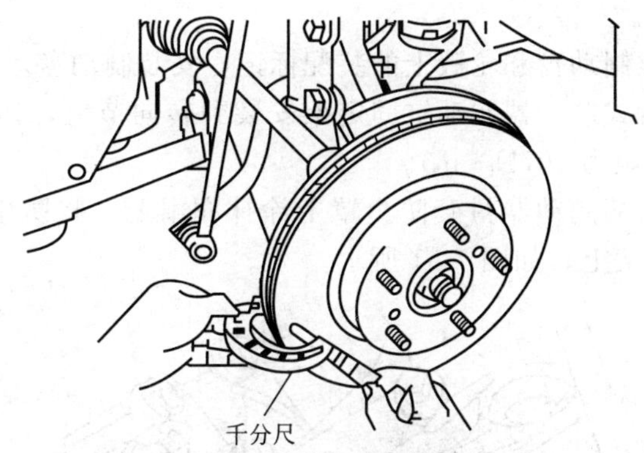

图 7-58　测量制动盘厚度

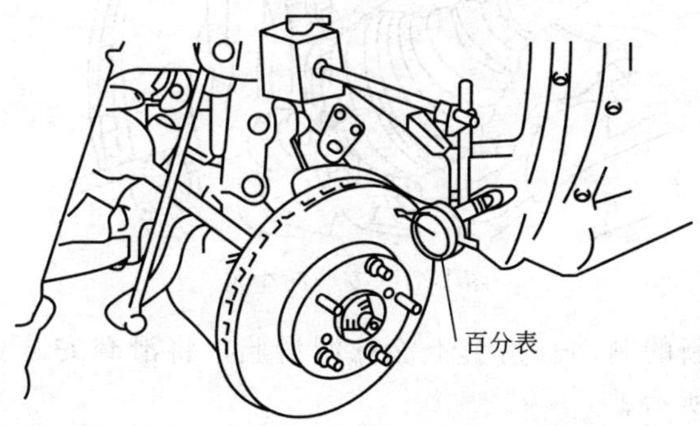

图 7-59　测量制动盘的径向跳动

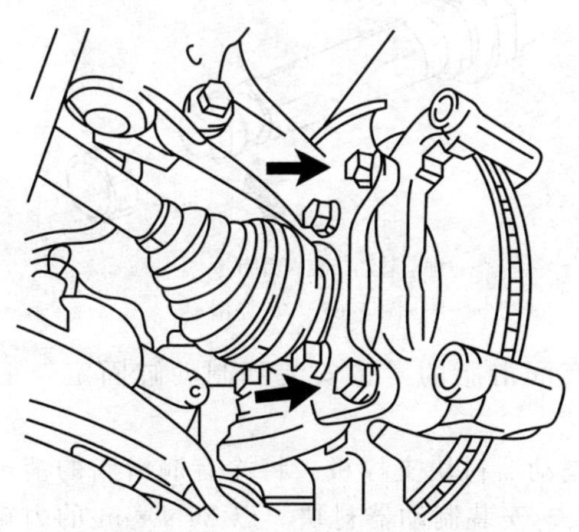

图 7-60　安装制动缸固定架

更换制动盘。

⑭ 对准制动盘和轮毂上的装配标记，安装制动盘。

⑮ 将盘式制动器制动缸固定架安装到转向节上，如图 7-60 所示（拧紧力矩为 107N·m）。

⑯ 在新的制动器衬套防尘罩上涂抹润滑脂，将防尘罩安装到制动缸固定架上，如图 7-61 所示。

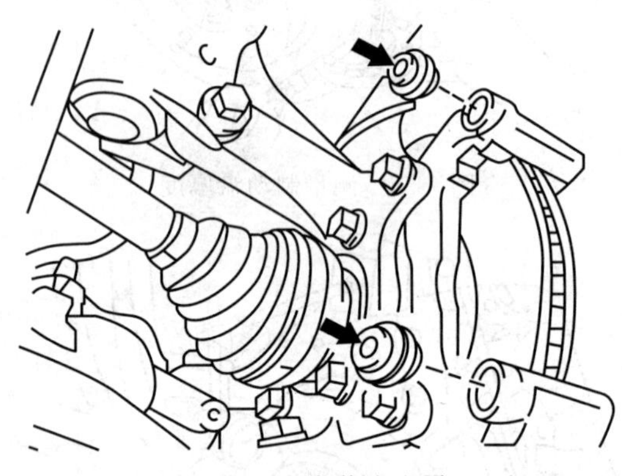

图 7-61 安装防尘罩

⑰ 在新的制动缸滑套上涂抹润滑脂，将滑套安装到滑销上，如图 7-62 所示。

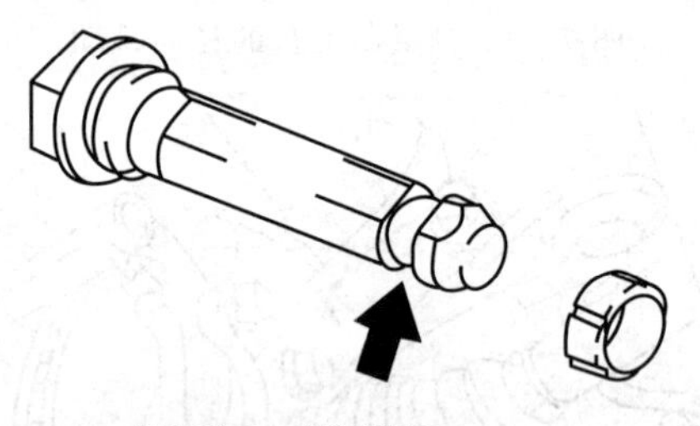

图 7-62 安装滑套

⑱ 将涂有润滑脂的滑销安装到制动缸固定架上，如图 7-63 所示。

⑲ 安装制动器衬块支撑板。将涂有润滑脂的消声垫片安装到制动器衬块上。安装制动器衬块。以 34N·m 的力矩将制动缸安装到制动缸固定架上。

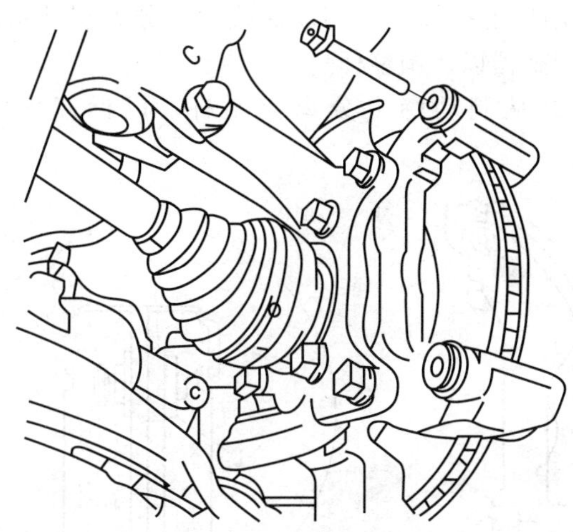

图 7-63　安装滑销

⑳ 将制动软管连接到制动缸上并固定。

㉑ 排放制动管路中的空气，并适时加注制动液。

㉒ 检查制动管路有无泄漏现象。检查制动液液位。

㉓ 以 103N·m 的拧紧力矩安装车轮。

(2) 鼓式制动器的检查

① 将轮胎从汽车上拆下。松开驻车制动，拆卸制动鼓。拉出固定销钉，然后拆卸制动蹄总成，如图 7-64 所示。

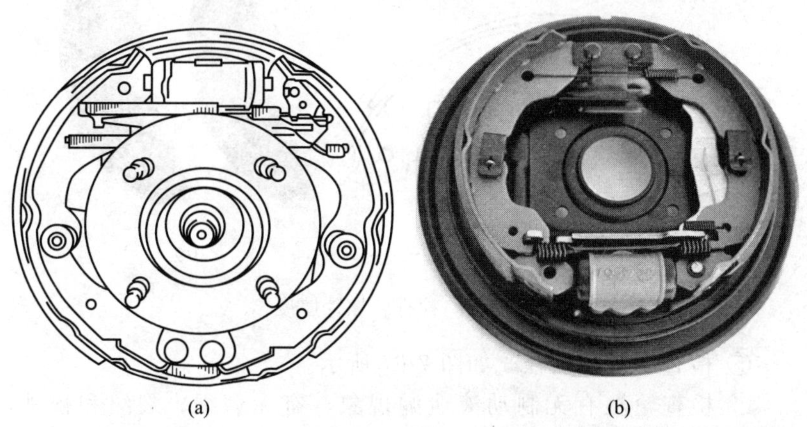

(a)　(b)

图 7-64　拆卸制动蹄总成

② 从控制杆上拆卸驻车制动后线缆。分解制动蹄总成（制动蹄、弹簧、调整器以及调整杆）。

③ 用工具从制动蹄上分离控制杆，以拆卸固定卡环，如图 7-65所示。

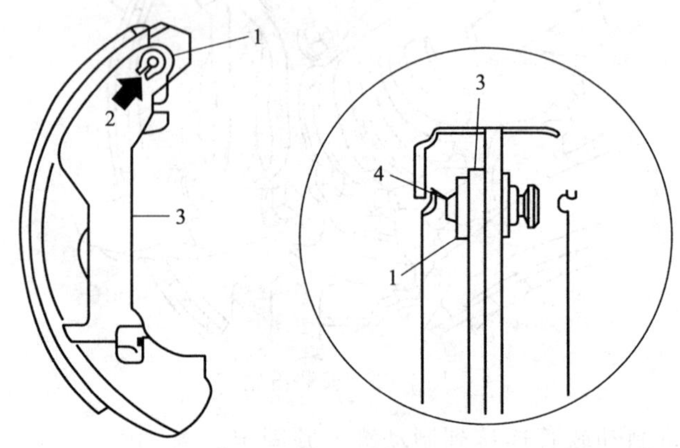

图 7-65　分离控制杆

1—卡环；2—接触点；3—控制杆；4—销

④ 检查摩擦片厚度，如图 7-66 所示。

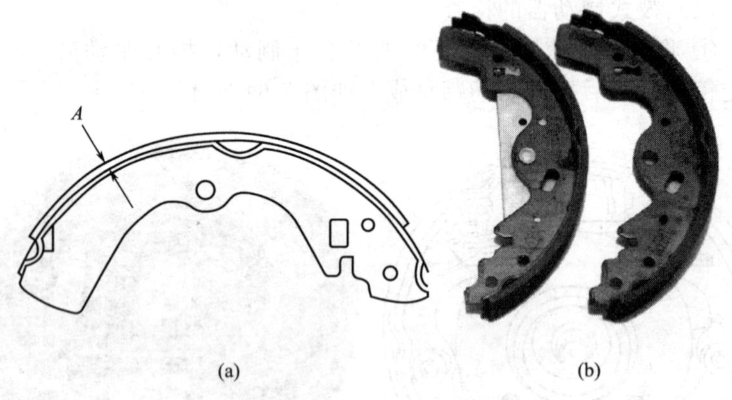

图 7-66　检查摩擦片厚度

⑤ 检查制动鼓内径，如图 7-67 所示。

⑥ 检查轮缸有无制动液泄漏现象，有无磨损、裂纹和松弛，如发现任何异常，更换部件。

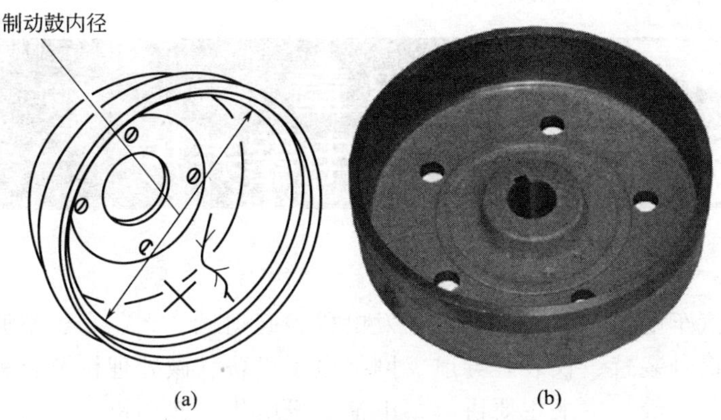

图 7-67　检查制动鼓内径

⑦ 检查制动鼓内部是否有过度磨损、损坏和裂纹。

⑧ 检查摩擦片有无过度磨损、损坏和剥离。

⑨ 检查制动蹄滑动表面有无过度磨损和损坏。

⑩ 检查复位弹簧是否松弛。

⑪ 检查后板有无损坏、裂纹和变形。

⑫ 将控制杆安装到制动蹄上。

⑬ 将制动蹄、调整器、调整杆以及弹簧组装到制动蹄总成上。

⑭ 将驻车制动后线缆连接到控制杆上。

⑮ 安装制动蹄总成，安装完毕，确保所有的部件安装到位。

⑯ 安装制动鼓。

⑰ 踩制动踏板 2～3 次。

⑱ 调整制动器蹄片间隙。

⑲ 安装轮胎。

第 8 章 汽车电器养护

汽车电器主要有蓄电池、发电机、起动机、火花塞、空调、照明和信号装置、仪表、导航、网络电子设备、微处理机及各种人工智能装置等。本书主要讲解蓄电池、发电机、起动机、火花塞、空调、照明与信号装置等电器的养护。

8.1 蓄电池的养护

汽车用铅酸蓄电池与交流发电机并联，主要作用是为启动系统提供强大的启动电流。目前汽车常用的有干式荷电型和免维护型两种铅酸蓄电池（图 8-1），一般由六个单格串联而成，主要由极板、隔板、电解液、外壳、连条和极桩组成。干式荷电型铅酸蓄电池最明显的特征是其顶部有可拧开的塑料密封盖，上面还有通气孔。这些注液盖是用来加注纯水、检查电解液和排放气体的。

(a) 干式荷电型

(b) 免维护型

图 8-1　铅酸蓄电池

铅酸蓄电池放电时，正、负极板上的二氧化铅和海绵状纯铅分别与电解液中的硫酸反应，生成硫酸铅和水，释放出电能。充电时，正、负极板上的硫酸铅分别恢复成二氧化铅和海绵状铅，将电能转换为化学能储存起来。

蓄电池的容量主要受放电电流大小、电解液温度及电解液密度的影响。充满电的蓄电池单格电压为2.1V，液面高出防护片10～15mm，相对密度（15℃）在1.24～1.30之间。

蓄电池的寿命一般为2～3年，如果使用和保养得当，可以使用到4年左右。如果使用和保养不得当，几个月就会损坏。蓄电池保养工作比较简单，做好电解液的补充、蓄电池与极桩的清洁和蓄电池电解液密度的控制等工作，就能有效地延长蓄电池的使用寿命。

8.1.1 蓄电池的清洁检查

蓄电池外部的灰尘、污垢等会引起电极间的自放电，接线处脏污、腐蚀等会造成蓄电池不能正常工作，为此每隔3个月应对蓄电池外部进行1次清洁。

① 用抹布擦净蓄电池外部灰尘，如果表面有电解液溢出，可用布擦干。

② 清除极桩头上的脏物和氧化物，擦净连接线外部及夹头，清除安装架上的脏物。

③ 疏通加液口盖通气孔，并将其清洗干净。

④ 检查蓄电池壳体应无开裂和损坏现象，极桩和夹头应无烧损现象，否则应将蓄电池拆下修复。

蓄电池清洁检查过程如图8-2所示。

8.1.2 蓄电池电解液液面高度的检查和补充

汽车每行驶1000km应对液面高度进行1次检查。外壳呈半透明状的蓄电池，壳体上一般都标有刻度线，可直接观察到其内部液面的高度，应将其保持在上、下刻度线之间，如图8-3所示。如蓄电池电解液液面过低时，应及时补充蒸馏水或蓄电池补充液。

如果蓄电池外壳不透明，可采用如下方法检查蓄电池电解液液面高度。

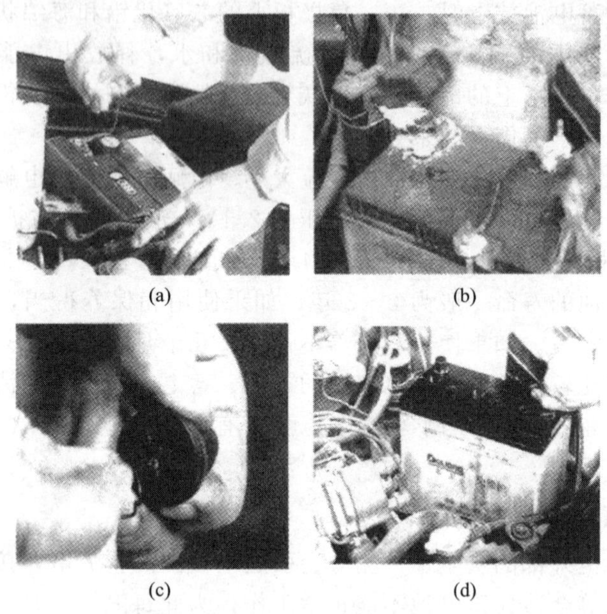
(a) (b)

(c) (d)

图 8-2 蓄电池清洁检查

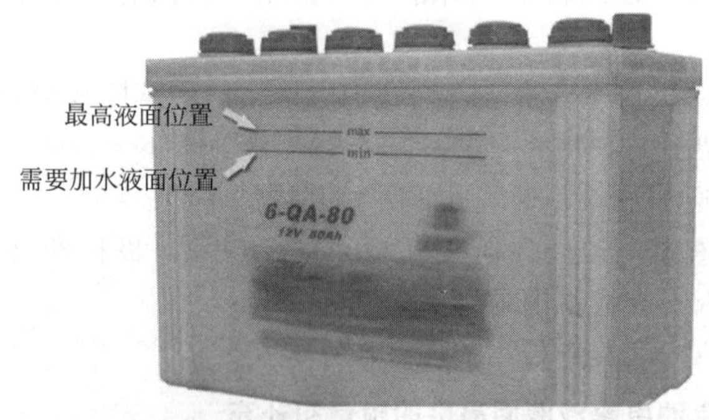

图 8-3 蓄电池液面高度检查

① 打开蓄电池加液孔盖。

② 将一根内径 6～8mm、长约 150mm 的玻璃管垂直插入加液口内，直至极板上缘为止。

③ 拇指压紧管的上口，用食指和无名指将玻璃管夹出，玻璃管中电解液的高度即为蓄电池内电解液液面高出极板的高度，应为

10～15mm。

④ 将电解液放入原单格电池中。

⑤ 蓄电池电解液液面过低时，应及时补充蒸馏水或蓄电池补充液。

⑥ 拧紧蓄电池加液孔盖。

8.1.3　蓄电池电解液密度的检查

蓄电池电解液的密度对蓄电池的放电容量和使用性能有很大的影响，电解液密度决定着极板的电动势、电解液的阻值以及离子的扩散速度。当电解液相对密度低于 1.230（15℃）时，应对蓄电池进行充电。

采用密度计检测电解液密度的步骤如下。

① 打开蓄电池各加液口盖。

② 用密度计从加液口吸出电解液至密度计的浮子浮起为止。

③ 读数时，应把密度计提至与眼睛视线平齐的位置，并使浮子处于玻璃的中心位置而不与管壁接触，以免影响读数的准确性，如图 8-4 所示。

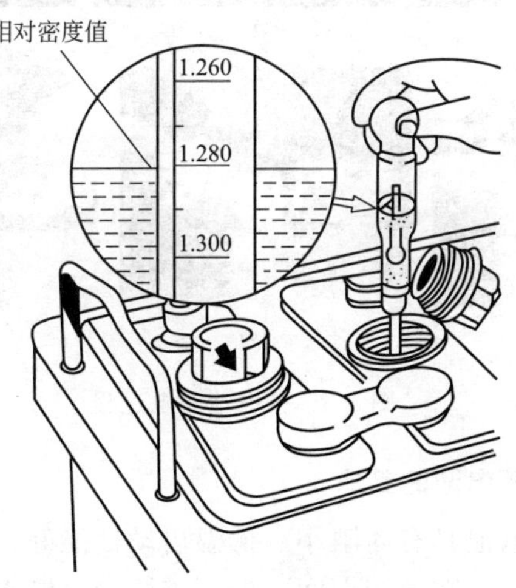

图 8-4　蓄电池电解液密度的检查

8.1.4　蓄电池的充电

① 给蓄电池充电时，打开加液孔盖，加注蒸馏水到规定位置。

② 将蓄电池的正、负极连接到充电机的正、负极上。

③ 接通充电电流并进行调整，充电电流一般为蓄电池额定容量的10%。例如，54A·h的蓄电池，充电电流应为5.4A。缓慢调整充电电压，电流接近5.4A为止。

④ 在充电过程中，应随时检查电解液温度，如果温度超过40℃，应停止充电或减小充电电流，直到温度降到40℃以下。

⑤ 每小时测量3次电解液密度和电压，直到电压不再上升时停止充电，蓄电池电压应为13V左右。

⑥ 安装蓄电池时，紧固好螺母。

蓄电池充电过程如图8-5所示。

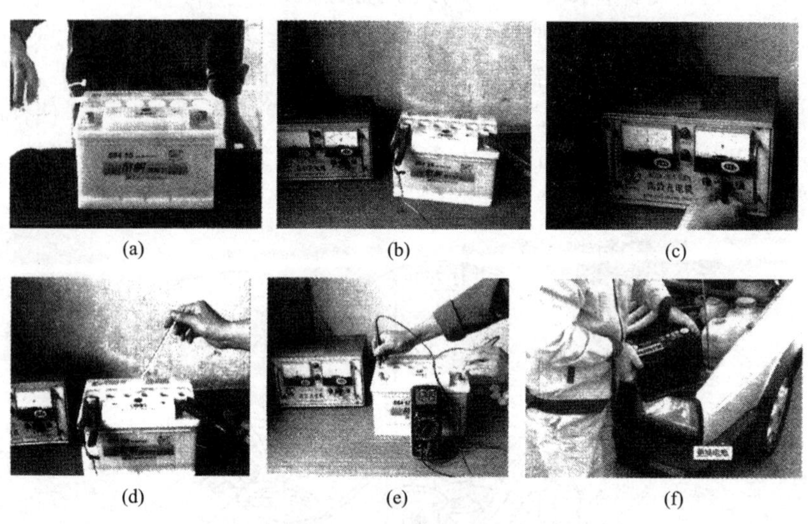

(a) (b) (c) (d) (e) (f)

图8-5 蓄电池充电过程

8.1.5 免维护蓄电池的养护

免维护蓄电池具有内阻小、低温启动性能好、比常规蓄电池使用寿命长等特点，在使用期间一般不需添加蒸馏水，不需从车上拆下进行补充充电。但在维护时应对其电解液密度进行检查。免维护蓄电池在盖上设有一个孔形密度计，它会根据电解液密度的变化而改变颜色，如图8-6所示。

图 8-6　免维护蓄电池孔形密度计

丰田汽车免维护蓄电池孔形密度计的颜色与放电程度的关系见表 8-1。

表 8-1　丰田汽车免维护蓄电池孔形密度计的颜色与放电程度的关系

型号	颜色	孔形	放电程度
A 型	绿色		蓄电池放电在 25%以下，可继续使用
	浅黑色		蓄电池需进行充电
	透明或淡黄色		电解液低于极板，蓄电池报废
B 型	蓝色		蓄电池放电在 25%以下，可继续使用
	白色		蓄电池需进行充电
	红色		电解液低于极板，蓄电池报废

免维护蓄电池也可以进行补充充电，充电方式与普通蓄电池的充电方法基本一样。充电时每单格电压应限制在 2.3～2.4V 之间。注意使用常规充电方法充电会消耗较多的水，充电时充电电流应稍小些（5A 以下）。不能进行快速充电，否则，蓄电池可能会发生爆炸，导致伤人。

8.2 发电机与起动机的养护

8.2.1 发电机的养护

发电机是汽车的主要电源，其功用是在发动机正常运转（怠速以上）时，向所有用电设备（起动机除外）供电，同时向蓄电池充电。发电机由曲轴通过其前端的带轮驱动，其主要养护项目是发电机传动带的检查，检查步骤如下。

① 检查传动带的外观，目视检查应无裂纹或磨损现象，如图 8-7所示，如有则应更换。

② 检查传动带的挠度，用规定的力压在两个传动轮之间，挠度应符合要求，如图 8-8 所示。

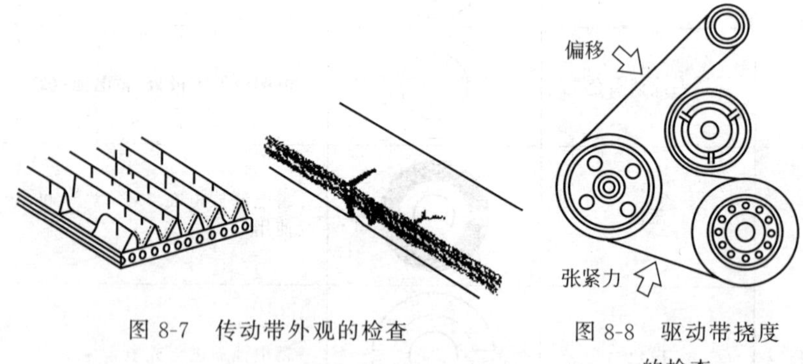

图 8-7 传动带外观的检查

图 8-8 驱动带挠度的检查

③ 检查导线的连接是否正确。

④ 检查运转时有无噪声。

⑤ 检查是否发电。

a. 观察充电指示灯的熄灭情况。若充电指示灯一直亮着，说明发电机或调节器有故障，也可能是充电指示灯线路有故障，应及时维修。

b. 用万用表直流电压挡测量电压。在发电机未转动时测量蓄电池端电压，并记录下来，启动发动机并将转速提高到怠速以上测量蓄电池端电压，若能高于原记录，说明发电机能发电，若测量电压一直不上升，说明发电机或调节器有故障，应及时维修。

8.2.2 起动机的养护

汽车起动机保养主要以清洁、润滑、调整为主。清洁主要包括起动机外部、内部、转子、导轨、炭刷、轴承（轴套）、齿轮等。润滑主要包括轴承、轴套、齿轮等。调整主要是减速齿轮、启动齿轮、轴承、轴套、炭刷等配件，如果磨损严重需要更换或将配合间隙调整复位。起动机外形与内部结构如图 8-9 所示。

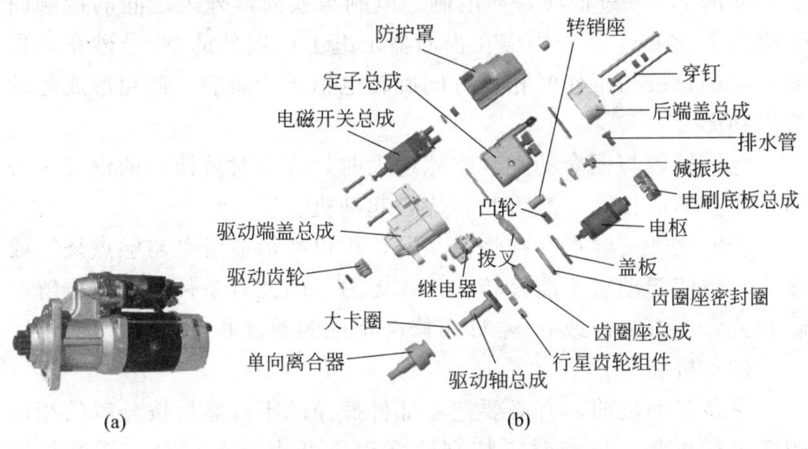

图 8-9　起动机外形与内部结构

起动机通常每年养护 1～2 次，养护时机可选在春季或秋季与换季养护一起进行。养护过程如下。

（1）拆解

首先，清除起动机外部尘污，拆下电磁开关，取下防护罩；然后，用钢丝钩取出电刷，拧下贯穿端盖及中心壳体的螺栓（穿钉），再取下定子，拔下拨叉销轴，抽出电枢；最终，拆下无油自润滑复合轴承电枢轴端的卡簧与挡圈，取下单向离合器和中心支撑板。此时需注意防护罩下的绝缘纸不要损坏，电枢换向器处的止推垫片不能丢失。

（2）清洁和维修零部件

对于电枢、磁场线圈和励磁开关等绝缘部件，只能用洁净布蘸少许汽油擦洗。其他机械零件则都可以放在汽油、煤油或柴油中，浸泡后用毛刷清洁。

由于磁场线圈和电枢绕组是起动机的中心动力组件，其好坏决定着起动机输出转矩的大小，因而将其清洁后应仔细检查。若发现磁场线圈和电枢绕组绝缘层出现破损、烧焦或线头松动以及脱焊等问题，要及时处理，并进行断路、短路检查。若发现电枢绕组内部短路时，应替换新品。

电刷在电刷架内应活动自如、无卡滞现象。其高度不应低于规定尺寸的2/3，过低应替换电刷。电刷与换向器外表之间的接触面积应达75%以上，否则应在换向器上缠上面向外的00号砂布，再装上电刷，按与工作时相反方向旋转电枢进行研磨，避免形成起动机启动无力。

电枢轴颈与铜套的配合空隙过大时，应及时替换新的铜套，否则轻者会形成扫膛，严重时将烧毁起动机。

若电磁开关触点存在烧蚀状况，很可能形成触盘与触点烧结或虚连，致使起动机不能停转或工作无力。因此有条件时，应分解电磁开关，用石棉锉或00号砂布修磨烧蚀的触盘和接线柱触点。

（3）拼装

拼装起动机前，有必要把零部件擦净晾干，然后按分解的相反顺序进行拼装。拼装时需特别注意以下几点：在铜套、键槽等部位，应涂少量油脂进行润滑；拼装时要确认拨叉放在单向离合器的拨叉槽内，要垫好换向器端面和中心支撑板之间的胶木垫；电枢轴的轴向间隙应保持在0.5～0.7mm之间，电枢轴与磁极的间隙通常为0.82～1.80mm；拼装结束后应仔细检查，滚动电枢轴不能有卡滞现象，否则应拆检重新装配。

（4）试验

起动机装好后，要在额定电压的电路上进行试验，通常只进行简易空载试验即可。

8.3　火花塞的养护

火花塞的间隙对发动机的点火性能影响很大。间隙过小，则火花微弱，并且还因容易积炭而产生漏电故障；间隙过大，所需的穿透电压增高，发动机不易启动，而且在高速运转时容易发生“缺火”现象，所以火花塞中心电极与侧电极之间的间隙应适当。另外，由于汽车长时间运转，火花塞的电极会逐渐烧蚀，加大了电极间隙，以及工作过程中产生污垢积聚在火花塞上，都会影响火花塞正常工作，不能产生正常火花进行点火。因此，要定期对火花塞进行维护。

8.3.1　火花塞的检查

火花塞的尺寸是统一的，任何汽车上都可以通用。火花塞分为冷型和热型（介于两者之间的还有中型火花塞）。

冷型与热型是相对而言的，它反映了火花塞的热特性。火花塞要有适当的温度才能工作良好，没有积炭才能工作正常。实践证明火花塞绝缘体保持在 500～600℃时，落在绝缘体上的油滴能立即烧去不会形成积炭，高于这个温度会早燃，低于这个温度有积炭。

不同类型的汽油机上的温度不一样，设计者就利用绝缘体裙部的长度来解决这个矛盾。有些裙部短，受热面积小，散热快，因此裙部温度低些，称为冷型火花塞，适用于高速、高压缩比的大功率发动机。有些裙部细长，受热面积大，散热慢，因此裙部温度高些，称为热型火花塞，适用于中低速、低压缩比的小功率发动机。

（1）火花塞的拆卸

将火花塞上的高压分线依次拆下，并在原始位置做上标记，以免安装错位。在拆卸中注意事先清除火花塞孔处的灰尘及杂物，以防止杂物落入气缸。拆卸时用火花塞套筒套牢火花塞，转动套筒将其卸下，并依次排好。拆卸过程如图 8-10 所示。

（2）火花塞的检查

火花塞的电极正常颜色为灰白色，如电极烧黑并附有积炭，则说明存在故障（图 8-11）。检查时可将火花塞与缸体导通，用中央高压线触接火花塞的接线柱，然后打开点火开关，观察高压电跳火

(a) (b) (c) (d)

图 8-10 火花塞拆卸过程

图 8-11 火花塞的检查

位置。如跳火位置在火花塞间隙，则说明火花塞作用良好，否则，即需更换新件。

（3）火花塞电极间隙的调整

各种车型的火花塞电极间隙均有差异，一般应在 0.7～0.9mm 之间，检查间隙大小，可用火花塞量规或薄的金属片进行。如间隙过大，可用旋具柄轻轻敲打外电极，使其间隙正常。间隙过小时，则可用旋具或金属片插入电极向外扳动。

8.3.2 火花塞的更换

火花塞属于易损件，一般每行驶 15000～30000km 即应更换。

火花塞更换的标志是不跳火，或电极放电部分因烧蚀而成圆形。另外，如在使用中发现火花塞经常积炭、断火，一般是因为火花塞太冷，需换用热型火花塞。若有炽热点火现象或气缸中发出冲击声，则需选用冷型火花塞。火花塞对于发动机的正常工作起着相当重要的作用，在更换火花塞时，一定要选择合适的品牌、型号和热值。

我国生产的火花塞型号各部分代表的意义如下：第一部分英文字母，表示火花塞的结构、类型及主要尺寸；第二部分阿拉伯数字，表示火花塞的热值；第三部分英文字母，表示火花塞的特性。

例如，K6RTC，K 表示螺纹规格 M14×1.25，平座，螺纹长度 19mm，6 表示火花塞的热值（1～3 为低热值，4～6 为中热值，7～9 为高热值）；R 表示火花塞为电阻型；T 表示火花塞绝缘体为凸出型；C 表示火花塞中心电极为镍铜复合型。

选购火花塞时，一定要注意火花塞上所标示的冷热值，可参照随车保养手册上的规定。热值较高的火花塞反应迅速，较适合市区走走停停的路况，但气温较高时容易使发动机出现过热现象。反之，热值较低的火花塞在走停间不如热值高的火花塞反应迅速，不过当长时间以高速行驶时，热值低的火花塞就会有较佳的表现。

火花塞的更换方法如下。

① 拆下发动机的护罩。

② 在缸线上标记好顺序以备装回时识别。

③ 捏住缸线下端，拔出缸线。

④ 用火花塞套筒逐一卸下各缸的火花塞。拆卸时，火花塞套筒要确实套牢火花塞，否则会损坏火花塞的绝缘磁体而引起漏电。

⑤ 逐一检查火花塞，如果火花塞的电极呈灰白色，而且没有积炭，则表明该火花塞工作正常，燃烧良好。如果电极有积炭，用火花塞清洁器清除积炭。如果火花塞烧蚀或有其他异常现象，则表明该火花塞有故障，应予更换。

⑥ 用抹布擦净火花塞，检查火花塞的绝缘体。磁芯如有损坏、破裂，应予更换。

⑦ 用火花塞量规测量火花塞电极间隙。间隙过大或过小都要更换新火花塞。

⑧ 安装火花塞时，先用手抓住火花塞的尾部，对准火花塞孔，慢慢用手拧上几圈，然后再用火花塞套筒拧紧。

更换火花塞的过程如图 8-12 所示。

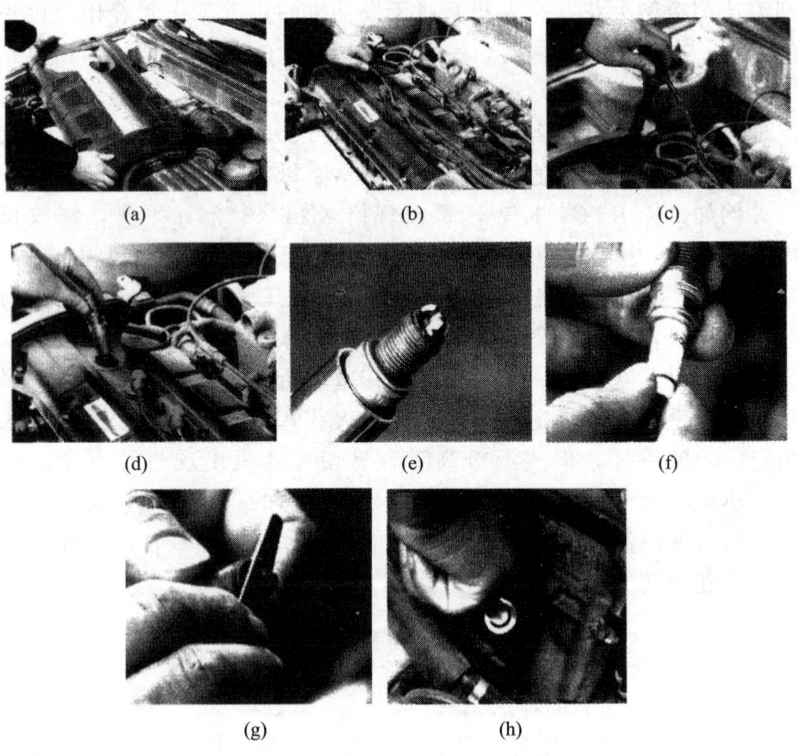

(a) (b) (c) (d) (e) (f) (g) (h)

图 8-12 更换火花塞的过程

8.3.3 火花塞使用注意事项

（1）切勿长期不清洁积炭

火花塞在使用中，其电极及裙部绝缘体会有正常的积炭产生，如果这些积炭长期不予清洁，会越积越多，最终导致电极漏电甚至不能跳火，所以应定期清除积炭。

（2）切勿超寿命使用

火花塞型号繁多，但都有自己的经济寿命，如果超过经济寿命后仍然使用，将不利于发动机的动力性和经济性的发挥。有研究表明，随着火花塞使用期的延长，其中心电极端面会向圆弧形状变化，侧电极则向凹弧形状变化，这种形状将使电极间隙增大，并造成放电困难，影响发动机的正常工作。

（3）切勿随意除垢

清洁火花塞外表时，不可使用砂纸、金属片等除垢，而应把火花塞浸入汽油中，用毛刷予以清除，以确保火花塞外表陶瓷体不受损伤。

（4）切勿火烧

有些人常常用火烧的办法来消除火花塞电极及裙部的积炭和油污，这种看似有效的方法，其实是十分有害的。因为火烧时，温度难于控制。很容易将裙部绝缘体烧裂，造成火花塞漏电，而且火烧后产生的细小裂纹往往不易发现，给排除故障带来很大麻烦。火花塞上积炭和油污的正确处理方法一是用专用设备清洁；二是用溶液清洁，将火花塞放入乙醇或汽油中浸泡一定的时间，当积炭软化后再用毛刷刷净晾干。

（5）切勿冷热不分

一般高压缩比、高转速的发动机宜用冷型火花塞，而低压缩比、低转速的发动机宜用热型火花塞。此外，新发动机或大修发动机与旧发动机的火花塞选型可根据实际情况有所不同。例如，在发动机较新时，选用火花塞应趋向热型，使用时间较长的旧发动机因性能下降，火花塞容易产生过多的积炭和被油污损，选用火花塞应趋向冷型，以提高火花塞抗油污的能力。

（6）切勿误诊错断

更换新的火花塞或怀疑其有故障需要检查时，应在车辆正常行驶一段时间后，停车熄火，拆下火花塞，观察其电极颜色特征，可有以下几种情况：一是中心电极呈红褐色，旁电极及四周呈青灰色，为火花塞选型合适；二是电极间有烧蚀或烧熔现象，裙部及绝缘体呈灼白状态，说明火花塞选型过热；三是电极间及绝缘体裙部有黑色条纹，说明火花塞已经漏气。火花塞选型不当或漏气应重新选择合适的火花塞。

（7）切勿安装过紧

火花塞安装时一定要符合规定的拧紧力矩，用专用工具安装时，一般不会超过，但若用力过大、过猛或用梅花扳手安装时，则常会损伤火花塞瓷芯或使螺纹滑扣、膨胀槽断裂而导致火花塞报废，但也不可安装过松，否则会造成发动机工作不正常。

8.4 照明与信号装置的养护

8.4.1 汽车大灯的分类

目前汽车大灯大致分为三种：卤素大灯、氙气大灯（HID）和发光二极管（LED）。区别这三种汽车大灯主要看灯光颜色，卤素大灯一般发黄光，氙气大灯发白光，LED 大灯发蓝光。汽车一般安装有前组合灯、后组合灯、侧转向灯、前雾灯、后雾灯和高位制动车灯等。

（1）卤素大灯

充有溴碘等卤族元素或卤化物的钨灯称为卤素灯或卤钨灯。它是新一代白炽灯，如图 8-13 所示。

图 8-13 卤素大灯

为提高白炽灯的发光效率，必须提高钨丝的温度，但相应会造成钨的蒸发，使玻壳发黑。白炽灯中充入卤族元素或卤化物，利用卤钨循环的原理可以消除白炽灯的玻壳发黑现象，这就是卤素灯的由来。但为确保卤钨循环的正常进行，必须大大缩小玻壳尺寸，以提高玻壳温度（一般要求碘钨灯的玻壳温度为 250～600℃，溴钨灯的玻壳温度为 200～1000℃），使灯内卤化钨处于气态。

因此，卤素灯的玻壳必须使用耐高温和机械强度高的石英玻璃。其结构有双端直管形、单端圆柱形和反射形。由于使用石英玻璃制作玻壳，卤素灯又常称石英灯。

汽车上一般使用 12V 电压的灯泡，规格有 H1、H3、H4、H7 等。其中只有 H4 为双灯芯的灯泡，也就是说它同时具有近光灯及远光灯，适合用于单灯具（左右各一个）车种。而 H1、H3、H7 都是单灯芯的灯泡，也就是灯泡中只有一个灯芯，只单纯提供远光或近光。例如，H7 通常用于近光灯，H1 用于远光灯，适用于双灯具（左右各两个）车种。H3 则用于雾灯，所以体积会明显小很多。除了这几种外，还有 9004、9005、9006 等欧规的灯泡。

（2）氙气大灯

氙气大灯的全称是高压气体放电灯（high intensity discharge lamp），它利用配套电子整流器，将汽车电池 12V 电压瞬间提升到 23kV 以上的触发电压，将氙气灯中的氙气电离形成电弧放电并使其稳定发光，提供稳定的汽车大灯照明。图 8-14 所示为氙气大灯。

图 8-14 氙气大灯

与普通灯泡相比，氙气灯泡有两个显著的优点：一方面，氙气灯泡拥有比普通卤素灯泡高 3 倍的光照强度，耗能却仅为其 2/3 或更少；另一方面，氙气灯泡采用与日光近乎相同的光色，为驾驶者创造出更佳的视觉条件。氙气灯具使光照范围更广，光照强度更大，大大地改善了驾驶的安全性和舒适性。

卤素灯与普通灯泡一样有灯丝，而氙气灯则没有灯丝，这是氙气灯与传统灯具最重要的区别。氙气灯是利用两电极之间放电器产生的电弧来发光的，如同电焊中产生的电弧的亮光。高压脉冲电加在完全密闭的微型石英灯泡（管）内的金属电极之间，激励灯泡内的物质（氙气、少量的水银蒸气、金属卤化物）在电弧中电离产生光亮。这种光亮的色温与大阳光相似，但含有较多的绿色与蓝色成分，因此呈现蓝白色光。这种蓝白色光大幅提高了道路标志和指示牌的亮度。氙气灯具有较高的能量密度和光照强度，而运行电流仅为卤素灯的一半。车灯亮度的提高也有效扩大了车前方的视觉范围，从而营造出更为安全的驾驶条件。

（3）LED 大灯

LED（light emitting diode，发光二极管）是一种能够将电能转化为可见光的半导体，它改变了白炽灯钨丝发光与节能灯三基色发光的原理，而采用电场发光，如图 8-15 所示。

图 8-15　LED 大灯

LED 大灯具有寿命长、光效高、无辐射与低功耗等特点。LED 的光谱几乎全部集中于可见光频段，其发光效率可达 80%～90%。

近年来，随着汽车外形设计、空气动力学及美观的需求，低侧面流线型的外形越来越受欢迎，汽车大灯和尾灯的形状也朝着异型化和一体化发展，越来越多的车型开始使用 LED 灯。汽车 LED 灯根据应用可分为配光灯和装饰灯两种。配光灯适用于仪表指示灯背光显示、前后转向灯、刹车指示灯、倒车灯、雾灯及阅读灯等功能性方面。装饰灯主要用于汽车灯光色彩变换，起到内外美化的作用。

8.4.2 汽车车灯的养护

汽车保养中，车灯的保养是常常被忽视的问题。车灯是夜间行车保障行车和路人安全的第一保证。在日常使用中，大多数人都是等到车灯出现问题后再去检查，一般这种情况出现时说明已经影响使用了。所以，车灯的保养还是应该像其他部件保养一样，要在没有故障出现时进行。

汽车大灯的保养应注意以下事项。

(1) 勿使用劣质灯泡

劣质灯泡的寿命短，无法保证稳定的质量，另外，劣质灯泡亮度不足、聚焦不集中、射程近，在超车时，会让驾驶员产生视觉错误，容易发生事故。此外，劣质灯具由于密封不严，雨天或洗车时容易进水，会使灯内产生雾气，严重时会造成线路短路发生火灾。

(2) 做好日常保养

汽车大灯灯泡也需要定期更换。一般来说每行驶 50000km 或者 2 年左右，大灯灯泡的亮度就会减弱，此时最好到 4S 店进行一下检测，如果确实有亮度不足的情况，应更换灯泡，一般应左右两边同时更换，以免出现两侧亮度不一样的情况。

灯光亮度减弱还有一种情况，就是由于环境的影响导致灯罩老化，同样会让大灯亮度减少一半以上。灯罩脏污和老化还会使灯光模糊，使人产生眩晕，因此灯罩老化也要及时更换。

(3) 大灯进水的处理

对于大灯整体结构而言，不管是普通卤素大灯，还是氙气大灯，或带有 LED 灯组的大灯，在后盖位置上都有一个通气橡胶管。在大灯使用时，会产生大量的热，通气管的作用就是将这些热量尽可能地排出大灯以外，来维持大灯的正常工作温度，确保大灯使用稳定。

由于环境的温差变化，会导致汽车大灯内部出现雾气或水珠，尤其在雨季和冬季，这种现象更为严重。遇到这种情况，一般情况下，车灯在开启一段时间后，雾气会在热量的作用下，通过通气管排出灯外，基本不会损伤大灯和电器电路。

除了天气的原因外，人为因素也会使车灯内进水，如车辆涉水、洗车等。车辆涉水时，由于发动机及排气系统本身都是比较大的热源，水淋在上面会形成大量的水蒸气，顺着通气管，部分水蒸气会进到大灯内。而洗车则更为直接，有些车主喜欢用高压水枪冲洗发动机舱。冲洗后，对于发动机舱内的积水没有及时处理，盖上发动机舱盖后，水汽不能很快散发到车外，闷在发动机舱里面的水汽就有可能进入大灯内部。

对于发动机舱内的清洁工作，应该用棉丝或布来擦，或者使用高压空气吹干，尽可能地避免发动机部位潮湿。

以上所提及的都属于比较轻微的灯内进水情况，如果车的大灯内部的积水很多，就要进行拆卸。打开灯罩，晾干后，检查大灯表面有无破损或有可能渗漏的地方，即使未发现异常，也应更换大灯后盖密封条和通气管。

参 考 文 献

[1] 谭本忠. 汽车美容与装饰图解教程. 北京：机械工业出版社，2016.

[2] 罗华. 汽车美容与装饰. 北京：机械工业出版社，2016.

[3] 杜婉芳等. 汽车使用与日常养护. 上海：上海科学技术出版社，2016.

[4] 轩浩. 不可不知的160项汽车养护常识及操作. 北京：化学工业出版社，2015.

[5] 祖国海. 汽车保养与美容. 北京：机械工业出版社，2013.

[6] 覃维献. 汽车美容与装饰. 北京：人民邮电出版社，2012.

[7] 隋礼辉. 汽车养护技术. 北京：北京大学出版社，2011.

[8] 祖国海. 汽车养护. 北京：机械工业出版社，2011.

[9] 夏怀成. 汽车养护与美容. 北京：机械工业出版社，2011.